U0265677

现代医疗建筑
综合施工技术与总承包管理

侯玉杰　邓伟华　主　编

余地华　周鹏华　周杰刚　叶　建　副主编

中国建筑工业出版社

图书在版编目（CIP）数据

现代医疗建筑综合施工技术与总承包管理／侯玉杰，邓伟华主编. —北京：中国建筑工业出版社，2019.5（2022.8重印）
ISBN 978-7-112-23609-1

Ⅰ.① 现… Ⅱ.① 侯… ② 邓… Ⅲ.① 医院－工程施工 Ⅳ.① TU246.1

中国版本图书馆CIP数据核字（2019）第070130号

责任编辑：朱晓瑜
版式设计：锋尚设计
责任校对：张惠雯

现代医疗建筑综合施工技术与总承包管理
侯玉杰　邓伟华　主编
余地华　周鹏华　周杰刚　叶　建　副主编
*
中国建筑工业出版社出版、发行（北京海淀三里河路9号）
各地新华书店、建筑书店经销
北京锋尚制版有限公司制版
北京中科印刷有限公司印刷
*
开本：787×1092毫米　1/16　印张：21　字数：497千字
2019年9月第一版　　2022年8月第四次印刷
定价：**79.00**元
ISBN 978-7-112-23609-1
（33903）

本书编委会

主　　编：侯玉杰　邓伟华

副 主 编：余地华　周鹏华　周杰刚　叶　建

编　　委：熊长福　余国胜　徐　平　陈志刚　刘泽升

　　　　　李海兵　江　畅　张能平　汪　浩　佘　磊

　　　　　陈代义　张正林　洪燕兴　范宗臣　谢　华

　　　　　齐　革　刘　勇　付锐琳

执　　笔：文　滔　刘文昆　金　博　王　洁　胡　飞

　　　　　吕效祥　张　飞　应晓军　郭　锐　张　松

　　　　　杨明杰　司鑫鑫　吕建宁　蒋　帅　王树峰

　　　　　黄心颖　王亚桥　倪朋刚　罗　来　杜永奎

　　　　　张　童　毋　伟　杨　菊　张凤超　王胜新

　　　　　邓　新

审　　定：余地华　叶　建

封面设计：王芳君

前 言
Preface

本书总结了现代医疗建筑施工关键技术要点及施工总承包管理，包括现代医院工程概述、现代医院工程施工重点和难点、医院专项工程施工技术、医院设备施工技术、医院功能单元施工技术、总承包管理等方面。其中第3章比较详细地介绍了医院电离辐射防护与电磁屏蔽系统、医院医用气体系统、医院物流传输系统、医院给水排水系统、医院污水处理系统、医疗废物处理系统、医院供配电系统、医院暖通空调系统、医院标识系统、医院洁净系统、医院无障碍与疏散系统、医院防扩散防污染系统、医院智能化系统、医院装饰装修工程等专项工程施工技术要点及验收要求。第6章比较全面地介绍了现代医院工程组织管理、进度管理、招采与合约管理、设计管理、建造管理、调试与验收管理、信息与沟通管理等总承包管理经验。

本书编写过程中融合了中建三局集团有限公司工程总承包公司多年来在医院工程方面的施工及管理经验，书中所列案例项目的技术人员也参与了相关章节的编写，是一部集现代医疗建筑施工理论技术与实践经验总结为一体的专业参考书。可供医疗建筑工程施工人员、技术人员、管理人员、设计人员、工程监理单位、医疗建筑材料供应商、医疗建筑设备供应商，以及相关的研究人员参考使用。限于编者经验和学识，本书难免存在不当之处，真诚希望广大读者批评指正！

本书编委会

2019 年 7 月

目 录
Contents

第 1 章

现代医院工程概述

1.1 建设的范畴和发展历程

1.1.1 医院工程建设的范畴

医院是以诊治疾病、照护病人为主要目的的医疗机构，医院工程是以满足医疗为主、同时配套相关设施的单体建筑或建筑群，拥有急诊、门诊、医技、住院、预防、保健、办公、科研、教学、保障设施、生活设施等功能空间，以及医疗设备、医疗设施、信息系统、物流系统、导示系统等内容的工程。

常见的医院工程有：

（1）综合医院。

（2）专科医院。

（3）卫生院。

（4）社区医疗站。

（5）医护型养老院。

（6）临终关怀机构。

（7）独立或联合建设的防空医疗救护站。

（8）因商业开发和产业发展等需求产生的特殊医疗工程项目，如医疗城、医疗健康产业园、健康产业基地等，是将上述工程进行综合开发而形成的建筑群。通常是含有多个综合和专科医院，同时配套建设医学院、研究院、制剂工厂、疗养中心等，或是以医疗、康复、养生为要素，集"医、养、康、游、业"为一体的综合性工程。

1.1.2 医院工程的发展历程

1. 我国医院工程建设第一阶段——普及

20 世纪 50 年代至 70 年代，此阶段没有相应的工程建设设计规范，医院工程建设设计理论较弱，人流物流、洁污分区不是很明确，医院总体布局和规划概念薄弱。

主要特点是从无到有，特征是满足人民群众的生命健康基本需要，从根本上消除了麻风病、血吸虫病和结核病等危害人民健康的流行病和地方病，重在普及。

2. 我国医院工程建设第二阶段——提高与发展

20 世纪 80 年代至 90 年代，首次编制相关规范，引进国外技术和理论，发展自我技术和理论，重在提高发展；在总结以往医院建设经验的基础上，先后制定了我国医院工程建设所需的工程建设设计规范，这些规范在我国都是第一次制定，使医院建设有法可依，对我国医院建设起着重要的指导作用。

此阶段我国医院建设主要是改扩建工程，即在原有医院旧址上增加一些建筑物，如因医技大型设备的发展而增建医技楼，因住院治疗病人的增加而增建病房楼等，新建医院相对较少。这一阶段主要是满足人民群众随生活水平逐步提高对看病就医要求的逐渐提高，基本解决看病就医难的问题。

我国医院建设第二阶段主要特点是医院改扩建，满足人民看病就医难，特征是编制医院建设领域所需的规范，引进消化国际医院建设的新理论和理念，逐步形成我国自己的医院建设理论，重在提高发展，规范技术。

3. 我国医院工程建设第三阶段——医疗工艺与建筑综合技术并重，全面创新与追求质量

2003 年 SARS 之后，我国全面修订医院建筑规范，以病人为本，医院建设与未来管理相协调和适应，新建与改扩建并举，重视节能节水等绿色建筑技术，继续发展我国自己的医院建设理论，全面适应 21 世纪人民群众对生命健康的需求，体现节能、节水等绿色建筑新技术，特点是医疗工艺与建筑综合技术并重，全面创新与追求质量。

4. 我国医院工程建设第四阶段——数字化

2012 年开始，随着国家医疗卫生体制改革的逐渐深入，集团化医院、医联体等特大型医院不断出现，医院的建造方式和管理模式也发生了巨大的变化，逐步由传统管理的经验型、粗放型向精准化、精细化过渡。尤其以健康医疗大数据在决策和临床研究中应用为标志的现代管理需求，极大促进了医院的数字化建设。

1.2　分类及功能布局

1.2.1　医院分类

1. 按专业性质分类

1）综合医院

综合医院是指设有一定数量的病床，划分内、外、妇、儿、中医、五官等专科，配备药剂、检验、放射等提供全科或主要综合科目医疗服务的医疗机构（图 1-1）。综合医院具有多专科性的优势，可以有效实现现代医学所要求的对患者进行多专科协作诊疗的功能，是目前我国各类医院的主体，占我国医院总数的 80%。

2）专科医院

专科医院是指为诊疗某些特种疾病而设立的单科性医疗机构（图 1-2）。主要包括：传染病医院、精神病医院、结核病医院、麻风病医院、职业病医院、儿童医院、妇幼保健院、肿瘤医院、口腔医院、眼耳鼻喉科医院、胸科医院、骨科医院、中医医院等 10 多种。其中，中医医院和儿童医院，因其有较完全的分科，一般也可以视为特殊类型的综合医院。

3）教学医院

教学医院是为病人提供治疗，同时结合医学生和护理学生教学工作的医院。教学医院可以是综合医院，也可以是专科医院。教学医院通常是医科大学、医学院或综合性大学医学院

图1-1 某综合医院示例

图1-2 某专科医院示例

图1-3 某大学附属教学医院示例

的附属医院（图1-3）。

4）诊所

诊所是只能提供针对常见疾病门诊服务的医疗机构（图1-4）。诊所的规模一般都比较小。诊所也包括公立诊所（社区卫生服务中心）和民营诊所两种。

2. 按床位规模和所能提供的服务质量分类

根据《医院分级管理标准》我国现行医院分为一、二、三级。每级再划分甲、乙、丙三等，其中三级医院增设特等，因

图1-4 某诊所示例

此医院共分三级十等。医院的等级划分是依据其医疗功能、设施、技术实力、管理水平等进行考评。

一、二、三级医院的划定、布局与设置，要由区域（即市县的行政区划）卫生主管部门根据人群的医疗卫生服务需求统一规划而决定。医院的级别应相对稳定，以保持三级医疗预防体系的完整和合理运行。

医院分等的标准和指标，主要内容是：

（1）医院的规模，包括床位设置、建筑、人员配备、科室设置等四方面的要求和指标；

（2）医院的技术水平，即与医院级别相应的技术水平，在标准中按科室提出要求与指标；

（3）医疗设备；

（4）医院的管理水平，包括院长的素质、人事管理、信息管理、现代管理技术、医院感染控制、资源利用、经济效益等七方面的要求与指标；

（5）医院质量，包括诊断质量、治疗质量、护理质量、工作质量、综合质量等几方面的要求与指标。我国现行的医院分等标准，主要是以各级甲等医院为标杆制定的。甲等医院的标准，是现行的或今后 3~5 年内能够达到国家、医院管理学和卫生学有关要求的标准，是同级医院中的先进医院标准，也是今后建设新的医院标准。

通常情况下，一级医院主要指提供社区医疗、预防、康复、保健等综合服务的初级卫生保健机构，如社会医疗服务中心、卫生院等，提供床位一般为 20~100 张。

二级医院一般指跨多社区的地区性质医疗卫生服务中心，如县级医院、城市级医院等，提供床位一般在 100~499 张。

三级医院指跨地区、省、市以及向全国范围提供医疗卫生服务的医院，是具有全面医疗、教学、科研能力的医疗预防技术中心。其主要功能是提供专科（包括特殊专科）的医疗服务，解决危重疑难病症，接受二级转诊，对下级医院进行业务技术指导和培训人才；完成培养各种高级医疗专业人才的教学和承担省以上科研项目的任务；参与和指导一、二级预防工作。住院床位在 500 张以上（专科三级医院则在 300 张以上）。

在民营（社会资本）投资的医疗机构中，尚存在一些以专科疾病为核心的专科专病医院，如糖尿病医院、骨关节病医院等，以及健康护理为目标的月子中心、康复护理中心等。

3. 按服务对象划分

有军队医院、企业医院等，有其特定服务对象。

4. 按所有制划分

有全民所有制、集体所有制、个体所有制和中外合资医院等。

5. 按医疗机构分类管理要求划分

有非营利性医疗机构和营利性医疗机构。非营利性医疗机构在医疗服务体系中占主导和主体地位。

6. 按地区划分

有城市医院和农村医院。

1.2.2 功能布局划分

医院的发展从一个最初无序的状态（从教会或成药铺发展而成）到形成一个固定的空间模式（框架），医疗技术和医院管理起到了决定性的作用。当医疗功能开始有区分时就有医疗空间的划分。王字形是最初的医疗框架体系，后期形成的各类医疗框架体系，基本上都是从王字形的衍生变异而来的。

1. 常用的中国医院建筑体系模式

中国的医院建设从无体系过渡到各种形式纷乱的局面，近几年历经淘汰，逐步形成下述几大体系为核心的稳定格局。

1）王字形模式

诊断、医技、病房三大核心功能开始分离时，医技作为诊断与病房共同使用单元往往布置在医院的核心部位，从而形成了王字形的医院建筑框架体系（图1-5~图1-8）。

但当医院规模进一步发展时（如床位超过200床），就会发现王字形的核心部位成了人流和物流的交叉点，为医院感染控制和医疗流程组织带来困难。

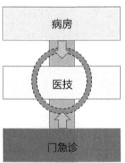

（a）示意

（b）实例

图1-5 王字形模式

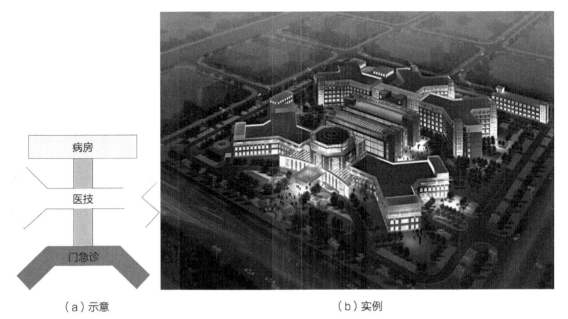

（a）示意　　　　　　　　　　　　　　（b）实例

图 1-6　王字形衍生模式一

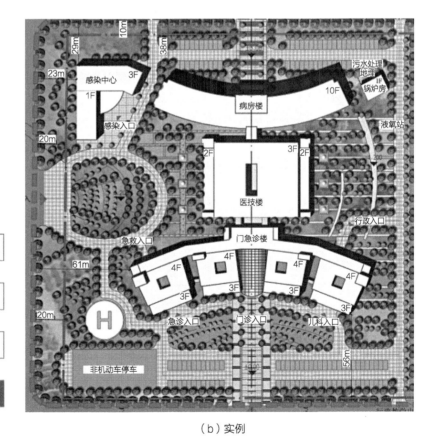

（a）示意　　　　　　　　　　　　　　（b）实例

图 1-7　王字形衍生模式二

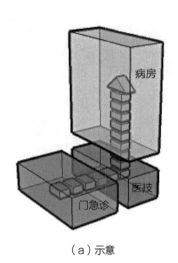

（a）示意　　　　　　　　　　　　（b）实例

图 1-8　王字形衍生模式三

2）环形模式

为避免王字形模式的缺陷，环形框架体系开始出现，以环路串联医疗功能模块避免了流线交叉（图 1-9）。但当医院规模更进一步发展（如 600 床位以上），环线变得越来越长，人们的诊治路线也随之拉长。

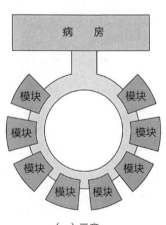

（a）示意　　　　　　　　　　　　（b）实例

图 1-9　环形模式

3）网格型（织网型）模式

网格型体系，事实上是在王字形的基础上，将原有功能流线分离成限制路线（污物和医生工作路线）和开放路线（病人就诊路线）两类（图 1-10）。两类路线互不交叉，成功地避免病人和探视者（陪同人员）与医疗工作流程的交叉从而导致感染事故或干扰医疗作业。目前，我国大部分新建医院都是网格型框架体系为主体，已成为大中型医院体系的主流。

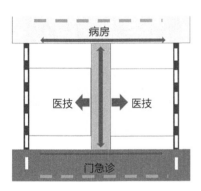

（a）示意

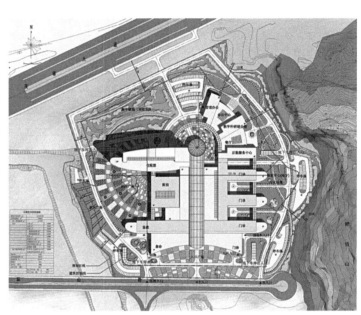

（b）实例

图 1-10　网格型模式

2. 适用于超大型医院的体系模式

我们将床位数规模超过 1000 床的医院称之为超大型医院。超大型医院因其在资源整合上的巨大优势，深受各界尤其是各级地方政府的支持，但同时也产生了一些负面影响。

超大型医院具有下列三项功能特点：

（1）就诊科室细化。

（2）规模超大而导致就诊路线变长。

（3）人流混杂，功能复杂。

根据以上特点，现代医疗诊治模式也逐步由传统的大门诊医技模式转为以疾病系统为中心的医疗中心模式，改专家门诊为专病门诊，改内、外、妇、五官等分科为疾病系统专科。

医疗诊治中心的设置，专病专科避免了非相关病种患者人流之间的接触，减少了交叉感染的概率。同时，医疗诊治中心内针对病种配置专用的医技设备，也减少了病人就诊往返流线距离，大大提高医院的管理效率，给患者带来极大便利。为此超大型医院框架体系都以医疗中心为核心，常见的形式有下列三种：

1）王字形组合模式

每个王字形为一个专病医疗诊治中心，横向并列组合共享大型医技设备，一般病人活动流线是纵向的（图1-11）。

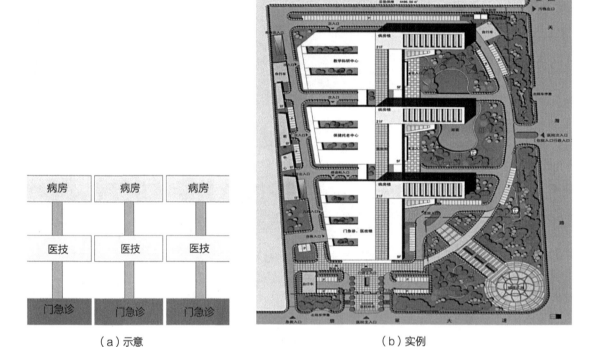

（a）示意　　　　　　　　　　　（b）实例

图 1-11　王字形组合模式

2）组团式模式

类似于城市中居住小区与中心商业区之间的概念，每个医疗诊治中心均有自己常用的诊治体系，同时各医疗中心围绕医技中心布置，共享大型医技服务，做到资源利用的最大化（图1-12）。

3）卫星城式（网格型＋医疗中心）

一些大型综合医院其规模进一步扩张的时候，会将其一些优势专业科室独立成疾病医疗中心，这样既保证了原有医院体系框架的完整，又形成了医疗专业优势。这种发展模式类似城市发展卫星城模式，故称卫星城式（图1-13）。卫星城式的发展规模逐步形成国内中心城市三甲老医院发展的主要形式。

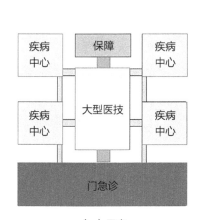

（a）示意　　　　　　　　　　　　　　　（b）实例

图 1-12　组团式模式

（a）示意　　　　　　　　　　　　　　　（b）实例

图 1-13　卫星城式（网格型 + 医疗中心）

　　总之，医院框架体系是支撑医疗流程的骨骼，稳定的框架体系才能确保在医院功能转换的过程中，医疗流程的完整和合理。相当程度上医院的发展是通过医院功能体系上功能模块的切换而实现的，并不是简单的规模发展。

3. 医院功能组织的方式——医疗街

　　在医院医疗区域中，我们将医院各功能诊治区域串联在一起的空间组织方式称之为医疗街（图 1-14）。

　　医疗街不是简单意义上的医院内部通道，它更重要的是一种功能组织方式，设置医疗街

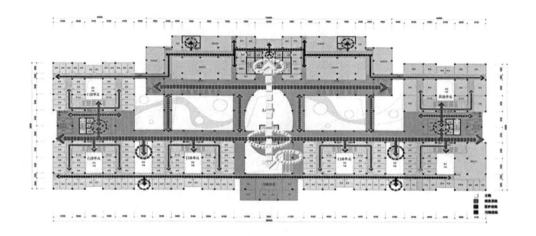

（a）示意

（b）实例一

（c）实例二

图 1-14　医院医疗街

的目的在于让病患者在单纯的一条街上寻找到所需要去的医疗功能单元，避免像进入迷宫般地搜索。为了提高医疗街的使用效率，医疗街应整合交通、生活、服务、咨询、等候区域以及交往空间等内容。

医疗街的另一层重要作用就是有效限制了病患者意外进入非相关区域。

医疗街的布局形成不单纯是一字形的，较大规模医院也可能是十字形、丰字形或 O 字形，但一定要避免与医生工作专用线路或污物路线交叉。

1.3　现代医院发展趋势

现代化的医院建筑一个非常重要的标志就是大量的现代化医疗设施建设，尤其是一些大型医院随着现代化建设步伐加快，医院内部的设备更新的速度也不断加快，精密化、先进的设备也是层出不穷。为了适应现代人们对医院的更好要求，现代化的医院建筑同样也具有了一些新的发展趋势。

1.3.1 科学技术先进，功能分区明确合理

随着医学事业的不断发展，医学科室被划分得越来越细致，为了适应越来越繁多的医院科室的这一现状，就需要应用先进科学的建筑技术并且采用矩阵的分析方法，把医院内部的各种人流、物、财进行精心地规划，科学合理地安排。现代医院建筑为了能够更好地更加高效地实现管理，需要不断引进新的设计理念，并且采用先进的技术设备，如生物洁净技术设备、数字信息化网络管理技术、网络化的物流系统等。

1.3.2 卫生安全，经济高效

现代医院在利用先进科学技术的基础上，确保医院的安全卫生更容易被控制，在一些关键的部门还适当地应用先进技术，并对这种重要部门进行合理布局，在保证安全卫生的前提下，同样也确保经济高效原则。另外，医院算是所有建筑中耗能最多的一类建筑，在对医院进行建筑设计的时候，追求降低医院日常的运行费用，做到低成本和高效率是现代医院发展都需遵循的原则。

1.3.3 绿色环保、人性化

随着科技和人文的不断发展进步，医院需要坚持以人为本，注重人性，并且以患者为中心，以更好地服务患者作为医院的运行准则，争取为患者创造更加舒适优美的内部环境。现代医院要将新型医院模式作为转变的重要理论依据，在充分保证医院功能的前提下，还力争做好绿色生态建设，努力贯彻可持续发展的理念。

1.3.4 智能化

医院智能化是医院建设中一个不可或缺的组成部分和发展方向。智能化网络预约叫号系统、智能化医疗楼宇系统、智能化"网络、电视医生"、智能化的护理系统、智能医疗化验系统等智能化医疗模块都能使医院的治疗环境更加快捷、便利，所以智能化的医院建设就显得很有必要。

第 2 章

现代医院工程施工重点和难点

2.1 医院工程施工重点和难点

2.1 医院工程施工重点和难点

2.1.1 医院建筑功能复杂，设计施工难度高

医院工程除本身建筑性的功能外还具备公共设施项目的功能和医疗专业性的特殊功能，公共设施功能方面有垂直运输系统、中央空调系统、冷热水供应系统以及消防系统等，医疗专业性的特殊功能有医疗气体供应系统、医疗洁净系统、防辐射系统、污水处理系统等。

（1）根据医院的特殊功能分区的特点，做好合理有效的工程整体部署，结合医院工程功能复杂性，有效地做好设计调研工作，做到功能分区明确合理、使用功能满足科学高效和卫生安全等是难点。合理地前期设计、招采工作，结合各个专业的功能技术要求及重要次序，科学的安排设计、招采施工流程部署和施工工艺部署是重点。

医院项目包含了门诊、急诊、医技、住院、保障、后勤、行政七大系统，每个功能系统又分很多功能科室，特别是门诊和医技。不同的科室对功能需求差异性较大，目前国内已涌现了一些优秀的医院专业设计院，大部分设计院对七大功能系统的一级流程以及各科室之间的二级流程比较专业，但在检验科、输液室、手术部等科室内部三级流程上，往往经验非常缺乏。而作为使用对象的科室因为没有工程建设方面的知识，也不可能深入地参与到工程建设中来。在设计阶段做调研的时候，一般由基建科组织科室主任确认平面功能，科室主任往往对功能平面布置还一知半解的情况就草草签字确认了。等到工程进入装饰阶段，科室医务人员对房间才有了直观概念，发现布置有问题，该设的插座没有设，该布置的洗手盆没有布置。装饰阶段的返工将对项目的投资和进度目标造成重大影响。

（2）医院的特殊功能使用对工程材料、设备提出了严格的限制和要求，尤其是装饰装修材料，如洁净系统的密封材料、防辐射系统的钡粉砂浆、手术室的铅板等。医院工程的特殊材料与设备施工工艺性强，材料设备的进场验收管理、施工工艺的验收管理尤为重要，施工前期需要了解各类材料的特性并同使用部门确认，进场后针对材料特点和设备特点要有专项的施工工艺控制，保证施工质量。如空气洁净系统的制作安装，除应按国家规范要求施工外，还必须根据具体情况采取一定的应对措施，以满足洁净系统安装的洁净度、严密性要求。

2.1.2 医院使用对象特殊，人性化、绿色化、智能化建设要求高

医院使用对象为特定的人群，包括医护人员、病患人员以及病患陪护人员，医护人员包括医生、护士和护工等。病患人员涉及老、弱、病、残、孕等各类人群，病患陪护人员一般为病患家属及朋友等。

医护人员作为专业的医疗技术人员，医生针对病人病情制订治疗及护理计划时需要安静的环境，故医生办公室设在相对独立的走廊端头，适当封闭、独立，减少外界的干扰，以保证医生集中精力完成治疗方案的制订，同时医生之间的交流和教学活动也不会对病人产生影

响。护士需要随时随地观察了解患者病情，因此对护理工作有严格要求的监护病房设置在护士站的附近。复廊设计还可以合理紧凑地安排治疗、处置、换药等工作用房在护士站附近，缩短护理距离，提高劳动效率。

病患和病患陪护人员通常具有身体和心理上双重虚弱、渴望得到帮助和关怀的特点。医院的物理环境是影响病人身心舒适的重要因素，环境性质决定病人的心理状态，关系着治疗效果及疾病的转归。病患和病患陪护人员均希望在整齐、舒适、安全、安静、健康的环境下获得医疗服务。这种环境主要通过空间、温度、湿度、通风、噪声、光线、装饰多个方面的控制得以保障。

特殊使用人群决定了特殊的建设原则，人性化、绿色环保以及智能化的理念是医院工程设计与施工的重中之重。

（1）人性化的外观空间设计注重的是简洁大方、宽敞明亮，通常体现在一层大堂层高大、跨度大、构件截面大，此类施工难点与其他公共建筑施工较为相似。装饰方面要从不断标志着空间变化的同时也不断放松着患者紧张的心情的角度进行深化设计和施工。

（2）提高医疗服务效率：智能化的医疗建设应从设计和施工中均得到体现。在功能流程组织上以患者为中心，缩短其交通流线，在医疗流程内部的联结上与国际现代化管理运作形式接轨，以提高服务效率，减少人力资源的浪费。如气动物流的应用使患者能够享受到化验、取结果、取药一站式服务，同时大大节省手术时间；网络视频及网络监控的使用能使医院的管理系统化正规化，方便各科室沟通会诊，减少人力资源的浪费。通过对医疗建设智能化的理解，在施工过程中首先要将施工部位的服务功能理解透彻，严格按照图纸和相关标准施工，在施工过程中采用先进的施工工艺，在交付成果中应用智能化技术，便于医院运营过程中的检查和维修，保障医疗服务。

（3）单人诊室、医生通道、候诊空间：①诊室的私密性是患者空间人性化要求的重要方面。②人性化不仅对患者而言，医护工作人员同样是该关爱的对象，设置医患分离线的同时在医生通道内增加休息空间，以保护医护人员的身心健康。③候诊是诊疗程序中最耗时的过程，设计中将候诊区设于医疗区的一侧，有自然通风及采光井，设置吊装电视、书刊杂志、室内绿化等，为患者创建轻松自然的环境。因此施工过程中应重视空间尺寸的准确性，例如：门窗洞口位置及大小的准确性，通道的净高和净宽、诊室的空间尺寸等，装饰材料的选用要做到隔声和环保等。

（4）无障碍及病房

无障碍坡道、无障碍卫生间、无障碍电梯，以及无障碍的柜台、电话、活动区扶手等设施均是医院无障碍设计的重点和施工质量控制的重点；病房内每床内均设有环形围帘，照明按床设置避免相互干扰。病房卫生间门向外开启以防止病人在卫生间出现事故无法施救，同时在卫生间内安装报警系统直通护士站，以便于突发事件的救治。

医院工程建设过程中，工地周边环境、整体布局设置场内材料堆放、道路、人员车辆安全等诸方面的协调与控制尤为重要。因为医院既要保证工程的顺利开展，又要保证医疗科室的正常使用、患者的就医，在施工过程中，难免会造成影响。因此，要根据院内的情况制订文明施工环境保护方案，如：在施工过程中要采取严格的措施、最大限度地减小粉尘污染和噪声污染；材料的堆放和场内运输也要结合本院的实际情况按施工总平面图堆放，现场建筑垃圾集中堆放整齐；医院工程管理人员需提前协调医院保卫处等相关部门开辟施工专用道路，保证施工时的大型机械及货运车辆进出；做好安全围挡防护工作，防止高空坠落和无关人员进出现场以保证不影响医疗秩序的正常运转。

2.1.3 医院系统配置复杂且医疗专项工程专业化程度高，施工工艺复杂、技术要求高、项目管理难度大

医院工程涉及专业众多，专业性极强，设备种类繁多、工艺流程复杂且综合性强，众多的系统工程交错施工给项目管理带来了很多困难，了解掌握各系统的特性、加强各专业间的技术协调并合理安排施工顺序才能有效地管理好施工项目，各个系统交错施工难点体现在以下几方面：

（1）系统与设备的整体规划安排。医院工程专业系统与设备因其复杂性，施工期间往往有20余家专业单位进行配合衔接，规划好这些专业系统、设备之间的启动时间、范围与界面是医院项目管理的重点和难点。

（2）相似相关专业系统施工的管理。在多系统的施工过程中存在一些相似和相关的专业系统，在施工中我们要能细致了解和分清其施工上的区别。其中中央空调系统与新风系统在施工过程中风管、风机盘管等容易混淆。消防电系统和应急呼叫监控系统都是弱电系统也容易混淆。医疗气体供应系统与应急呼叫监控系统其气体的供应终端和呼叫终端都在病房的设备带上，因此存在配合，部件匹配和搭接施工也存在多方面问题。

（3）设备层施工中各主机的安装顺序和土建施工的合理安排。在医院项目中由于其系统功能要求很多，设备机房要占用较大的建筑空间，因此有专门的设备层，一般设在地下室和屋顶部分。地下室部分的设备放置必须在一楼地面设施后浇的设备吊装洞口，洞口位置要合理布置便于后期设备的吊装，再根据其地下室设备的布置位置合理安排吊装顺序，合理组织地下室的墙体砌筑和设备基础的施工时间。对于设置在顶层手术室的净化空调设备，其设备管口位置必须提前布设，在屋面混凝土浇筑时就预留，防止后期凿洞给屋面防水带来严重影响。

（4）楼层公共空间部分各系统各专业的管网铺设。医院项目中各个专业及系统齐全，在组织施工过程中所有的系统设备会交错地进行施工。楼层公共空间顶部有很多管网分布，有中央空调和新风系统的风管、消防水管及喷淋支管、电缆桥架等各类管网。要合理安排和组织铺设的工序，其中要考虑以下几种特殊的要求：对中央空调的风管外围要采用保温处理防止冷凝水产生；针对武汉这类潮湿气候的地区，消防水管要进行保温处理；强弱电的电缆桥架要考虑地磁干扰分隔布设。另外考虑到整体的空间要求在公共部分要尽量提高其净高，因此要对各系统管网优化布设以满足吊顶安装完后的净高要求。

（5）顶棚装饰施工中合理布置相关系统设施。顶棚安装施工要考虑到整体布设的美观和效果，特别是现在广泛使用的扣板类的顶棚在施工前要进行排版铺设。在顶棚上有很多

系统的终端，因此对中央空调和新风系统的出风口、喷淋头、照明格栅灯的位置必须优化分布。

（6）合理安排各系统的调试。由于有众多的系统，因此各系统调试时间要合理安排，系统之间还存在联动调试，如消防联动调试涉及消防系统和垂直运输系统，电力应急切换系统与专业手术室系统也要进行联调。各系统的调试和相关系统间的联动调试可以发现很多问题，因此在施工管理中必须合理安排各系统的调试顺序，预留充足的调试时间。

第**3**章

医院专项工程施工技术

3.1 医院电离辐射防护与电磁屏蔽系统

3.1.1 医院电离辐射防护系统

1. 医院电离辐射防护系统概述

随着我国医疗卫生事业的发展，医疗机构拥有的放射诊断和放射治疗设备逐年增加，这些设备在提高诊断精度和治疗效果的同时，也带来了不同程度的安全隐患，对辐射防护系统有着严格的技术要求。电离辐射对人体的照射分为内照射（放射性核素进入体内存留期对人体产生的照射）和外照射。两者的辐射防护方法区别较大，内照射防护的基本原则是防止或减少放射性物质进入体内，对于放射性核素可能进入人体的途径都应予以防范；外照射防护的基本方法主要有三种，分别是时间防护、距离防护和屏蔽防护。

（1）时间防护。人体所受辐射剂量的大小正比于照射的时间，减少照射时间是外照射防护的基本方法之一。

（2）距离防护。人体所受辐射剂量的大小正比于辐射强度。一般而言，辐射强度和人体与辐射源的距离成平方反比而快速减弱，因此增加人体与辐射源的距离是辐射防护的手段之一。

（3）屏蔽防护。实际工作中放射工作人员既不能无限远离辐射源又不能一味减少工作时间，因此，对射线进行屏蔽使到达人体的辐射强度降低到一个安全水平是最为常用也是最为重要的外照射防护手段。

医院需要进行电磁屏蔽的设备有：计算机 X 线摄影系统（CR）、直接数字化 X 线摄影系统（DR）、数字减影血管造影系统（DSA）、计算机 X 线断层扫描（CT）、正电子发射计算机断层显像（PET-CT）、直线加速器、γ 刀、回旋加速器等。

屏蔽防护材料及产品种类较多，常用的屏蔽材料是普通混凝土、重晶石混凝土、页岩实心砖墙、铅板或含铅玻璃等。一般情况下，按以下基本原则进行合理选择：

1）CR、DR 等放射能量较低的大型医疗设备

具体见图 3-1、图 3-2。

图 3-1　CR 仪器

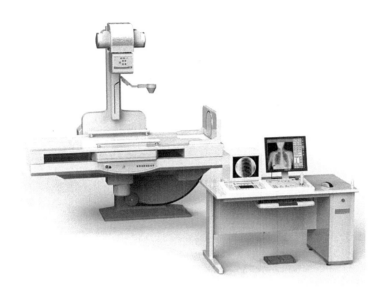

图 3-2　DR 仪器

该类机房墙体可直接选用页岩实心标准砖砌筑墙体（厚度为 240mm）进行防护，砌筑砖缝的密实度应达到防护要求（水平灰缝密实度达 100%，竖向灰缝密实度应达 95% 以上），底板和顶板就直接利用钢筋混凝土楼板（厚度一般为 120mm，加上豆石混凝土垫层厚度一般为 40mm）进行防护，防护门窗选用专业厂家生产的成品门窗（防护效果达到 2mm 铅当量）在现场安装，防护门可采用平开不锈钢门体及门套。

2）DSA、CT、PET-CT 等放射能量较高的大型医疗设备

具体见图 3-3~ 图 3-5。

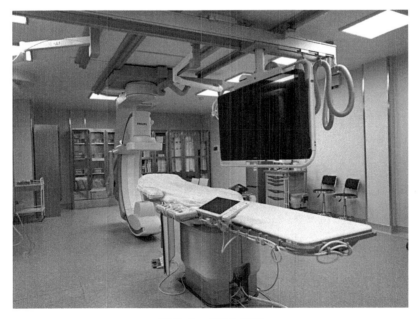

图 3-3　DSA 仪器

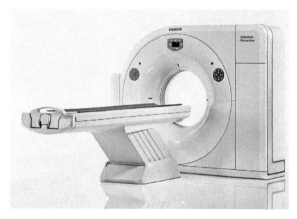

图 3-4　CT 仪器

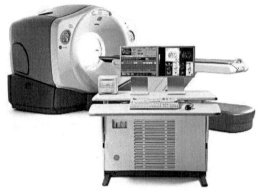

图 3-5　PET-CT 仪器

在机房空间足够的情况下，该类机房墙体可选用页岩实心标准砖砌筑墙体（厚度为370mm）进行防护，砌筑砖缝的密实度也应达防护要求，底板和顶板就直接利用钢筋混凝土楼板（厚度需 150mm，加上豆石混凝土垫层厚度一般为 40mm）进行防护，防护门窗选用专业厂家生产的合格成品门窗（防护效果达到 3mm 铅当量）在现场进行安装，防护门根据具体情况可采用手动平开门或电动推拉门。如果该类机房空间有限，为保证机房的净使用面积，机房四周防护墙体可采用以下三种方式：

（1）采用钢筋混凝土墙体（厚度需 150mm），两侧分别抹 20mm 厚砂浆。

（2）采用 240mm 厚页岩实心标准墙体，在墙体内侧增加 1 mm 厚铅板（与室内装修一并考虑）。

（3）采用 240mm 厚页岩实心标准墙体，在墙体两侧分别抹 20mm 厚的重晶石砂浆。

3）直线加速器、γ 刀、回旋加速器等放射能量特别高的大型医疗设备

具体见图 3-6~ 图 3-8。

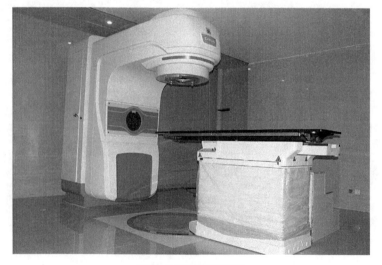

图 3-6　直线加速器

图 3-7 γ 刀

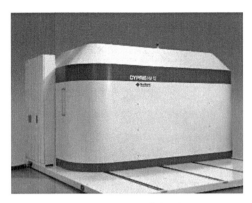

图 3-8 回旋加速器

该类机房六个面均宜采用钢筋混凝土进行辐射防护，其密度需达到 2.35g/c 时以上，在混凝土浇筑时必须振捣密实，并加强混凝土养护，严格避免出现混凝土微裂缝等。混凝土厚度应根据辐射防护预评价相关内容来实施。防护门宜选择电动铅板防护门，重要配件尽量选用质量过硬产品，机房入口地面上尽量不设轨道式沟槽，满足无障碍通行要求。在辐射源与防护门之间加设屏蔽体（防护内墙）形成防护通路，其宽度与高度以满足可以过人过物为原则，不宜小于 0.9m，不应超过 1.4m。

2. 医院电离辐射防护系统施工

1）熟悉辐射防护施工图

（1）阅读辐射防护设计施工图

在进行大型医疗设备机房施工前，施工单位、监理单位和医院相关技术人员要认真阅读整个机房土建和安装施工图，对各专业施工图纸进行综合熟悉、充分理解设计意图。找出没有理解的内容和存在矛盾的地方，尽量把有关技术问题整理出来。

（2）辐射防护施工图技术交底

由业主或监理单位组织施工单位、设计单位和医院相关管理及技术人员进行机房辐射防护施工图技术交底和图纸会审工作。在有条件的情况下，邀请医院相关使用科室设备工程师、专业厂家场地工程师等共同参与。对施工单位提出的所有技术问题，由设计单位和医院（或设备工程师）共同协商解决，并形成书面的图纸会审纪要作为施工依据。

对施工班组及施工人员还需进行技术交底，应特别重视：

①辐射防护大体积混凝土施工技术要求和养护（不能产生裂缝，需控制混凝土浇筑及养护期间的内外温差在一定范围内）；

②页岩实心砖砌筑防护墙体内砂浆的饱满度应达到防护要求，水平灰缝达到 100%，竖向灰缝达到 95% 以上。

（3）衔接使用部门及专业厂家场地工程师

在机房施工前和施工过程中，应与医院使用部门设备工程师和专业厂家场地工程师密切衔接，一旦发现新的问题，应及时沟通协调解决。

2）辐射防护施工组织

对辐射防护施工要求特别高的重要部位，监理单位和施工单位均应高度重视该部分的施工组织设计及施工质量，首先由施工单位编制专项施工组织设计，并经监理单位、设计单位、业主或代建单位主要技术人员进行全面审查合格后方能组织施工。

（1）直线加速器治疗机房大体积混凝土施工组织设计要点：

①编制说明。

②工程概况（如辐射防护大体积混凝土施工范围、防护厚度等，并附图说明）。

③辐射防护大体积钢筋混凝土施工重点（如钢筋绑扎，模板支撑，商品混凝土采购、运输及浇筑，大体积混凝土墙体施工缝的留设位置、留设形式及后续浇筑时的处理等）和难点（如大体积混凝土连续浇筑及振荡密实、控制混凝土内外温差以防止防护墙微裂缝的产生等措施）。

④施工计划安排（如管理组织、施工人员、施工材料、施工机具等）。

⑤防护混凝土墙及顶板浇筑施工（如混凝土浇筑顺序、每层浇筑厚度的控制、施工人员的交接班管理等）。

⑥施工质量保证措施（特别是应高度关注大体积混凝土内外温度实时监测，为防止混凝土产生微裂缝所采取的可靠应对措施等）和注意事项（如加强混凝土养护、准备应急电源、施工人员及机具的统一协调指挥等）。

（2）DR、CT等机房防护墙体的施工组织设计要点：

一般情况下，根据辐射防护预评价报告，CR、DR、CT、DSA等机房的辐射防护墙体采用页岩实心砖砌筑墙体，CR、DR、DSA等机房的辐射防护墙体厚度为240mm页岩实心砖墙（相当于2mm铅当量），而CT机房的辐射防护墙体厚度为370mm页岩实心砖墙（相当于3mm铅当量）。

3）防护材料及产品选择

（1）多方了解专业防护材料及产品

据不完全统计，目前国内专业防护材料及产品的供应商家相对较少，故要求施工单位多方了解，掌握防护产品规格、型号、外观、防护质量等基本信息，供监理单位和业主参考。综合比较并优选防护材料及产品，特别是防护门窗及配件的质量、外观和耐久性等方面。

（2）防护材料及产品进场后抽检

所有进入施工现场的防护材料及产品，由监理单位进行全面检查，应同时具备生产许可证和产品合格证，抽查时封样送检。检查合格的材料及产品才能使用。

4）施工现场监督

组织施工前，施工单位应做好施工人员、施工机具、施工材料、安全措施等各方面的准备工作，经监理单位检查合格后方可组织施工。同时，要求监理及施工单位对施工过程进行全面跟踪，发现问题及时协调解决。在机房辐射防护施工过程中，监理单位应作为重点监督内容，实施旁站监理，及时发现施工中有关问题，组织几方技术人员共同协商解决。

3. 医院电离辐射防护系统验收

1）施工初步验收

对大型医疗设备机房辐射防护施工内容可作为一个子项分部进行专项验收。在医疗设备机房施工过程中和施工完毕后，由监理单位组织设计单位、施工单位、医院、评价单位等技术人员一起参与该分部专项隐蔽验收和初步验收工作。从施工质量、外观、防护材料之间的搭接等各方面进行实地隐蔽验收和初步验收，尽量发现施工中存在的问题，形成书面的隐蔽验收和初步验收意见。

2）施工质量整改

由施工单位对机房施工存在的不足和需改进的问题进行及时整改，整改措施要安全可靠，在整改过程中请监理单位进行现场监督。

3）施工验收

对施工质量问题整改完毕后，由施工单位报请监理单位组织相关部门人员进行正式验收工作。在辐射防护专项验收之前，由监理单位对施工单位的整改情况比照初步验收意见逐项进行检查落实。

经监理单位确认整改完毕，仍由监理单位组织设计单位、施工单位、医院、评价单位等技术人员一起参与该分部验收工作。从施工质量、外观、防护材料之间的搭接宽度等各方面进行实地检查和验收，并形成书面的验收资料。当地卫生行政部门可以指定机构或组织专家对防护控制效果进行专家审查。

3.1.2 医院电磁屏蔽系统

1. 医院电磁屏蔽系统概述

1）电磁屏蔽原理

所谓屏蔽就是用良导体将干扰源或敏感设备包围起来，隔离被包围部分与外界电的、磁的或电磁的相互干扰。屏蔽是利用屏蔽体阻止或减少电磁能量传输的一种措施。屏蔽体是用以阻止或减小电磁能传输而对装置进行封闭或遮拦的阻挡层，它可以是导电、导磁介质的，或带有非金属吸收材料的。

医院需要进行电磁屏蔽的科室主要是核磁共振科室。

以磁共振系统为例，磁场散布在磁体周围各个方向，典型的磁通密度分布如图 3-9 所示，该图仅表示在空气中理想磁场的分布，建筑物中的钢铁等材料将改变此分布。

为了满足磁共振系统机房场地屏蔽要求，可采用复合屏蔽模式。

电缆电场和磁场屏蔽如图 3-10 所示。

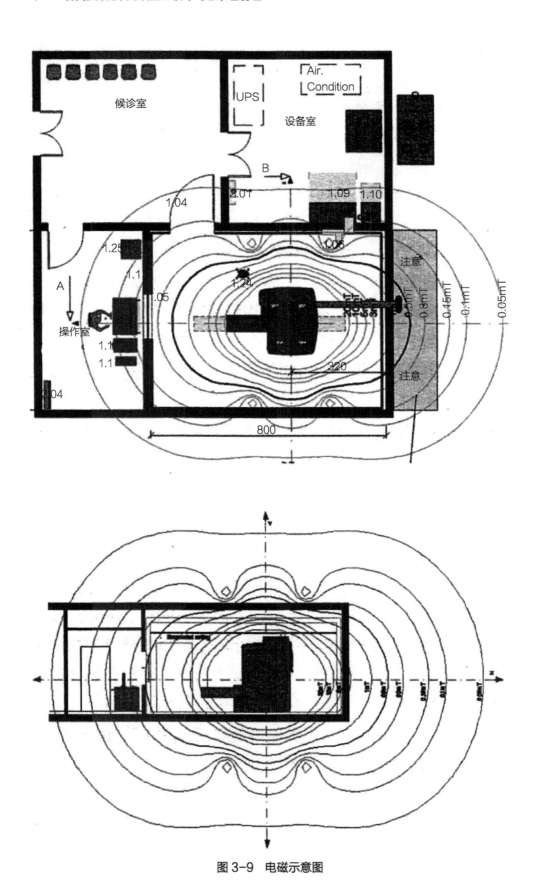

图 3-9 电磁示意图

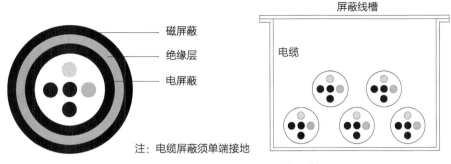

注：电缆屏蔽须单端接地

图 3-10　电缆电场和磁场屏蔽图

墙面磁场屏蔽可参考图 3-11，具体见电磁屏蔽专业设计图纸。

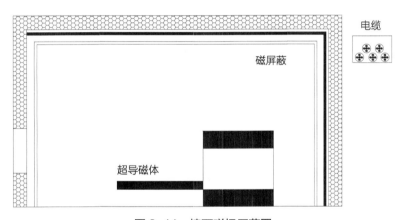

图 3-11　墙面磁场屏蔽图

2）屏蔽附件选择

根据屏蔽设施使用功能的不同，需要安装不同的附属设备，具体要求如下：

（1）屏蔽门：单簧门、多簧门、单开、双开，手动、电动、气动。

（2）屏蔽窗：单层屏蔽窗、双层屏蔽窗。

（3）滤波器：电源滤波器、信号滤波器。

（4）蜂窝波导：空调通风波导、紧急排风波导。

（5）气体波导管：医用气体波导、失超管波导。

（6）光纤波导：用于光纤。

（7）隔离变压器：防止漏电流耦合到前一级回路。

（8）液体波导：防止液体耦合干扰信号。

3）一般技术要求

电磁屏蔽专业厂家根据磁共振系统医疗设备的屏蔽指标要求、扫描室空间的实际准确尺寸和设备定位等现场情况，进行深化设计，包括四周墙体上需预留管线孔洞的准确尺寸及定位、屏蔽门窗洞口尺寸及定位、地面防水防潮及各层做法要求等。一般技术要点有：

（1）磁共振系统设备扫描室四周墙体需砌筑到顶（即梁底或板底）。

（2）二次回填混凝土地面，要求其平整度误差小于 3mm。

（3）机房最终地面为橡胶卷材或 PVC 地板，需在磁共振系统设备安装完成后铺贴。

（4）屏蔽室通过磁共振系统接地，严禁单独接地，屏蔽室对地绝缘要求大于 100Ω。

（5）为了设备搬运，需在墙体上预留运输洞口，其尺寸在 2.8m×2.8m 左右。

（6）失超管必须由非铁磁性金属（如不锈钢管等）加工做成并准确安装，并避免转弯。

（7）如果扫描室下面设有地下室，其四周防水层及保护层可做一遍，否则需做两遍防水层；四周防水层高度应根据周边房间是否为有水房间进行确定：一般情况下，其高度大于 0.5m 即可；如果为有水房间（在平面布置时应尽量避免其周边和顶棚上设有水房间），其防水高度应大于 2.0m。

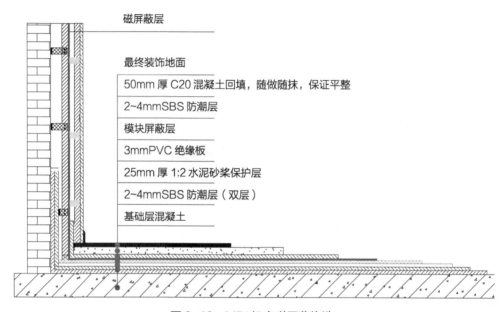

图 3-12　MRI 机房磁屏蔽构造

2. 医院电磁屏蔽系统施工

1）施工前应进行施工现场检查，确定现场符合下列要求：

（1）对电磁屏蔽安装位置的建筑物现场宜进行实测，经确认符合施工要求后方可进行施工。

（2）安装场地空间结构及平面布置应能满足电磁屏蔽工程设计图纸的安装尺寸要求。

（3）电磁屏蔽室外表面与建筑结构体之间的隐蔽工程，包括需预留的孔、洞、各种预埋件、管道应已施工完毕，穿墙预留孔、预留洞应无遗漏。

（4）电磁屏蔽室坐落基层地面位置的浮渣、尘土应已清理干净；地坪已坚硬，平整，并应保持干燥。

（5）供电磁屏蔽室工程施工使用的电源、气源、水源均应满足使用要求。

（6）设备和材料堆放的场地应符合要求，并应留有进场所需的通道和搬运空间。

2）砂浆保护层以下做法按常规施工做法即可，应保证找平层平整度达到 ±2.0mm（具体参照厂家技术要求），如果达不到要求可采取水泥自流平等措施进行施工。

3）绝缘层施工：

（1）保证基层地面坚硬结实、表面平整、干燥无油，并具有良好的防水保护。

（2）绝缘层施工过程中应及时彻底清理施工现场，保持现场清洁。

（3）绝缘层施工应按区域实时进行绝缘电阻检查，经确认符合设计要求后方可进行下一区域施工。

（4）电磁屏蔽室主体结构底部框架完成后，宜进行绝缘电阻测试，绝缘阻值应符合设计要求。

（5）电磁屏蔽室底部电磁屏蔽层安装完毕，应进行绝缘电阻测试验收，绝缘电阻值应符合设计要求，并应做好记录。

（6）施工现场应做好绝缘层保护，严禁周边无关物体与电磁屏蔽室相连接。

4）电磁屏蔽体为金属框架焊接结构时，屏蔽体支撑框架几何尺寸经检验满足设计要求后，方可进行电磁屏蔽层板体的电气连续焊接。电磁屏蔽室的钢结构骨架和电磁屏蔽层板体变形的容许值无具体要求时，宜按表 3-1 取值。

变形容许值　　　　　　　　　　　　　表 3-1

项次	构件变形类别	容许值
1	顶面横梁主梁挠度	$L/400$，且不应大于 15.0
2	顶面横梁次梁挠度	$L/250$，且不应大于 25.0
3	立柱柱顶侧移	$H/700$，且不应大于 10.0
4	顶部电磁屏蔽层板体挠度	$L/150$，且不应大于 15.0
5	侧面电磁屏蔽层板体水平挠度	$L/700$，且不应大于 10.0

注：L 为受弯构件的跨度（对悬臂梁为悬臂长度的 2 倍）；H 为基础顶面至柱顶的高度。

金属框架构件之间焊接应牢固，构件应平整、顺直，表面不应有施工残留和污物，构件焊接处应按设计要求进行涂装处理，电磁屏蔽层板体的电气连续焊接后应符合下列要求：

（1）焊缝表面不得有裂纹、漏焊缺陷。

（2）电磁屏蔽层板体应无明显凹凸、翘曲变形。

（3）焊缝感观应达到外形均匀、成型较好，焊道与焊道、焊道与基本金属间过渡较平滑；焊渣和飞溅物应清除干净。

（4）电磁屏蔽层板体电气连续焊接完成后，应用检测仪器对所有的焊缝及电磁屏蔽室后续配套设施的焊接项目进行电磁泄漏检漏，对发现的泄漏点进行补焊并复检，合格后方可进行下道工序施工。

5）当电磁屏蔽室主体结构为组装式时，施工应符合下列要求：

（1）电磁屏蔽板体应符合设计要求，防腐涂料覆盖和导电衬垫敷设应完好，连接方式应符合设计和施工技术方案的要求。

（2）部件的连接应严密、牢固、可靠。

（3）电磁屏蔽板体安装应平整、顺直，表面不应有施工残留和污物，外观无明显损伤。

（4）电磁屏蔽板体之间压接缝隙应均匀，并无导电衬垫外露。

（5）电磁屏蔽室结构的支撑框架施工完毕且已做好防腐涂装后应做隐蔽工程报验。所有电磁屏蔽层板体电气连续焊接缝或联结缝应直观可见，不应在电磁屏蔽效能测试前有遮盖。

（6）需在电磁屏蔽层板体上开孔或开洞时，孔或洞的位置应避开梁、柱、主龙骨和板缝。在已安装电磁屏蔽层板体上开孔或开洞时，宜用开孔器或等离子切割方法。

6）电磁屏蔽门和电磁屏蔽窗的施工要求：

（1）电磁屏蔽门和电磁屏蔽窗进入施工现场应检查验收。

（2）电磁屏蔽门和电磁屏蔽窗的进场验收应检查产品的品种、类型、规格、尺寸、开启方向及防腐处理是否符合设计要求，经运输贮存后有无翘角、翘扭、弯曲，如有以上情况，应修复后方可进行施工。

（3）电磁屏蔽门和电磁屏蔽窗施工时应用水平尺校平或用挂线法校正其前后左右的垂直度，做到横平竖直、高低一致，其平面度不应大于 $1.5/1000^2$，门扇和窗扇对中位移不应大于 1.5mm。

（4）带有机械装置、自动装置或智能化装置的电磁屏蔽门和电磁屏蔽窗，其机械装置、自动装置或智能化装置的功能应符合设计要求。

（5）电磁屏蔽门和电磁屏蔽窗与电磁屏蔽层板体的电磁密封连接，应达到电磁屏蔽室电磁屏蔽效能要求。

（6）电磁屏蔽门和电磁屏蔽窗应启闭灵活。

（7）电磁屏蔽门和电磁屏蔽窗的表面应洁净、平整、色泽均匀，无凹坑、无锈蚀。

（8）电磁屏蔽门和电磁屏蔽窗施工完毕，应进行保护，保持导电接触面清洁、无锈蚀。

（9）电磁屏蔽门手动开启力应符合设计要求。

（10）电磁屏蔽门的应急安全标志应安装牢固，位置醒目。

7）等电位连接的施工要求：

（1）电磁屏蔽室的等电位接地连接应按设计要求进行，应将电磁屏蔽室预留的等电位连接端子与建筑物内等电位连接带或电磁屏蔽室专用等电位接地装置进行电气连接。

（2）引下线宜采用高导电率的扁状导体，不得与输电线平行敷设。

（3）电磁屏蔽室工程施工完毕通电运行前，应确认已有效接地，且接地线安装牢固。

（4）电磁屏蔽室等电位连接后应进行接地电阻测量，测量数值应符合设计要求。

8）涂装的施工要求：

（1）有防腐处理的组装式电磁屏蔽室不可进行涂装，但在安装前应做好产品保护。

（2）电磁屏蔽室普通涂料涂装工程应在电磁屏蔽层板体电气连续焊接工程的施工质量验收合格后进行。

（3）电磁屏蔽室的面层涂装材料选择，应按电磁屏蔽室设计要求及电磁屏蔽室所处建筑物的火灾危险性类别和建筑物的耐火等级要求进行。

（4）涂装施工做法按施工组织设计文件规定的金属面油漆及防火涂料做法实施，并应保证涂料之间的相容性。

（5）涂装施工时的环境温度和相对湿度应符合涂料产品说明书的要求，当产品说明书无要求时，环境温度宜在 5~38℃，相对湿度不宜大于 85%。

3. 医院电磁屏蔽系统验收

电磁屏蔽工程的验收宜分为两部分进行。

1）分项验收，其内容应包括：

（1）对屏蔽室的指标进行测试，并取得相应的测试报告；

（2）对屏蔽室的结构、供配电与照明、消防报警、通风、供水、供气、接地等进行分项验收；

（3）对屏蔽室隐蔽工程应在封闭前进行局部验收。

2）竣工验收：

（1）电磁屏蔽工程施工结束后，应由施工单位向建设单位提出申请，由各机构组成验收组，根据合同、设计文件、施工规范及相关技术文件进行竣工验收。

（2）竣工验收应提交竣工资料供审核。竣工验收应包括下列资料：

①竣工验收报告。

②图纸会审记录。

③原材料和设备合格证、质量证明、说明书。

④开工报告。

⑤安装及质量验收记录。

⑥电磁屏蔽效能测试报告。

⑦设计更改或洽商记录。

⑧竣工图。

⑨移交清单。

3.2　医院医用气体系统

3.2.1　医院医用气体系统概述

医用气体作为病患者的生命支持系统，被广泛用于吸氧、机械通气、麻醉、腔镜治疗、吸引和器械驱动。随着科技进步和经济水平的提高，集中供气模式以其安全方便、用气无噪声、病区环境整洁干净等显著优点被医院广泛采用。医用气体供应系统的建设已经成为现代医院建设的一个重要内容和分支。

医用气体主要包括氧气、压缩空气、真空（俗称"负压"或"负压吸引"）、笑气、氮气、氩气、二氧化碳、氮气和机械驱动用高压空气等，其中氧气、压缩空气和真空，几乎在所有医疗单元都会用到，医用气体的集中供应也以这三样为主；其他气体只在手术室、介入治疗室、专科检查室等场所使用、用气设备相对集中、用气量也相对较少，通常采用汇流排的方式就近供应。医用气体系统就是由这些其他的气源设备、管道、阀门、分配器、终端设备及监控装置等组成的。医用气体和真空通常是在医院生产制造；氧气的供应主要是靠外购液氧作为原料，在医院的液氧罐进行气化后，进入管道供应；其余气体和瓶氧均是依靠外购成品气来保障医疗使用。

医用气体的压力要求见表3-2。

医用气体额定压力值 表 3-2

医用气体种类	额定压力（kPa）
医用空气	400
器械空气、医用氮气	800
医用真空	40（真空压力）
医用氧气	400
医用氧化亚氮	400
医用氧化亚氮 / 氧气混合气	400（350）
医用二氧化碳	400
医用二氧化碳 / 氧气混合气	400（350）
医用氮 / 氧混合气	400（350）
麻醉或呼吸废气排放	15（真空压力）

医用气体管道很多，为方便辨识，防止误操作，很多规范均要求：医用气体管道、阀门、终端组件、软管组件和压力指示仪表，均应有耐久、清晰、易识别的标识。医用气体标识的方法应为金属标记、模板印刷、盖印和黏着性标志。施工中宜采用黏着性标志。

医用气体标识时可以采用文字标识和颜色标识，见表3-3所列。医用气体的标识和颜色对耐久性有要求。耐久性试验方法：在环境温度下，用手反复摩擦文字标识和颜色标记，首先用蒸馏水浸润湿的抹布擦拭15s，再用异丙醇浸湿擦拭15s，标记应仍然清晰可识别。

医用气体标识 表 3-3

医用气体名称	代号		颜色规定
	中文	英文	
医用空气	医疗空气	Med Air	黑色 - 白色
器械空气	器械空气	Air800	黑色 - 白色
牙科空气	牙科空气	Dent Air	黑色 - 白色

续表

医用气体名称	代号		颜色规定
	中文	英文	
医用合成空气	合成空气	Syn Air	黑色 – 白色
医用真空	医用真空	Vac	黄色
医用氮气	氮气	N_2	黑色
医用二氧化碳	二氧化碳	CO_2	灰色
医用氧化亚氮	氧化亚氮	N_2O	蓝色
医用氧气 / 氧化亚氮混合气体	氧 / 氧化亚氮	O_2/N_2O	白色 – 蓝色
医用氧气 / 二氧化碳混合气体	氧 / 二氧化碳	O_2/CO_2	白色 – 灰色
医用氮气 / 氧气混合气体	氮气 / 氧气	He/O_2	棕色 – 白色
麻醉废气排放	麻醉废气	AGSS	朱紫色
呼吸废气排放	呼吸废气	AGSS	朱紫色

注：表中规定为两种颜色时，是在颜色标识区域内以中线为分隔左右分布。

3.2.2　医院医用气体系统施工

1. 医用气体安装工程开工条件

（1）施工企业、施工人员应具备相关资质证明与执业证书。

（2）已批准的施工设计文件。

（3）压力管道与设备已按有关要求报建。

（4）施工材料及现场水、电、土建设施配合准备齐全。

2. 医用气体管道安装

（1）所有管材端口密封包装应完好，阀门、附件包装应无破损。

（2）管材应无外观制造缺陷，应保持圆滑、平直，不得有局部凹陷、碰伤、压扁等缺陷；高压气体、低温液体等管材不应有划伤压痕。

（3）阀门密封面应完整，无伤痕、毛刺等缺陷；法兰密封面应平整光洁，不得有毛刺及径向沟槽。

（4）非金属垫片应保持质地柔韧，无老化及分层现象，表面应无折损及皱纹。

（5）管材及附件无锈蚀现象。

（6）焊接医用气体铜管及不锈钢管时，均应在管材内部使用惰性气体保护，并应符合下列规定：①焊接保护气体可使用氮气或氩气，不应使用二氧化碳气体；②应在未焊接的管道端口内部供应惰性气体，未焊接的邻近管道不应被加热而氧化；③焊接施工现场应保持空气流通或单独供应呼吸气体；④现场应记录气瓶数量，并应采取防止与医用气体气瓶混淆的措施。

（7）输送氧气含量超过23.5%的管道与设备施工时，严禁使用油膏。

（8）医用气体报警装置在接入前应先进行报警自测试。

（9）所有压缩医用气体管材、组件进入工地前均应已脱脂，不锈钢管材、组件应经酸洗钝化、清洗干净并封装完毕，并应达到《医用气体工程技术规范》GB 50751—2012的规定。未脱脂的管材、附件及组件应做明确的区分标记，并应采取防止与已脱脂管材混淆的措施。

（10）医用气体管材切割加工除符合常规管材切割加工的规定外，还应符合下列规定：①管材应使用机械方法或等离子切割下料，不应使用冲模扩孔，也不应使用高温火焰切割或打孔；②管材的切口应与管轴线垂直，端面倾斜偏差不得大于管道外径的1%，且不应超过1mm，切口表面应处理平整，并应无裂纹、毛刺、凸凹、缩口等缺陷；③管材的坡口加工宜采用机械方法，坡口及其内外表面应进行清理；④管材下料时严禁使用油脂或润滑剂。

（11）医用气体管材现场弯曲加工应符合下列规定：①应在冷状态下采用机械方法加工，不应采用加热方法制作；②弯管不得有裂纹、折皱、分层等缺陷，弯管任一截面上的最大外径和最小外径差与管材名义外径相比较时，用于高压的弯管不应超过5%，用于中低压的弯管不应超过8%；③高压管材弯曲半径不应小于管外径5倍，其余管材弯曲半径不应小于管外径3倍。

（12）管道组件的预制应符合《工业金属管道工程施工规范》GB 50235—2010的有关规定。

（13）医用气体铜管之间、管道与附件之间的焊接均应为硬钎焊，并应符合下列规定：①铜钎焊施工前应经过焊接质量工艺评定及人员培训；②直管段、分支管道焊接均应使用管件承插焊接，承插深度与间隙应符合《铜管接头 第1部分：钎焊式管件》GB/T 11618.1—2008的有关规定；③铜管焊接使用的钎料应符合《铜基钎料》GB/T 6418，《银钎料》GB/T 10046的有关规定，并宜使用含银钎料；④现场焊接的铜阀门，其两端应包含预制连接短管；⑤铜波纹膨胀节安装时，其直管长度不得小于100mm，允许偏差为±10mm。

（14）不锈钢管道及附件的现场焊接应采用氩弧焊或等离子焊，并应符合下列规定：①不锈钢管道分支连接时应使用管件焊接，承插焊接时承插深度不应小于管壁厚的4倍；②管道对接焊口的组对内壁应齐平，错边量不得超过壁厚的20%，除设计要求的管道预拉伸或压缩焊口外不得强行组对；③焊接后的不锈钢管焊缝外表面应进行酸洗钝化。

（15）不锈钢管道焊缝质量应符合下列规定：①不锈钢管焊缝不应有气孔、钨极杂质、夹渣、缩孔、咬边，凹陷不应超过0.2mm，凸出不应超过1mm，焊缝反面应允许有少量焊漏，但应保证管道流通面积；②不锈钢管对焊焊缝加强高度不应小于0.1mm，角焊焊缝的焊角尺寸应为3~6mm，承插焊接焊缝高度应与外管表面齐平或高出外管1mm；③直径大于20mm的管道对接焊缝应焊透，直径不超过20mm的管道对接焊缝和角焊缝未焊透深度不得大于材料厚度的40%。

（16）医用气体管道焊缝位置应符合下列规定：①直管段上两条焊缝的中心距离不应小于管材外径的 1.5 倍；②焊缝与弯管起点的距离不得小于管材外径，且不宜小于 100mm；③环焊缝距支、吊架净距不应小于 50mm；④不应在管道焊缝及其边缘上开孔。

（17）医用气体管道与经过防火或缓燃处理的木材接触时，应防止管道腐蚀，当采用非金属材料隔离时，应防止隔离物收缩时脱落。

（18）医用气体管道支吊架的材料应有足够的强度和刚度，现场制作的支架应除锈并涂两道以上防锈漆，医用气体管道与支架间应有绝缘隔离措施。

（19）医用气体阀门安装时应核对型号及介质流向标记，公称直径大于 80mm 的医用气体管道阀门宜设置专用支架。

（20）医用气体管道的接地或跨接导线应有与管道相同材料的金属板与管道进行连接过渡。

（21）医用气体管道焊接完成后应采取保护措施，防止脏物污染，并应保持到全系统调试完成。

（22）医用气体管道现场焊接的洁净度检查应符合下列规定：①现场焊缝接头抽检率应为 0.5%，各系统焊缝抽检数量不应少于 10 条；②抽样焊缝应沿纵向切开检查，管道及焊缝内部应清洁，无氧化物、特殊化合物和其他杂质残留。

（23）医用气体管道焊缝的无损检测应符合下列规定：①熔化焊焊缝射线照相的质量评定标准，应符合《金属熔化焊焊接接头射线照相》GB/T 3323—2005 的有关规定；②高压医用气体管道、中压不锈钢材质氧气、氧化亚氮气体管道和 -29℃ 以下低温管道的焊缝，应进行 100% 的射线照相检测，其质量不得低于 Ⅱ 级，角焊焊缝应为 Ⅲ 级；③中压医用气体管道和低压不锈钢材质医用氧气、医用氧化亚氮、医用二氧化碳、医用氮气管道，以及壁厚不超过 2.0mm 的不锈钢材质低压医用气体管道，应进行 10% 的射线照相检测，其质量不得低于 Ⅲ 级；④焊缝射线照相合格率应为 100%，每条焊缝补焊不应超过 2 次，当射线照相合格率低于 80% 时，除返修不合格焊缝外，还应按原射线照相比例增加检测。

（24）医用气体减压装置应进行减压性能检查，应将减压装置出口压力设定为额定压力，在终端使用流量为零的状态下，应分别检查减压装置每一减压支路的静压特性 24h，其出口压力均不得超出设定压力 15%，且不得高于额定压力上限。

（25）医用气体管道应分段、分区以及全系统做压力试验及泄漏性试验，管道压力试验应符合下列规定：①高、中压医用气体管道应做液压试验，试验压力应为管道设计压力的 1.5 倍，试验结束应立即吹除管道残余液体；②液压试验介质可采用洁净水，不锈钢管道或设备试验用水的氯离子含量不得超过 25×10^{-6}；③低压医用气体管道、医用真空管道应做气压试验，试验介质应采用洁净的空气或干燥、无油的氮气；④低压医用气体管道试验压力应为管道设计压力的 1.15 倍，医用真空管道试验压力应为 0.2MPa；⑤医用气体管道压力试验应维持试验压力至少 10min，管道应无泄漏、外观无变形为合格。

（26）医用气体管道应进行 24h 泄漏性试验，压缩医用气体管道试验压力应为管道的设计压力，真空管道试验压力应为真空压力 70kPa；医用气体管道在未接入终端组件时的泄漏性试验，小时泄漏率不应超过 0.05%；压缩医用气体管道接入供应末端设施后的泄漏性试验，小时泄漏率应符合下列规定：①不超过 200 床位的系统应小于 0.5%；② 800 床位以上的系统应小于 0.2%；③ 200~800 床位的系统不应超过按内插法计算得出的数值。医用真空管道接入供应末端设施后的泄漏性试验，小时泄漏率应符合下列规定：①不超过 200 床位的系统小于 1.8%；② 800 床位以上的系统应小于 0.5%；③ 200~800 床位的系统不应超过按内插法计算得出的数值。

（27）医用气体管道在安装终端组件之前应使用干燥、无油的空气或氮气吹扫，在安装终端组件之后除真空管道外应进行颗粒物检测，并应符合下列规定：①吹扫或检测的压力不得超过设备和管道的设计压力，应从距离区域阀最近的终端插座开始直至该区域内最远的终端；②吹扫效果验证或颗粒物检测时，应在 150L/min 流量下至少进行 15s，并应使用含 50μm 孔径滤布、直径 50mm 的开口容器进行检测，不应有残余物。

（28）管道吹扫合格后由施工单位会同监理、建设单位共同检查，并应进行"管道系统吹扫记录"和"隐蔽工程（封闭）记录"。

3. 医用气源站安装及调试

（1）空气压缩机、真空泵、氧气压缩机及其附属设备的安装、检验，应按设备说明书要求进行，并应符合《风机、压缩机、泵安装工程施工及验收规范》GB 50275—2010 的有关规定。

（2）压缩空气站、医用液氧贮罐站、医用分子筛制氧站、医用气体汇流排间内所有气体连接管道，应符合医用气体管材洁净度要求，各管段应分别吹扫干净后再接入各附属设备。

（3）医用气源站内管道应按规范要求分段进行压力试验和泄漏性试验。

（4）空气压缩机、真空泵、氧气压缩机及其附属设备，应按设备要求进行调试及联合试运转。

（5）医用真空泵站的安装及调试应符合下列规定：①真空泵安装的纵向水平偏差不应大于 0.1/1000，横向水平偏差不应大于 0.2/1000，有联轴器的真空泵应进行手工盘车检查，电动和泵的转动应轻便灵活、无异常声音；②应检查真空管道及阀门等附件，并应保证管道等通径，真空泵排气管道宜短直，管道口径应无局部减小。

（6）医用液氧贮罐站安装及调试应符合下列规定：①医用液氧贮罐站应使用地脚螺栓固定在基础上，不得采用焊接固定，立时医用液氧贮罐罐体倾斜度应小于 1/1000；②医用液氧贮罐、汽化器与医用液氧管道的法兰联结，应采用低温密封垫、铜或奥氏体不锈钢连接螺栓，应在常温预紧后在低温下再拧紧；③在医用液氧贮罐周围 7m 范围内的所有导线、电缆应设置金属套管，不应裸露；④首次加注医用液氧前，应确认已经经过氮气吹扫并使用医用液氧进行置换和预冷。初次加注完毕应缓慢增压并在 48h 内监视贮罐压力的变化。

（7）医用气体汇流排间应按设备说明书安装，并应进行汇流排减压、切换、报警等装置的调试。焊接绝热气瓶汇流排气源还应进行配套的汽化器性能测试。

3.2.3　医院医用气体系统验收

（1）新建医院气体系统应进行各系统的全面检验与验收，系统改建、扩建或维修后应对相应部分进行检验与验收。

（2）施工单位质检人员应严格按照《医用气体工程技术规范》GB 50751—2012 的规定进行检验并记录，隐蔽工程应由相关方共同检验合格后再进行后续工作。

（3）所有验收发现问题和处理结果均应详细记录并归档，验收方确认系统均符合规范的规定后应签署验收合格证书。

（4）检验与验收用气体应为干燥、无油的氮气或符合规范要求的医疗气体。

（5）医用气体系统中的各个部分应分别检验合格后再接入系统，并应进行系统的整体检验。

（6）医用气体管道施工中应按规范进行管道焊缝洁净度检验、封闭或暗装部分管道的外观和标识检验、管道系统初步吹扫、压力试验和泄漏性试验、管道颗粒物检验、医用气体减压装置性能检验、防止管道交叉错接的检验及标识检查、阀门标识与其控制区域正确性检验。

（7）医用气体各系统应分别进行防止管道交叉错接的检验及标识检查，并应符合下列规定：①压缩医用气体管道检验压力应为 0.4MPa，真空应为 0.2MPa，除被检验的气体管道外，其余管道压力应为常压；②用各专用气体插头逐一检验终端组件，应是仅被检验的气体终端组件内有气体供应，同时应确认终端组件的标识与所检验气体管道介质一致。

（8）医用气体终端组件在安装前应进行下列检验：①连接性能检验应符合现行行业标准《医用气体管道系统终端 第 1 部分：用于压缩医用气体和真空的终端》YY 0801.1—2010 和《医用气体管道系统终端 第 2 部分：用于麻醉气体净化系统的终端》YY 0801.2—2010 的有关规定；②气体终端底座与终端插座、终端插座与气体插头之间的专用性检验；③终端组件的标识检查，结果应符合规范的有关规定。

（9）医用气体系统应进行独立验收，验收时确认设计图纸与修改核定文件、竣工图、施工单位文件与检验记录、监理报告、气源设备与末端设施原理图、使用说明与维护手册、材料证明报告等记录，且所有压力容器、压力管道应已获准使用，压力表、安全阀等应已按要求进行检验并取得合格证。

（10）医用气体系统验收应进行监测和报警系统检验，并应符合下列规定：①每个医用气体子系统的气源报警、就地报警、区域报警，应按规范的规定对所有报警功能逐一进行检验，计算机系统作为气源报警时应进行相同的报警内容检验；②应确认不同医用气体的报警装置之间不存在交叉或错接，报警装置的标识应与检验气体、检验区域一致；③医用气体系统已设置集中监测与报警装置时，应确认其功能完好，报警标识应与检验气体、检验区域一致。

（11）医用气体系统验收应按规范进行气体管道颗粒物检验，压缩医用气体系统的每一主要管道支路，均应分别进行25%的终端处抽检。任何一个终端处检验不合格时应检修，并检验该区域中的所有终端。

（12）医用气体系统验收应对压缩医用气体系统的每一主要管道支路距气源最远的一个末端设施处进行管道洁净度检验，该处被测气体的含水量应达到规范有关医疗气体含水量的规定，与气源处相比较的碳氢化合物、卤代烃含量差值不得超过 5×10^{-6}。

（13）医用气源应进行检验，并应符合下列规定：①压缩机以1/4额定流量连续运行满24h后，检验气源取样口的医疗空气、器械空气质量应符合规范规定；②应进行压缩机、真空泵、自动切换及自动投入运行功能检验；③应进行医用液氧贮罐切换、汇流排切换、备用气源、应急备用气源投入运行功能及报警检验；④应进行备用气源、应急备用气源储量或压力低于规定值得有关功能与报警检验；⑤应进行规范与设备或系统集成商要求的其他功能及报警检验。

（14）医用气体系统验收应在子系统功能连接完整、除医用氧气源外使用各气源设备供应气体时，进行气体管道运行压力与流量的检测，并符合下列规定：①所有气体终端组件处输出气体流量为零时的压力应在额定压力允许范围内；②所有额定压力为350~400kPa的气体终端组件处，在输出气体流量为100L/min时，压力损失不得超过35kPa；③器械空气或氮气终端组件处的流量为140L/min时，压力损失不得超过35kPa；④医用真空终端组件处的真空流量为85L/min时，相邻真空终端组件处的真空压力不得降至40kPa以下；⑤生命支持区域的医用氧气、医疗空气终端组件处的3s内短暂流量，应能达到170L/min；⑥医疗空气、医用氧气系统的每一主要管道支路中，实现途泄流量为20%的终端组件处平均典型使用流量时，系统的压力应符合规范规定。

（15）每个医用气体系统的管道应进行专用气体置换，并应进行医用气体系统品质检验，同时应符合下列规定：①对于每一种压缩气体，应在气源及主要支路最远末端设施处分别对气体品质进行分析；②除器械空气或氮气、牙科空气外，终端组件处气体主要成分的浓度与气源出口处的差值不应超过1%。

3.3 医院物流传输系统

3.3.1 医院物流传输系统概述

医用物流传输系统是指借助信息技术、光电技术、机械传动装置等一系列技术和设施，在设定的区域内运输物品的输送分拣系统。物流传输系统装置起源于20世纪50年代的战后工业大革命时期，当时主要应用在电子、汽车等这类大规模工业化生产的企业。随着信息技术的发展，物流传输系统的智能化程度越来越高，因为可以大大提高效率，节约人力而受到广泛欢迎，应用领域逐步拓展到了商场、银行、工厂、医疗等领域。

医院运送的物资种类多，运送量大，运送频繁，时间效率和运输精准性要求高，医院物流问题直接影响到医院的整体运营效率及患者的切身利益。近年来，随着经济的发展和人民生活水平的提高，我国的医院无论在软件和硬件方面都得到了快速发展，物流传输系统已成为现代化医院基础设施的一部分。目前国内外医院应用的物流系统主要有气动物流传输系统、轨道物流传输系统、AGV 自动导引车传输及高架单轨推车传输系统等。

1. 医用气动物流传输系统概述

医用气动物流传输系统是以压缩空气为动力，借助机电技术和计算机控制技术，通过网络管理和全程监控，将各科病区护士站、手术部、中心药房、检验科等数十个乃至数百个工作点，通过传输管道连为一体，在气流的推动下，通过专用管道实现药品、病历、标本等各种可装入传输瓶的小型物品的站点间的智能双向点对点传输。

医用气动物流传输系统一般由收发工作站、管道换向器、风向切换器、传输瓶、物流管道、空气压缩机、中心控制设备、控制网络等设备构成。在物流产品中气动物流传输系统一般用于运输相对重量轻、体积小的特点，其特点是造价低、速度快、噪声小、运输距离长、方便清洁、使用频率高、占用空间小、普及率高等，气动物流传输系统的应用可以解决医院主要的并且是大量而琐碎的物流传输问题。

医用气动物流传输系统的最大子系统数量一般不低于 5 个，单个子系统最大可连接的收发工作站数量一般不低于 30 个；传输瓶一次可装载传输物品的最大重量为 5kg；传输瓶在管道里的传输速度高速可达 5~8m/s、低速为 2.5~3m/s；低速一般用于传输血浆和玻璃制品等易碎物品。传输瓶满负荷最大传输距离横向可达 1800m，纵向可达 120m；智能传输瓶，具备自动返回功能；收发站、换向器控制器均装有嵌入式故障诊断软件。传输瓶发送遇忙可自动排队等候，一般均具备优先发送功能。系统启动与停止采用缓冲技术，可实现传输瓶无振动、无颠簸、平稳接收。

2. 医用轨道物流传输系统概述

医院轨道小车物流传输系统是应用模块化设计，计算机控制，触屏显示和操作，实现运行控制、状态监视、数据统计、自动纠错等智能化管理。工程通过特定的水平和垂直轨道连接设在各临床科室和病区的物流传输站点，由运载小车沿固定轨道运输，实现临床科室之间、病区之间、医技科室之间、医院管理部门之间立体的、点到点的物品传输。

轨道式物流传输系统一般由收发工作站、智能轨道载物小车、物流轨道、轨道转轨器、自动隔离门、中心控制设备、控制网络等设备构成（图 3-13）。

智能轨道载物小车是轨道式物流传输系统的传输载体用于装载物品。材料一般为铝质或 ABS，上部都装有扣盖，扣盖的两侧装有锁定扣盖的安全锁，小车内置有无线射频智能控制器，实时与中心控制通信。部分品牌的小车配有旋转座，便于侧旋装卸物品。利用智能轨道载物小车运输血、尿标本以及各种病理标本时部分系统还考虑到标本会因振荡和翻转而引起标本的破坏，配置了陀螺装置（Gyro），使陀螺装置内物品在传输过程始终保持垂直瓶口向上状态，保证容器内液体不因此而振荡和翻转。

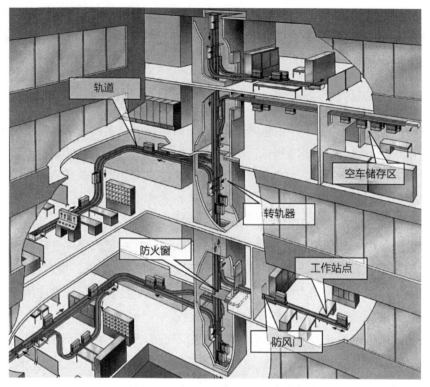

图 3-13　轨道物流运输系统简图

轨道式物流传输系统传输方式一般为单轨双向传输；系统最大收发工作站数量最多一般可达 512 站；物流轨道为专用铝合金轨道，小车行走速度一般为横向 0.6m/s，纵向 0.4m/s；小车行走过程中无噪声、无振动、行走平稳，血液标本传送前后指标相同。系统具备可扩展性，满足用户未来增加车站数量的要求，具有故障自动诊断、自动排除功能和故障恢复能力等，易于管理。

3. AGV 自动导引车传输系统

AGV 是自动导引运输车（Automated Guided Vehicle）的英文缩写。AGV 自动导引车传输系统（AGVS）又称无轨柔性传输系统、自动导车载物系统，是指在计算机和无线局域网络控制下的无人驾驶自动导引运输车，经磁、激光等导向装置引导，沿程序设定路径运行并停靠到指定地点，完成一系列物品移载、搬运等作业功能，从而实现医院物品传输。它为现代制造业物流提供了一种高度柔性化和自动化的运输方式。主要用于取代劳动密集型的手推车，运送病人餐食、衣物、医院垃圾、批量的供应室消毒物品等，能实现楼宇间和楼层间的传送。国内尚未见医院使用该技术的案例。

AGV 自动导引车传输系统的主要特点：以电池为动力，可实现无人驾驶的运输作业，运行路径和目的地可以由管理程序控制，机动能力强；工位识别能力和定位精度高；导引车的载物平台可以采用不同的安装结构和装卸方式，医院不锈钢推车可根据各种不同的传输用途进行设计制作；可装备多种声光报警系统，具有避免相互碰撞的自控能力；无须铺设轨道等固定装置，不受场地、道路和空间的限制，适应性强；与其他物料输送方式相比，初期投资较大；AGV 传输系统在医院的优势还在于可传输重达 400kg 以上的物品。AGV 载重量可以根据需要设计，非常灵活，在工业领域 4t 以下的比较常见，但也可以看到能够载重 100t 的自动导引车。

AGV 自动导引车传输系统一般由自动导车、各种不同设计的推车、工作站、中央控制系统、通信单元、通信收发网构成（图 3-14）。自动导向运载车是一种提升型运载车，行驶速度为最大 1m/s，最小 0.1m/min。运载车用于运载不同类型的推车。AGV 属于轮式移动机器人（Wheeled Mobile Robot，WMR）的范畴。其导向技术决定着由 AGV 组成的物流系统的柔性。

图 3-14　AGV 自动导引设备图例

4. 高架单轨推车传输系统

高架单轨推车传输系统是指在计算机控制下，利用智能滑动吊架悬吊推车在专用轨道上传输物品的系统。通常应用在大型医院或特大型医院，利用服务通道（如地下通道），实现推车（如餐车、被服车等）快速高效的长距离输送。工作原理与轨道式物流传输系统类似，由于传输的物体较大、重量较重，因此轨道一般为钢质轨道，不设换轨器。

3.3.2　医院物流传输系统采购

物流系统作为现代化医院的组成部分，应在医院规划的前期就进行考虑并纳入投资概算。医院物流传输系统采购一般由医院设备科或专门的招采部门按照公开招标流程进行采购，为确保系统方案的最优，院方应尽早确定物流输送类型，并设法协调物流厂商与设计院对建筑方案进行优化，保证物流系统发挥最大功能。物流系统规划与土建的关系如图 3-15 所示。

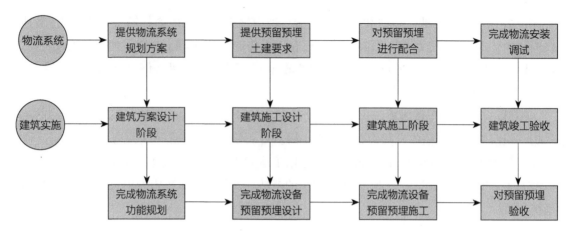

图 3-15　物流传输系统规划实施节点图

现代化医院主要物流传输系统采购品牌见表 3-4 所列。

主要物流传输系统品牌列表　　　　　　　表 3-4

序号	系统名称	品牌类型
1	医用气动物流传输系统	国内品牌有三维、旋风等，国外品牌包括奥地利 Sumetzberger、德国的 SIEMENS、HORTIG、Aerocom、瑞士 Swisslog、荷兰 Telcom 等
2	轨道物流传输系统	瑞士 Swisslog、德国 SIEMENTS 等
3	AGV 自动导引车传输系统	瑞士 Swisslog、美国丹纳赫、日本住友等，国内如沈阳新松机器人自动化股份有限公司、广东埃勃斯自动化控制科技有限公司等
4	高架单轨推车传输系统	国产的曼彻彼斯等

3.3.3　医院物流运输系统施工

目前现代化医院应用较多的为轨道物流运输系统，本节以德国 Swisslog 智能化轨道小车物流系统为例，介绍本系统的施工技术及要点。

1. 轨道物流传输系统施工要点

1）井道间施工要点

运载小车通过垂直安装的轨道进行垂直方向的运输，垂直轨道安装在井道间内。井道间可分为单轨、双轨、三轨及四轨井道间。井壁采用 150mm 厚蒸压加气混凝土砌块砌筑。单、双轨井道间做法如图 3-16、图 3-17 所示。

井道间施工基本要求：

（1）轨道物流系统的轨道在工作状态下是带电设备，因此在物流井道间内绝对严禁安装任何水管、强电管、消防喷淋管以及一切与轨道物流系统无关的管道。

（2）每个井道间内需配备"一灯一插座"。插座及照明为维修系统时使用，插座类型为 3+2 孔，插座及照明的安装要求与普通插座及普通照明要求相同。

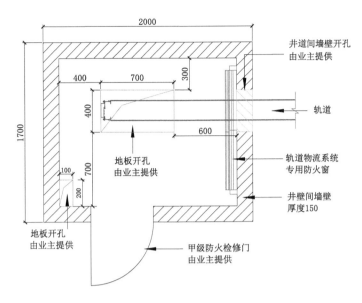

图 3-16　标准单轨井道间施工图

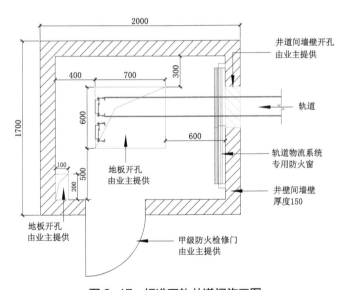

图 3-17　标准双轨井道间施工图

（3）每个井道间安装一甲级防火门，供检修时使用，并保障消防安全。

（4）井道间内墙壁需简单粉刷刮平处理，井道间外墙需与医院内装墙面的处理方式相同以保持和医院的内装风格一致。

2）运载轨道

运载轨道为表面阳极电镀的高品质铝合金轨道，分为直轨、弯轨和曲轨三类（图3-18）。单根轨道宽 0.207m，高 0.097m，其包括位置编码、电缆盖、齿轮条、电源导轨、绝缘廓条和通信导轨，直轨单节长度为 3.5m。

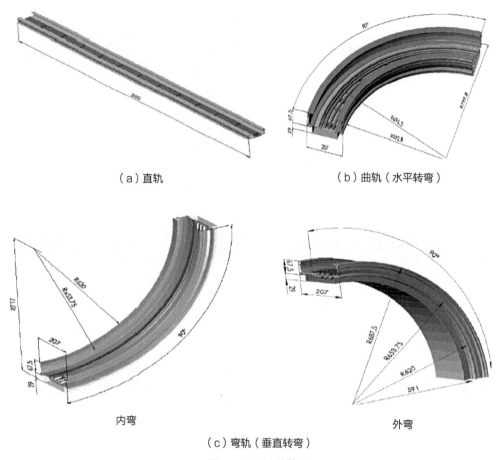

（a）直轨　　　　　　　　　　　（b）曲轨（水平转弯）

内弯　　　　　　　　　　　　　　外弯

（c）弯轨（垂直转弯）

图 3-18　运载轨道

（1）轨道安装方式

轨道安装方式有两种：轨道开口朝上和轨道开口朝下（图 3-19、图 3-20）轨道的安装方式决定了小车在轨道上的行走方式。不同轨道安装方式要求的离地高度不同，但无论哪种，轨道的高度都不得低于 2800mm。

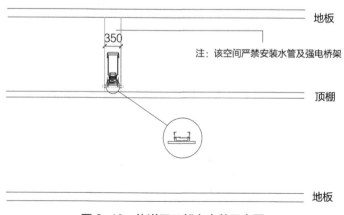

图 3-19　轨道开口朝上安装示意图

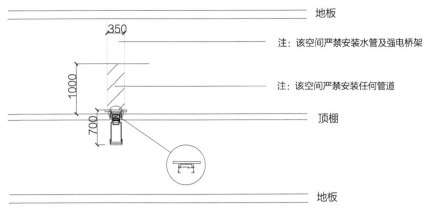

图 3-20 轨道开口朝下安装示意图

轨道安装空间须充分考虑轨道自身的宽度和高度。轨道要求的高度空间为 700mm，此空间包括轨道的安装空间和小车的运行空间。在转轨器的上方和下方须留出 300mm 的空间作为维修空间。

不同数目轨道宽度见表 3-5 所列。

不同数目轨道宽度 表 3-5

序号	轨道数量	宽度（mm）	备注
1	单轨	207	—
2	双轨	466	安装双轨转换器局部宽度 795mm
3	三轨	725	安装双轨转换器局部宽度 1049mm
4	四轨	984	安装双轨转换器局部宽度 1308mm

（2）轨道安装与顶棚及机电的配合关系

轨道在顶棚外安装采用的明装方式，具体分为两类，轨道与顶棚平齐（图 3-21）及轨道与顶棚嵌入式配合（图 3-22）。当轨道的安装高度与顶棚的高度一致时，采用平齐安装的方式。当轨道在顶棚外安装且轨道安装高度高于顶棚高度时，轨道与顶棚采用嵌入式配合。

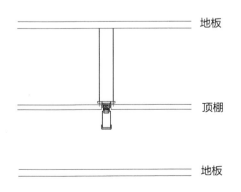

图 3-21 轨道与顶棚平齐安装示意图

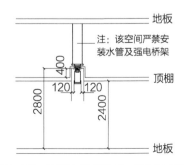

图 3-22 轨道与顶棚嵌入式配合示意图

其中凹槽的宽度由轨道的数目决定，且凹槽的两侧距离轨道侧面必须留有 120mm 的空间。不同数目的轨道对应的凹槽宽度见表 3-6 所列。

轨道对应凹槽宽度表   表 3-6

轨道数目	轨道宽度（mm）	凹槽宽度（mm）
单轨	207	450
双轨	466	600
三轨	725	1000
四轨	984	1250

机电专业需要对轨道设计安装高度进行核查，查看轨道的安装高度是否与管道的安装高度发生冲突。如果发生冲突，则需要调整相应的管道。

由于轨道系统附近严禁有水管、强电管、消防喷淋管等管路，因此上述管路如果在轨道安装区域附近需要调整位置。物流井道内严禁安装任何管道和其他与轨道物流系统无关的设备。系统的总电源配置要求需要提前在电力专业的施工图纸上落实。

（3）轨道支架安装

墙面或者楼板固定支架部分使用规格为 50mm×50mm×3.2mm 的方钢；连接轨道支架部分使用规格为 25mm×25mm×3mm 的方钢；吊杆为 M12 的镀锌螺杆；顶棚及地板的镀锌膨胀螺栓为 M10；垂直支架的基板为 150mm×100mm×6mm；垂直轨道支架小于等于 0.5m 为一档，水平轨道支架小于等于 1.5m 为一档，在轨道安装高度与顶棚相差较远时，每隔两档需要做加固处理（图 3-23～图 3-25）。

水平支架安装完毕后，确认好高度尺寸后通过激光水平仪将每个支架调整至同一水平。调完水平后将螺杆式支架和方钢固定式支架固定螺母紧固牢靠。

（4）轨道安装连接

选用合适长度的已装配好的轨道，并按照系统图上轨道齿条的方位，通过 C 形夹（一

图 3-23 垂直支架安装示意图

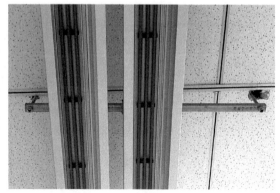

图 3-24 螺杆式水平支架安装示意图

图 3-25　轨道固定示意图

个支架位置每根轨道需安装两个 C 形夹）将轨道安装到已调整好水平与高度的支架上，然后使用 2.5mm 的内六角扳手将 C 形夹牢固在 25mm×25mm 的支架上，C 形夹应与轨道保持垂直而且卡脚要卡住支架（图 3-26）。

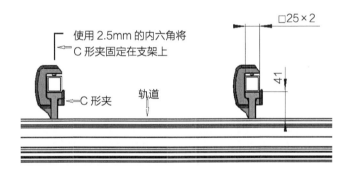

图 3-26　轨道固定示意图

固定垂直轨道 C 形夹间距为 1.0m，固定水平轨道 C 形夹间距为 1.5m。

轨道连接主要采用轨道连接片（图 3-27、图 3-28）和直（曲）轨连接片（图 3-29、图 3-30）。直轨与直轨或弯轨之间需用 4 个直轨连接片来固定连接，直轨或曲轨与曲轨之间需 2 个曲轨连接片和 2 个直轨连接片来固定连接。

图 3-27　轨道连接片（螺纹式）

图 3-28　轨道连接片（内胀式）

图 3-29　直轨连接片

图 3-30　曲轨连接片

具体工艺流程见表 3-7 所列。

轨道连接工艺流程表

表 3-7

序号	工艺施工图	说明
1		将轨道连接片（螺纹式）塞入铜轨
2	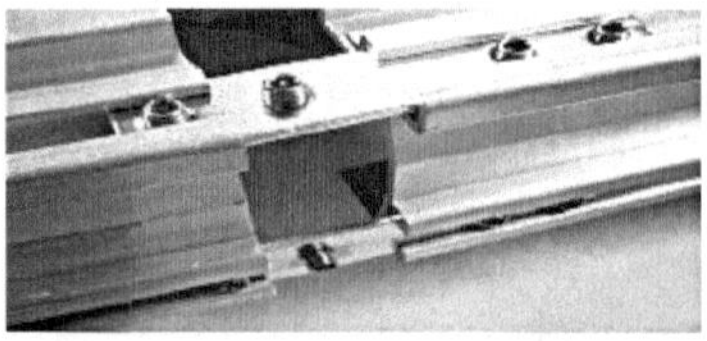	将直轨连接片首先放入轨道的一端并拧紧固定，小心将两端轨道合拢
3		将螺丝拧紧，必须注意对齐和装配的精度
4	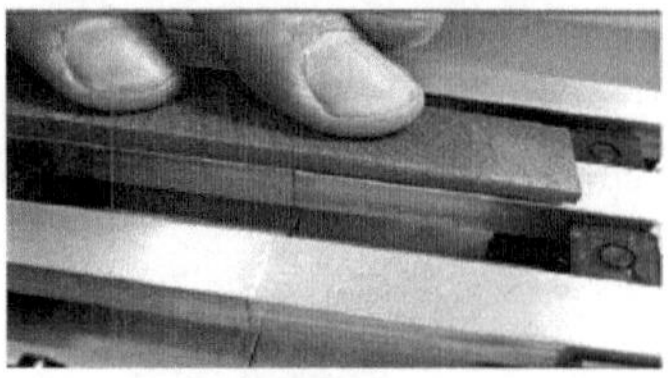	安装完成后铜轨用锉刀和砂纸打磨光滑，保证在单个电源铜轨区域之间有良好的电源接触。连接处必须首先用锉刀进行粗磨

铜轨的间隙与铝轨相同或者比铝轨间隙略小，温度高于 20℃的安装环境，间隙取 0~1.5mm，低于 10℃的安装环境间隙取 2~3mm。每 10~15m 设置一个以上热胀冷缩装置。

（5）热胀冷缩装置安装

由于轨道及铜轨存在热胀冷缩现象，所以需要在适当的位置设置热胀冷缩缝。铜轨连接处采用内胀式轨道连接片（图 3-31）。如图 3-32 所示，四个连接片依次卸下一侧的紧固螺丝，另一端与轨道连接。

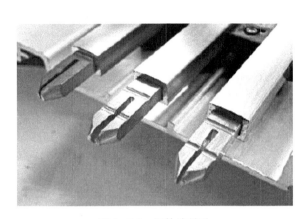

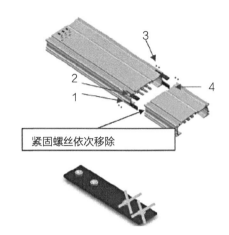

图 3-31　铜轨连接头　　　　　　　　图 3-32　轨道连接片

3）垂直防火窗施工要求

医院是公共大型人员密集场所，消防要求高，为保证医院整体消防安全，轨道物流系统穿墙洞口位置需设置垂直防火窗（图 3-33）。

发生火灾时，烟感探测器（图 3-34）感应烟雾报警，报警信号传递到轨道物流电脑控制系统，系统控制翻轨装置电磁吸铁释放，使轨道翻起至垂直位置，触动限位开关使防火窗电磁吸铁释放（图 3-35），关窗装置动作，防火窗通过翻轨装置间隙关闭。

防火窗前后的轨道间隙应尽量控制在 4mm 以内，且防火窗能顺畅关闭。防火窗两侧轨道上的铜轨端部均需安装 T 型黑色绝缘片（图 3-36）。

图 3-33　垂直防火窗安装效果图　　　图 3-34　烟感探测器

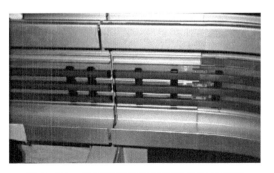

图 3-35　限位开关及电磁铁　　　　图 3-36　轨道间隙留设及黑色绝缘片设置

限位开关和电磁铁安装于防火窗一侧。与消防系统联动时，防火窗两端都安装限位开关。在防火窗前后两侧靠近的顶棚上各安装一个烟感探测器。

4）水平防火门施工要求

水平防火门主要由一扇甲级防火门、一个闭门器、一个翻轨器、一个控制模块、两个烟感探测器和两块电磁铁组成。发生火灾时，烟雾探测器感应烟雾报警，信号传递到电脑控制系统，系统再把信号传递到防火门控制模块使翻轨器装置磁铁释放，轨道翻起至水平位置，把限位信号传递至控制模块，控制模块再将信号传递给闭门器，将防火门关闭。

安装防火门前，需预留好支架宽度，确保支架位置不影响门扇复位，如安装防火门这层有转轨器，则其下层安装高度不得低于1800mm。防火门采用M10膨胀螺栓固定在地板上。

防火门在安装时需保证翻轨器上的轨道不与水平防火门相碰，翻轨器上的轨道与下端连接的电磁铁和上端连接的直轨保持在同一垂直面（图3-37）。

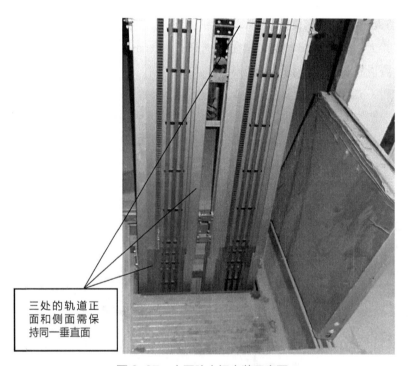

三处的轨道正面和侧面需保持同一垂直面

图 3-37　水平防火门安装示意图

5）供电系统施工

本系统采用多级供电方式。其供电结构如图3-38所示。

系统的总电源要求为：电压380V，三相五线，同时需提供一专供该电源使用的带空气开关的配电箱。供电中断会造成系统物流系统停止工作，无其他影响。电源从总电源接出通过轨道物流系统专用电源转化后接入到轨道的供电铜轨、区域控制器、转轨器以及其他系统设备上。轨道上的铜轨为运载小车和清洁小车提供电源。该电源为24V低压直流安全电。

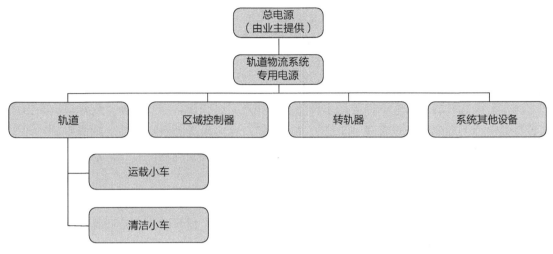

图 3-38 系统供电结构示意图

3.3.4 医院物流传输系统验收

物流运输系统的防火门、防火窗材料需满足消防验收需求，调试阶段需能正常开启关闭。

系统安装完成后，按照院方的使用要求输入站点控制程序，系统通电后，在各个站点输入小车要到达的位置，测试小车是否按照要求到达预定站点。业主、代建、监理、总包及物流运输系统施工单位共同参与验收，以确认系统的正常运行。

3.4 医院给水排水系统

3.4.1 医院给水排水系统概述

医院新建、扩建和改建时，应对院区范围内的给水、排水、消防和污水处理系统进行统一规划设计。给水排水管道不应从洁净室、强电和弱电机房，以及重要的医疗设备用房的室内架空通过，必须通过时，应采取防漏措施。

3.4.2 医院给水排水系统施工

1. 给水管道及配件安装

医院给水管安装除了符合一般工程施工质量验收规范和施工标准相关规定外，还要注意以下要求：

（1）给水管道应采用塑料管、不锈钢管、无缝钢管等，采用管件必须与管材相适应。生活给水系统所涉及的材料必须达到饮用水卫生标准。

（2）给水系统管道在交付使用前必须冲洗和消毒，并经有关部门取样检验，水质符合国家《生活饮用水卫生标准》GB 5749—2006 及《生活饮用水水质卫生规范》方可使用。

（3）水表应安装除符合一般性要求外，还应在市政水表后设置 Y 型过滤器。

（4）病房卫生间内冲洗便盆的水龙头距地面高度应设置在 300~500mm。

（5）室内明装水平给水管应在压力试验及消毒冲洗合格后做防结露措施，所用材料型号规格应符合设计或规范规定。

（6）污染区域的供水管不得与用水设备直接相连，必须设置空气隔断，配水口应高出用水设备溢水位，间隔应大于等于 2.5 倍出水口口径。在供水点和供水管路上均应安装压差较高的倒流防止器，供水管上应设置关断阀，倒流防止器和关断阀均设置在清洁区。

2. 热水管道及配件安装

医院热水管道及相应设备安装除了符合一般工程的施工质量验收规范和施工标准相关规定外，还要注意以下要求：

（1）热水供应系统的管道应根据医院需要采用塑料管、复合管、镀锌钢管和铜管、304 号以上的不锈钢管及相应配件。

（2）作为消毒器件用热水的绝热措施应能维持储存温度不低于 80℃或循环温度 65℃以上。冷热水混合用的自动调温阀应安装在出水口处。

3. 纯水管道及配件安装

纯水处理设备安装应符合《电子级水》GB 11446.1—2013 有关规定。

纯水水站的地面、沟道和设备必须做防腐处理，且应配备急救处理药箱。纯水处理系统安装前必须校核安装承重安全。

砂滤器、活性炭过滤器和离子交换器的安装必须保持垂直，膜过滤器、反渗透系统、超滤系统和电再生离子系统基架应水平安装。滤器中所有介质应按量投入、铺平、冲洗，待所有介质全部加完后反洗，反洗时间对砂层应为 1h，对活性炭为 2h，并应再正洗 30min。

集水滤帽固定牢固，无污损；离子交换器应按要求加装树脂；反渗透压力容器的交换膜可用甘油作润滑剂，但不得使用硅脂；膜过滤设备安装膜之前应彻底清洗设备管路，不得有颗粒进入膜组件。

管道、管件的预制、安装工作应在洁净环境中进行，操作人员应穿洁净工作服、戴手套。纯水管道、管件、阀门安装前应清楚油污并进行脱脂处理。

4. 排水管道及配件安装

医院排水管道安装除了符合一般工程的施工质量验收规范和施工标准相关规定外，还要注意以下要求：

（1）雨水管道不得与生活污水管道相连接，传染病门诊和病房的污水管、放射性废水管、牙科废水管、手术室排水管等需单独收集处理或独立排水的均不得互相连接或与雨水管道、生活污废水管道相连接。

（2）开水房等有高温水的排水管道应采用耐高温的金属管道及配件。

（3）洗胃室、血液透析等排水管道应采用耐酸、碱性的塑料管及配件。

（4）太平间应在室内有独立的排水措施，且通气管应伸到屋顶并远离一切进气口。

（5）急诊抢救室等需要排放冲洗地面、冲洗废水的场所或房间应采用可开启式密封地漏。

（6）污染区的排水管应明装，并与墙保持一定的检查检修间距，有高致病性微生物污染的排水管线宜安装透明套管。

（7）地漏安装后必须先封闭。

3.4.3　医院给水排水系统验收

1）检验批、分项工程、分部（或子分部）工程质量的验收，均应在施工单位自检合格的基础上进行，并应按检验批、分项、分部（或子分部）、单位（或子单位）工程的程序进行验收，同时做好记录。

（1）检验批、分项工程的质量验收应全部合格。

（2）分部（子分部）工程的验收，必须在分项工程验收通过的基础上，对涉及安全、卫生和使用功能的重要部位进行抽样检验和检测。

2）建筑给水、排水及采暖工程的检验和检测应包括下列主要内容：

（1）承压管道系统和设备及阀门水压试验。

（2）排水管道灌水、通球及通水试验。

（3）雨水管道灌水及通水试验。

（4）给水管道通水试验及冲洗、消毒检测。

（5）卫生器具通水试验，具有溢流功能的器具满水试验。

（6）地漏及地面清扫口排水试验。

（7）消火栓系统测试。

（8）采暖系统冲洗及测试。

（9）安全阀及报警联动系统动作测试。

（10）锅炉 48h 负荷试运行。

3）工程质量验收文件和记录中应包括下列主要内容：

（1）开工报告。

（2）图纸会审记录、设计变更及洽商记录。

（3）施工组织设计或施工方案。

（4）主要材料、成品、半成品、配件、器具和设备出厂合格证及进场验收单。

（5）隐蔽工程验收及中间试验记录。

（6）设备试运转记录。

3.5　医院污水处理系统

3.5.1　医院污水处理系统概述

医院污水来源及成分复杂,主要为门急诊、病房、手术室、检验室、制剂、放射科、洗衣房、办公、宿舍、食堂等排出的医疗或生活污水。这些污水含有大量病原细菌、病毒、寄生虫卵和化学药剂,具有空间污染、急性传染和潜伏性传染等特征,必须按照国家相关法规、标准进行处理,达标后排放。

医院污水处理所用工艺必须确保处理出水达标,主要采用的三种工艺有:加强处理效果的一级处理、二级处理和简易生化处理。

其中传染病医院必须采用二级处理,并需进行预消毒处理。

处理出水排入自然水体的县及县以上医院必须采用二级处理。处理出水排入城市下水道(下游设有二级污水处理厂)的综合医院推荐采用二级处理,对采用一级处理工艺的必须加强处理效果。

对于经济不发达地区的小型综合医院,条件不具备时可采用简易生化处理作为过渡处理措施,之后逐步实现二级处理或加强处理效果的一级处理。

加强处理效果的一级强化处理工艺流程如图 3-39 所示,适用于处理出水最终进入二级处理城市污水处理厂的综合医院。

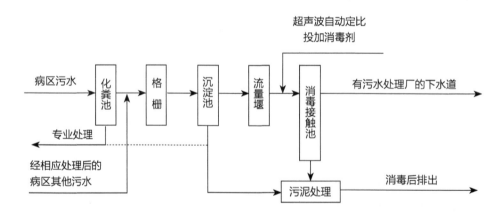

图 3-39　一级污水处理工艺流程

二级污水处理工艺流程如图 3-40 所示,适用于传染病医院(包括带传染病房的综合医院)和排入自然水体的综合医院污水处理。

经济不发达地区的小型综合医院,条件不具备时可采用简易生化处理作为过渡处理措施,工艺流程如图 3-41 所示。

医院污水处理工程必须按照国家《建设项目环境保护管理条例》规定,与主体工程同时设计、同时施工、同时投入使用。

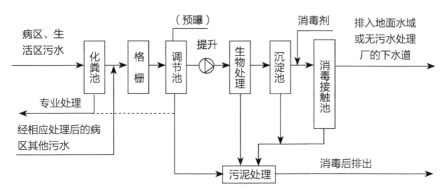

图 3-40　二级污水处理工艺流程

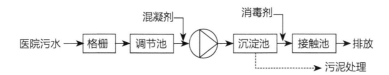

图 3-41　简易污水处理工艺流程

3.5.2　医院污水处理系统施工

医院污水处理工程一般由主体工程、配套及辅助工程组成（图 3-42）。

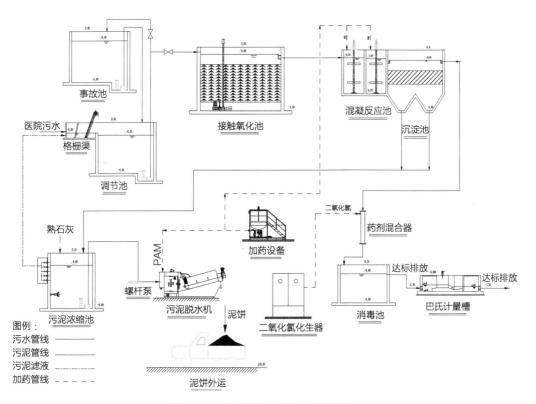

图 3-42　污水处理系统工艺流程图

主体工程主要包括医院污水处理系统、污泥处理系统、废气处理系统等；主要构筑物包括各类预处理池、格栅间、调节池、沉淀池、生化池、消毒池等（图3-43、图3-44）。配套及辅助工程主要包括电气与自控、给水排水、消防、采暖通风、道路与绿化等。构筑物包括鼓风机房、污泥脱水机房、变配电设备房及化验室、控制室、仓库、料场等（表3-8）。

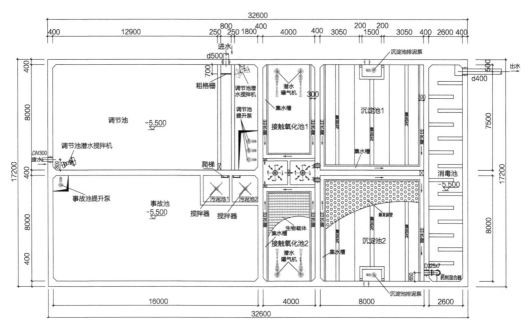

图3-43 某医院地下污水池无顶板设备及平面布置图

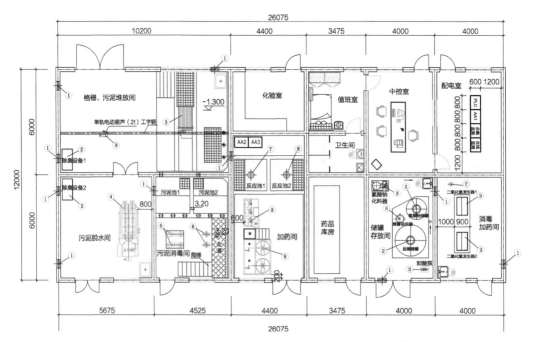

图3-44 某医院污水处理站综合设备间设备平面布置图

医院污水处理工程的构筑物多采用地下或半地下钢筋混凝土结构，构件断面较薄，属于薄板或薄壳型结构，配筋率较高，具有较高抗渗性和良好的整体性要求。辅助性建筑物采用钢筋混凝土结构或砖砌结构。工艺管道多采用水流性能好、抗腐蚀性高的管材。

污水处理站主要设备一览表　　　　　　　表 3-8

编号	名称	编号	名称	编号	名称
1	轴流风机	7	一级反应搅拌机	13	卸酸泵
2	喷雾除臭系统	8	二级反应搅拌机	14	雾酸吸收器
3	回转式细格栅机	9	絮凝剂投加装置	15	二氧化氯发生器
4	叠螺脱水机	10	化料器	16	电动葫芦
5	螺杆泵	11	氯酸钠储罐	17	增加泵
6	管道式污水泵	12	盐酸储罐	18	全自动 PAM 泡药机

1. 处理系统结构施工

（1）污水处理池结构施工应采用抗渗混凝土，墙体模板固定采用止水对拉螺杆。

（2）墙体内外侧需采用掺防水剂水泥砂浆进行抹灰。

（3）存在水平施工缝的位置，设置止水钢板，并应将缝剔凿清理干净。

（4）污水处理系统穿墙套管位置应封堵严密，防水污水渗入土体。设计无要求时，可采用管外包封混凝土法（对于金属管还应加焊止水环后包封）；包封的混凝土抗压强度等级不小于 C25，管外浇筑厚度不应小于 150mm。

（5）混凝土浇筑后应加遮盖洒水养护，保持湿润并不应少于 14d。洒水养护至达到规范规定的强度。

2. 抗浮施工措施

当地下水位较高或雨、汛期施工时，水池等构筑物施工过程中需要采取措施防止水池上浮。

1）当构筑物设有抗浮设计时

（1）当地下水位高于基坑底面时，水池基坑施工前必须采取人工降水措施，把水位降至基坑底下不少于 500mm，以防止施工过程构筑物浮动，保证工程施工顺利进行。

（2）在水池底板混凝土浇筑完成并达到规定强度时，应及时施作抗浮结构。

2）当构筑物无抗浮设计时

（1）下列水池（构筑物）工程施工应采取降排水措施：

①受地表水、地下动水压力作用影响的地下结构工程。

②采用排水法下沉和封底的沉井工程。

③基坑底部存在承压含水层，且经验算基底开挖面至承压含水层顶板之间的土体重力不足以平衡承压水水头压力，需要减压降水的工程。

（2）施工过程降水、排水要求：

①选择可靠的降低地下水位方法，严格进行降水施工，对降水所用机具随时做好保养维护，并有备用机具。

②基坑受承压水影响时，应进行承压水降压计算，对承压水降压的影响进行评估。

③降水、排水应输送至抽水影响半径范围以外的河道或排水管道，并防止环境水源进入施工基坑。

④在施工过程中不得间断降水、排水，并应对降水、排水系统进行检查和维护；构筑物未具备抗浮条件时，严禁停止降水、排水。

3）当构筑物无抗浮设计时，雨期施工必须采取抗浮措施：

（1）雨期施工时，基坑内地下水位急剧上升，或外表水大量涌入基坑，使构筑物的自重小于浮力时，会导致构筑物浮起。施工中常采用的抗浮措施如下：

①基坑四周设防汛墙，防止外来水进入基坑；建立防汛组织，强化防汛工作。

②构筑物下及基坑内四周埋设排水盲管（盲沟）和抽水设备，一旦发生基坑内积水随即排除。

③备有应急供电和排水设施并保证其可靠性。

（2）当构筑物的自重小于其承受的浮力时，会导致构筑物浮起；应因地制宜采取措施：引入地下水和地表水等外来水进入构筑物，使构筑物内、外无水位差，以减小其浮力，使构筑物结构免于破坏。

3. 机电安装

1）污水处理设备

（1）医院污水处理工程的关键设备主要包括：格栅除污机、污水泵、污泥泵、鼓风机、曝气机械、自动加药装置、污泥浓缩脱水机械、消毒装置等。

（2）传染病医院污水处理工程应选用自动机械格栅除污机。非传染病医院污水处理系统宜选用自动机械格栅，小规模污水处理可根据实际情况采用手动格栅。

（3）污水泵、污泥泵应选用节能型产品，泵效率应大于80%。污水泵应根据工艺要求选用潜水泵或干式泵。

（4）鼓风机应选用低噪声、高效低耗产品，出口风压应稳定，宜选用罗茨鼓风机。

（5）表面曝气机的理论动力效率应大于 $3.5kgO_2/(kW \cdot h)$，鼓风曝气器的理论动力效率应大于 $4.5kgO_2/(kW \cdot h)$。在满足工艺要求的前提下应优先选用竖轴式表面曝气机和鼓风式射流曝气器。

（6）加药装置应实现自动化运行控制。自动加药装置的计量精度应不小于 1‰。

（7）消毒装置应选用高效低耗、操作简单、安全性和运行稳定性良好的产品。

2）电气与自控

（1）医院污水处理工程供电宜按二级负荷，供电等级应与医院建筑相同。

（2）工艺装置中央控制室的仪表电源应配备在线式不间断供电电源设备（UPS）。

（3）在线仪表的配置及自动控制水平应根据工艺流程、工程规模、管理水平及资金限制等因素综合考虑。

（4）格栅除污机和曝气设备应自动控制；可根据工艺运行要求，采用定时方式自动启/停。

（5）采用液氯消毒时，应设置液位控制仪对消毒接触池液位和氯溶液贮池液位指示、报警和控制；同时应设置氯气泄漏报警装置。

（6）医院污水处理工程应在接触池出口处配置在线余氯测定仪和流量计。流量计宜选用超声波流量计或电磁流量计。消毒剂投加量应根据在线余氯测定仪的测定结果自动调整。

（7）根据医院规模，400 床以下的医院污水处理工程在调节池可只设置液位控制仪表，液位控制仪表可采用浮球式、超声波式或电容式液位信号开关；液位控制仪表应与调节池污水提升泵进行液位连锁控制；400 床以上的医院污水处理工程除液位控制仪表外，宜加设液位测量仪，液位测量仪可选用超声波式或电容式液位测量仪。

（8）条件允许情况下，采用二级处理、深度处理工艺的医院污水处理工程可设置溶解氧、pH 等测定仪器仪表。

（9）传染病医院污水处理工程的控制室应与处理装置现场分离；规模大、工艺复杂的医院污水处理工程宜设独立的集中控制室，或采用与总电控柜房间（配电室）共用。独立的控制室面积一般控制在 $12 \sim 20 \text{m}^2$。若为计算机监控的控制室，面积应在 $15 \sim 20 \text{m}^2$，设防静电地板，室内做适当装修。

（10）监控和安全防控设备总体安装原则为远离高压设备及线路，安全净距应满足规范要求，同时应考虑美观和安装检修方便。

（11）控制、信息线（弱电）与电力电缆（强电）敷设在不同的电缆桥架内。在电缆沟内时强电与弱电线路各敷设在一侧，在沟内交叉时强电在上，中间敷设绝缘隔板；各数据线、视频线及电源线应分别敷设。

3）空调与暖通

（1）地埋式或位于建筑物室内的医院污水处理工程应有通风设施。

（2）在北方寒冷地区，处理构筑物应有防冻措施。当采暖时，处理构筑物内温度可按 5℃设计；加药间、检验室和值班室等的室内温度可按 15℃设计。

4）给水排水与消防

（1）医院污水处理工程的给水排水与消防应同医院主体建筑等一并规划、设计、配置设施，污水处理工程区内应实行雨污分流。

（2）医院污水处理工程消防设计应符合《建筑设计防火规范（2018 版）》GB 50016—2014 的有关规定，易燃易爆的车间或场所应按消防部门要求设置消防器材。

3.5.3 医院污水处理系统验收

1. 工程调试和竣工验收

1）医院污水处理工程验收应按《建设项目（工程）竣工验收办法》、相应专业验收规范和《医院污水处理工程技术规范》HJ 2029 的有关规定组织工程竣工验收；工程竣工验收前，不得投入生产性使用。

2）医院污水处理工程各类设备及处理构筑物、建筑物按国家或行业的有关标准（规范）验收后，方可进行清水连通启动、整体调试和验收。

3）医院污水处理工程应在系统通过整体调试、各环节运转正常、技术指标达到设计和合同要求后进入生产试运行。一级强化处理工艺需经 1 个月的试运行，二级处理工艺需经 3 个月以上的试运行。在正式投入运行之前，必须向环境保护行政主管部门提出竣工验收申请。

4）试运行期间应进行水质检测，检测指标应至少包括：

（1）各处理单元中 pH 值、温度、水量。

（2）各单元进、出水主要污染物浓度，如：悬浮物、化学需氧量（COD）、生化需氧量（BOD_5）、氨氮、动植物油、粪大肠菌群数、余氯。

2. 环境保护验收

1）医院污水处理工程环境保护验收除应满足《建设项目竣工环境保护验收管理办法》的规定外，在生产试运行期还应对污水处理工程进行调试和性能试验，试验报告应作为环境保护验收的重要内容。

2）医院污水处理工程验收环境保护验收应按照《建设项目竣工环境保护验收管理办法》的规定和工程环境影响评价报告的批复执行。

3）医院污水处理工程环境保护验收时应完成以下性能试验，并提供相关性能测试报告：

（1）医院污水处理工程调试试验；

（2）污水处理工程出水指标性能测试；

（3）污水处理工程设备性能测试；

（4）废气处理工程设备及排放指标性能测试；

（5）污泥处理系统设备性能测试；

（6）试运行期日常检测数据（一般不少于 1 个月）。

3.6 医疗废物处理系统

3.6.1 医疗废物处理系统概述

1. 医疗废物处理系统概念及分类

医疗废物，是指医疗卫生机构在医疗、预防、保健以及其他相关活动中产生的具有直接或者间接感染性、毒性以及其他危害性的废物。医疗废物相关的处理技术大体分为三类：

（1）高温处理法，如焚烧法、热解法和汽化法。

（2）替代型处理法，如化学消毒法、高温高压蒸汽灭菌法、干法热消毒法、微波处理法和安全填埋法。

（3）创新型技术，如等离子技术、放射技术。根据《医疗废物分类目录》，医疗废物分为五大类：感染性废物、病理性废物、损伤性废物、药物性废物和化学性废物，具体见表3-9所列。

医疗废物分类名录 表 3-9

类别	特征	常见组分或者废物名称
感染性废物	携带病原微生物具有引发感染性疾病传播危险的医疗废物	1. 被病人血液、体液、排泄物污染的物品，包括： 棉球、棉签、引流棉条、纱布及其他各种敷料； 一次性使用卫生用品、一次性使用医疗用品及一次性医疗器械； 废弃的被服； 其他被病人血液、体液、排泄物污染的物品
		2. 医疗机构收治的隔离传染病病人或者疑似传染病病人产生的生活垃圾
		3. 病原体的培养基、标本和菌种、毒种保存液
		4. 各种废弃的医学标本
		5. 废弃的血液、血清
		6. 使用后的一次性使用医疗用品及一次性医疗器械视为感染性废物
病理性废物	诊疗过程中产生的人体废弃物和医学实验动物尸体等	1. 手术及其他诊疗过程中产生的废弃的人体组织、器官等
		2. 医学实验动物的组织、尸体
		3. 病理切片后废弃的人体组织、病理腊块等
损伤性废物	能够刺伤或者割伤人体的废弃的医用锐器	1. 医用针头、缝合针
		2. 各类医用锐器，包括：解剖刀、手术刀、备皮刀、手术锯等
		3. 载玻片、玻璃试管、玻璃安瓿等
药物性废物	过期、淘汰、变质或者被污染的废弃的药品	1. 废弃的一般性药品，如抗生素、非处方类药品等
		2. 废弃的细胞毒性药物和遗传毒性药物，包括： 致癌性药物，如硫唑嘌呤、苯丁酸氮芥、萘氮芥、环孢霉素、环磷酰胺、苯丙氨酸氮芥、司莫司汀、三苯氧胺、硫替派等； 可疑致癌性药物，如顺铂、丝裂霉素、阿霉素、苯巴比妥等； 免疫抑制剂
		3. 废弃的疫苗、血液制品等
化学性废物	具有毒性、腐蚀性、易燃易爆性的废弃的化学物品	1. 医学影像室、实验室废弃的化学试剂
		2. 废弃的过氧乙酸、戊二醛等化学消毒剂
		3. 废弃的汞血压计、汞温度计

医疗卫生机构废弃的麻醉、精神、放射性、毒性等药品及其相关的废物的管理，依照有关法律、行政法规和国家有关规定、标准执行。

医疗废物污染环境、传播疾病、威胁健康，具有潜在感染性等危险性和厌恶性，对其处置的结果应达到如下效果和目标：

（1）医疗废物进行消毒或灭菌处理，以减少其传染性和生物危害性。

（2）销毁医疗废物中的损伤性废物，尽量减轻其割刺的危险性，同时也防止一次性使用的针头、输血器、采血管等废弃后重新流入社会。

（3）使医疗废物变得难以辨认及减少其厌恶性。

（4）大幅减少医疗废物的体积。

（5）能控制处置过程二次污染，特别是二噁英等污染物排放。

以上五个方面的要求也是选择医疗废物集中处置技术的基本依据和准则。

目前用于医疗废物处置技术大致包括高温焚烧（或热解焚烧）、等离子技术、化学消毒、高温高压蒸汽灭菌、微波处理等技术。

2. 医疗废物的收集、暂存、交接

医院作为医疗废物最初的产生者和制造者，其在医疗废物的处理系统中承担的角色和任务主要为收集、暂存、交接给医疗废物运输单位或者处置单位。

3. 医疗废物的收集

医院及时收集本单位产生的医疗废物，并按照类别分置于防渗漏、防锐器穿透的专用包装物或者密闭的容器内。医疗废物专用包装物、容器，应当有明显的警示标识和警示说明。

3.6.2 医疗废物处理系统施工

1）具有住院病床的医疗卫生机构应建立专门的医疗废物暂时贮存库房，并应满足下述要求：

（1）必须与生活垃圾存放地分开，有防雨淋的装置，地基高度应确保设施内不受雨洪冲击或浸泡。

（2）必须与医疗区、食品加工区和人员活动密集区隔开，方便医疗废物的装卸、装卸人员及运送车辆的出入。

（3）应有严密的封闭措施，设专人管理，避免非工作人员进出，以及防鼠、防蚊蝇、防蟑螂、防盗以及预防儿童接触等安全措施。

（4）地面和1.0m高的墙裙须进行防渗处理，地面有良好的排水性能，易于清洁和消毒，产生的废水应采用管道直接排入医疗卫生机构内的医疗废水消毒、处理系统，禁止将产生的废水直接排入外环境。

（5）库房外宜设有供水龙头，以供暂时贮存库房的清洗用。

（6）避免阳光直射库内，应有良好的照明设备和通风条件。

（7）库房内应张贴"禁止吸烟、饮食"的警示标识。

（8）应按《环境保护图形标志　固体废物贮存（处置）场》GB15562.2—1995 和卫生、环保部门的专用医疗废物警示标识要求，在库房外的明显处同时设置危险废物和医疗废物的警示标识。

2）不设住院病床的医疗卫生机构，如门诊部、诊所、医疗教学、科研机构，当难以设置独立的医疗废物暂时贮存库房时，应设立专门的医疗废物专用暂时贮存柜（箱），并应满足下述要求：

（1）医疗废物暂时贮存柜（箱）必须与生活垃圾存放地分开，并有防雨淋、防扬散措施，同时符合消防安全要求。

（2）将分类包装的医疗废物盛放在周转箱内后，置于专用暂时贮存柜（箱）中。柜（箱）应密闭并采取安全措施，如加锁和固定装置，做到无关人员不可移动，外部应按照《环境保护图形标志　固体废物贮存（处置）场》GB 15562.2—1995 和《医疗废物集中处置技术规范》（环发〔2003〕206 号）中附录 A 要求设置警示标识。

（3）可用冷藏柜（箱）作为医疗废物专用暂时贮存柜（箱），也可用金属或硬制塑料制作，具有一定的强度，防渗漏。

1. 医疗废物的验收交接

（1）医疗废物运送人员在接收医疗废物时，应外观检查医疗卫生机构是否按规定进行包装、标识，并盛装于周转箱内，不得打开包装袋取出医疗废物。对包装破损、包装外表污染或未盛装于周转箱内的医疗废物，医疗废物运送人员应当要求医疗卫生机构重新包装、标识，并盛装于周转箱内。拒不按规定对医疗废物进行包装的，运送人员有权拒绝运送，并向当地环保部门报告。

（2）化学性医疗废物应由医疗卫生机构委托有经营资格的危险废物处置单位处置，未取得相应许可的处置单位医疗废物运送人员不得接收化学性医疗废物。

（3）医疗卫生机构交予处置的废物采用危险废物转移联单管理。设区的市环保部门对医疗废物转移计划进行审批。转移计划批准后，医疗废物产生单位和处置单位的日常医疗废物交接可采用简化的《危险废物转移联单》（医疗废物专用）。在医疗卫生机构、处置单位及运送方式变化后，应对医疗废物转移计划进行重新审批。

（4）《危险废物转移联单》（医疗废物专用）一式两份，每月一张，由处置单位医疗废物运送人员和医疗卫生机构医疗废物管理人员交接时共同填写，医疗卫生机构和处置单位分别保存，保存时间为 5 年。

（5）每车每次运送的医疗废物采用《医疗废物运送登记卡》管理，一车一卡，由医疗卫生机构医疗废物管理人员交接时填写并签字。当医疗废物运至处置单位时，处置厂接收人员确认该登记卡上填写的医疗废物数量真实、准确后签收。

（6）医疗废物处置单位应当填报医疗废物处置月报表，报当地环保主管部门。医疗废物产生单位和处置单位应当填报医疗废物产生和处置的年报表，并于每年 1 月份向当地环保主管部门报送上一年度的产生和处置情况年报表。

3.7 医院供、配电系统

3.7.1 医院供、配电系统概述

现代医院建筑用电负荷相对比较复杂，除基本的照明、动力、空调之外，包含了大量的医疗设备，用电负荷大，并且有大量的一级负荷，根据国家《供配电系统设计规范》GB 50052—2009 第 2.0.2 条明确规定："一级负荷应由两个电源供电；当一个电源发生故障时，另一个电源不应同时受到损坏。"现代大型医院建筑一般采用两路 10kV 高压供电，有些用电负荷大的超大型医院，采用三路甚至四路 10kV 高压供电。国家《供配电系统设计规范》GB 50052—2009 第 2.0.2 条还明确规定："一级负荷中特别重要负荷，除由两个电源供电外，尚应增设应急电源，严禁将其他负荷接入应急供电系统。"

根据《综合医院建筑设计规范》GB 51039—2014 将医院医疗场所按照电气安全防护要求分为 0 类场所、1 类场所、2 类场所，不同类别的医疗场所自动恢复供电时间应符合表 3-10 中要求。

医疗场所及设施的类别划分及要求自动恢复供电的时间　　　表 3-10

部门	医疗场所以及设备	场所类别			自动恢复供电时间		
		0	1	2	$t \leqslant 0.5\mathrm{s}$	$0.5\mathrm{s} \leqslant t \leqslant 15\mathrm{s}$	$15\mathrm{s} < t$
门诊部	门诊诊室	X					
	门诊治疗室		X				X
急诊部	急诊诊室	X				X	
	急诊抢救室			X	X_a	X	
	急诊观察室、处置室		X			X	
住院部	病房		X				X
	血液病房的净化室、产房、烧伤病房		X		X_a	X	
住院部	早产儿监护室			X	X_a	X	
	婴儿室		X			X	
	重症监护室			X	X_a	X	
	血液透析室		X			X	
手术部	手术室			X	X_a	X	
	术前准备室、术后复苏室、麻醉室		X		X_a	X	
	护士站、麻醉师办公室、石膏室、冰冻切片室、敷料制作室、消毒敷料室	X				X	
功能检查	肺功能检查室、电生理检查室、超声检查室		X			X	
内窥镜	内窥镜检查室		X_b			X_b	
泌尿科	泌尿科治疗室		X_b			X_b	

续表

部门	医疗场所以及设备	场所类别			自动恢复供电时间		
		0	1	2	$t \leqslant 0.5s$	$0.5s \leqslant t \leqslant 15s$	$15s < t$
影像科	DR诊断室、CR诊断室、CT诊断室		X			X	
	导管介入室		X			X	
	心血管造影检查室			X	X_a	X	
	MRI扫描室		X			X	
放射治疗	后装、钴60、直线加速器、γ刀、深部X线治疗		X			X	
理疗科	物理治疗室		X			X	
	水疗室		X			X	
	按摩室	X					X
检验科	大型生化仪器	X			X		
	一般仪器	X				X	
核医学	ECT扫描间、PET扫描、γ像机、服药、注射		X			X_a	
	试剂培制、储源室、分装室、功能测试室、实验室、计量室	X				X	
高压氧	高压氧舱		X			X	
输血科	贮血	X				X	
	配血、发血	X					X
病理科	取材、制片、镜检	X				X	
	病理解剖	X					X
药剂科	贵重药品冷库	X					X_c
保障系统	医用气体供应系统	X				X	
	消防电梯、排烟系统、中央监控系统、火灾警报以及灭火系统	X				X	
保障系统	中心（消毒）供应室、空气净化机组	X					X
	太平柜、焚烧炉、锅炉房	X					X_c

注：表中 a：照明及生命支持电气设备；b：不作为手术室；c：需持续 3~24h 提供电力。

在医院医疗场所负荷中的手术室、重症监护室、信息系统和消防系统设备等都属于特别重要负荷，必须增设应急电源供电，根据规范和工程实践，当允许供电中断时间 15s 以上的供电，可采用快速自启动的柴油发电机组；当允许供电中断时间为毫秒级的供电，可采用蓄电池静止型不间断供电装置（UPS），且优先恢复生命支持电气设备的供电。

医院配电系统一般是以放射式和树干式相结合的供电方式。制冷站、水泵房、电梯、消防设备等大型重要负荷由配电室放射式供电，真空吸引、X 光机、CT、MRI、DSA、ECT 等医疗设备的主机及其空调电源由配电室放射式供电，烧伤病房、血透中心、中心手术部的照明和动力用电也由配电室放射式供电。MRI、DSA、ECT 机、大型介入机等设备的主机电源一般需要双路供电末端自动切换，此类设备的布置一般为扫描室和控制室两部分，系统的电源一般送至控制室。

3.7.2 医院供、配电系统施工

1. 线管敷设

医院电气工程线管敷设除满足一般工程的施工质量验收规范及施工标准相关规范规定外，还应满足以下要求：

（1）医院工程电线保护管一般采用金属导管及金属线盒。

（2）穿越洁净区和非洁净区的电线管应加设套管，并做防火封堵。

（3）进入洁净区的电线管口应采用无腐蚀、不起尘和不燃材料封闭。

2. 配电箱（柜）安装

医院配电箱（柜）安装，除满足一般项目施工验收规范和施工标准规范规定外，还应注意：

配电箱（柜）内外表面平滑，不积尘、易清洁，且配电箱（柜）的检修门不宜开在洁净室内，如必须设置在洁净室内时，应安装气密门。

3. 灯具安装

医院灯具安装的要求，除满足一般项目施工验收规范和施工标准规范规定外，还应注意以下要求：

（1）医院中各种病房、检验室、手术室等部门选用漫反射型高显色性灯具，灯具采用有接地端子的 I 类灯具，需可靠接地。

（2）洁净室内的灯具应吸顶安装，安装时所有穿过顶棚的孔眼应用密封胶密封。当为嵌入式安装时，灯具应与非洁净区密封隔离。

4. 接地系统

医院接地系统除按照常规做法外，还应注意以下要求：

（1）医院接地系统均采用防雷接地、电力系统接地、设备保护接地一体的公共接地系统。目前医院多采用 TN-S 接地系统，且病房内严禁采用 TN-C 接地系统。

（2）医疗电子仪器，有大电流的医疗设备要求就近接地，接地线越短越好。

（3）与人体有接触的医疗设备不得单独接地。

（4）医院应以房间为单位在外部做等电位连接，并将建筑物金属等电位连接。

（5）手术室、ICU 等需要与患者体内接触以及电源中断危及患者生命的电气装置工作的场所，位于患者 2.5m 内的电气装置均应采用医用 IT 系统，且医用 IT 系统必须配置绝缘监视器，当系统线路对地绝缘电阻减少到 50kΩ 时能够声光报警。

（6）穿越洁净区域的接地线应设置套管，套管需做接地。

3.7.3　医院供、配电系统验收

医院供、配电系统验收属于建筑电气分部工程验收，要严格按照《建筑工程施工质量验收统一标准》GB 50300—2013 和《建筑电气工程施工质量验收规范》GB 50303—2015 的要求进行组织验收。验收过程中需注意下列内容：

（1）安装和调试用各类计量器具如万用表、接地电阻测试仪等，应检定合格，且使用时应在检定有效期内。

（2）建筑电气动力工程的空载试运行和照明工程的负荷试运行前，应根据电气设备及相关建筑设备的种类、特性和技术参数等编制试运行方案或作业指导书，并经施工单位审核同意、经监理单位确认后执行。

（3）高压的电气设备、布线系统以及继电保护系统必须交接实验合格。

（4）电气设备（如电动机等）的外露可导电部分应单独与保护导体相连接，不得串联连接，连接导体的材质、截面积应符合设计要求。

（5）实行生产许可证或强制性认证（CCC 认证）的产品，如配电柜，应有许可证编号或者 CCC 认证标志，并应抽查生产许可证或 CCC 认证证书的认证范围、有效性及真实性。

（6）进口电气设备、器具和材料进场验收时应提供质量合格证明文件，性能检测报告以及安装、使用、维修、实验要求和说明等技术文件；对有商检规定要求的进口电气设备，尚应提供商检证明。

（7）变压器、箱式变电所、高压电器及电瓷制品进场验收应包含下列内容：①查验合格证和随带技术文件，变压器应有出厂试验记录。②外观检查：设备应有铭牌，表面涂层应完整，附件应齐全，绝缘件应无缺损、裂纹，充油部分不应渗油，充气高压设备气压指示应正常。

（8）高压成套配电柜、蓄电池柜、UPS 柜、EPS 柜、低压成套配电柜（箱）、控制柜（箱、台）的进场验收应符合下列规定：①高压和低压成套配电柜、蓄电池柜、UPS 柜、EPS 柜等成套柜应有出厂试验报告。②核对产品型号、技术参数：应符合设计要求。③外观检查：设备应有铭牌，表明涂层应完整、无明显碰撞凹陷，设备内元器件应完好无损、接线无脱落脱焊，绝缘导线的材质、规格负荷设计要求。

（9）耐火母线槽除应通过 CCC 认证外，还应提供由国家认可的检测机构出具的型式检验报告，其耐火时间应符合设计要求。

（10）母线槽组对前，每段母线的绝缘电阻应经测试合格，且绝缘电阻值不应小于 20MΩ。

（11）矿物质绝缘电缆的中间连接附件的耐火等级不应低于电缆本体的耐火等级。

（12）柴油发电机馈电线路连接后，两段的相序应与原供电系统的相序一致。

（13）梯架、托盘、槽盒全长不大于 30m 时，不少于 2 处与保护导体可靠连接；全长大于 30m 时，每隔 20~30m 应增加一个连接点，起始端与终点端均应可靠接地。

（14）镀锌梯架、托盘和槽盒本体之间不跨接保护联结导体时，连接板每端不应少于2个有防松螺帽或防松垫圈的连接固定螺栓。

（15）钢导管不得采用对口熔焊连接；镀锌钢导管或者壁厚小于等于2mm的钢导管，不得采用套管熔焊连接。

（16）埋地敷设的钢导管，埋深要符合设计要求，壁厚大于2mm。

（17）刚性导管经柔性导管与电气设备、器具连接时，柔性导管的长度在动力工程中不宜大于0.8m，在照明工程中不宜大于1.2m。

（18）交流单芯电缆或分相后的每相电缆不得单独穿于钢导管内，固定用的夹具和支架不应形成闭合磁路。

（19）同一交流回路的绝缘导线不应敷设于不同的金属槽盒内或穿于不同金属导管内。

（20）灯具固定应牢固可靠，在砌体和混凝土结构上严禁使用木楔、尼龙塞或塑料塞固定。

（21）质量大于10kg的灯具，固定装置及悬吊装置应按灯具重量的5倍恒定均布载荷做强度试验，且持续时间不得少于15min。

（22）在人行道等人员来往密集场所安装的落地灯具，当无围栏防护时，灯具距地面高度应大于2.5m。

（23）手术台无影灯安装，底座应紧贴顶板、四周无缝隙，表面应保持整洁无污染，灯具镀、涂层应完整无划伤。

（24）单相三孔、三相四孔及三相五孔插座的保护接地导体（PE）应接在上孔；插座的保护接地导体端子不得与中性导体端子连接；同一场所的三相插座，其接线的相序应一致。保护接地导体（PE）在插座之间不得串联连接。相线与中性导体（N）不应利用插座本体的接线端子转接供电。

（25）紫外线杀菌灯的开关应有明显标识，并应与普通照明开关的位置分开。

（26）医院照明系统连续试运行时间应为24h，所有灯具均应同时开启，且应每2h按回路记录运行参数，连续试运行时间内应无故障。

3.8　医院暖通空调系统

3.8.1　医院暖通空调系统概述

医院建筑构造复杂、人员繁杂密集、医疗及其他设备繁多，建筑物内常产生大量污浊空气且往往流通不畅，极易滋生和携带病菌。为了给病患、家属及各医护工作人员提供良好的就医和工作环境，避免交叉感染，医院暖通空调工程的建设显得尤为必要。同时，与其他类型的建筑相比，医院通风的要求也较高。

在冬季，为了使室内温度保持在一定范围，必须向室内供给相应热量。用人工的方法向室内提供热量的系统称为建筑采暖系统；根据热媒性质的不同，集中式供暖系统分为三种：热水供暖系统、蒸汽供暖系统和热风供暖系统。

　　通风的主要目的是为了置换室内的空气，改善室内空气品质，以建筑物内的污染物为主要控制对象。按照系统作用的范围大小可分为全面通风和局部通风两类，按照空气流动的作用动力还可分为自然通风和机械通风两种。

　　实现对某一房间或空间内的温度、湿度、洁净度和空气流速等进行调节和控制，并提供足够量的新鲜空气的方法叫作空气调节，简称空调。空调可以对建筑热湿环境、空气品质全面进行控制，它包含了采暖和通风的部分功能。

3.8.2　医院供暖工程施工

1. 管道及配件安装

　　1）管道安装坡度，当设计未注明时，应符合下列规定：

　　（1）汽、水同向流动的热水采暖管道和汽、水同向流动的蒸汽管道及凝结水管道，坡度应为 3‰，不得小于 2‰。

　　（2）汽、水逆向流动的热水采暖管道和汽、水逆向流动的蒸汽管道，坡度不应小于 5‰。

　　（3）散热器支管的坡度应为 1%，坡向应利于排气和泄水。

　　2）补偿器的型号、安装位置及预拉伸和固定支架的构造及安装位置应符合设计要求。

　　3）平衡阀及调节阀型号、规格、公称压力及安装位置应符合设计要求。安装完后应根据系统平衡要求进行调试并做出标志。

　　4）蒸汽减压阀和管道及设备上安全阀的型号、规格、公称压力及安装位置应符合设计要求。安装完毕后应根据系统工作压力进行调试，并做出标志。

　　5）方形补偿器制作时，应用整根无缝钢管揻制，如需要接口，其接口应设在垂直臂的中间位置，且接口必须焊接。

　　6）方形补偿器应水平安装，并与管道的坡度一致；如其臂长方向垂直安装必须设排气及泄水装置。

　　7）热量表、疏水器、除污器、过滤器及阀门的型号、规格、公称压力及安装位置应符合设计要求。

　　8）钢管管道焊口尺寸的允许偏差应符合规范。

　　9）采暖系统入口装置及分户热计量系统入户装置，应符合设计要求。安装位置应便于检修、维护和观察。

　　10）散热器支管长度超过 1.5m 时，应在支管上安装管卡。

　　11）上供下回式系统的热水干管变径应顶平偏心连接，蒸汽干管变径应底平偏心连接。

　　12）在管道干管上焊接垂直或水平分支管道时，干管开孔所产生的钢渣及管壁等废弃物不得残留管内，且分支管道在焊接时不得插入干管内。

　　13）膨胀水箱的膨胀管及循环管上不得安装阀门。

　　14）当采暖热媒为 110~130℃ 的高温水时，管道可拆卸件应使用法兰，不得使用长丝和活接头。法兰垫料应使用耐热橡胶板。

15）焊接钢管管径大于 32mm 的管道转弯，在作为自然补偿时应使用揻弯。塑料管及复合管除必须使用直角弯头的场合外应使用管道直接弯曲转弯。

16）管道、金属支架和设备的防腐和涂漆应附着良好，无脱皮、起泡、流淌和漏涂缺陷。

2. 辅助设备及散热器安装

1）散热器组对后，以及整组出厂的散热器在安装之前应做水压试验。试验压力如设计无要求时应为工作压力的散热器组对后，以及整组出厂的散热器在安装之前应做水压试验。试验压力如设计无要求时应为工作压力的 1.5 倍，但不小于 0.6MPa。

2）水泵、水箱、热交换器等辅助设备安装的质量检验与验收应按《建筑给水排水及采暖工程施工质量验收规范》GB 50242—2002 相关规定执行。

3）组对散热器的垫片应符合下列规定：

（1）组对散热器垫片应使用成品，组对后垫片外露不应大于 1mm。

（2）散热器垫片材质当设计无要求时，应采用耐热橡胶。

4）散热器支架、托架安装，位置应准确，埋设牢固。散热器支架、托架数量，应符合设计或产品说明书要求。

5）散热器背面与装饰后的墙内表面安装距离，应符合设计或产品说明书要求。如设计未注明，应为 30mm。

3. 地暖系统安装

（1）地面下敷设的盘管埋地部分不应有接头。

（2）盘管隐蔽前必须进行水压试验，试验压力为工作压力的 1.5 倍，但不小于 0.6MPa。

（3）分、集水器型号、规格、公称压力及安装位置、高度等应符合设计要求。

（4）加热盘管管径、间距和长度应符合设计要求。间距偏差不大于 ±10mm。

4. 系统水压试验及调试

1）采暖系统安装完毕，管道保温之前应进行水压试验。试验压力应符合设计要求。当设计未注明时，应符合下列规定：

（1）蒸汽、热水采暖系统，应以系统顶点工作压力加 0.1MPa 做水压试验，同时在系统顶点的试验压力不小于 0.3MPa。

（2）高温热水采暖系统，试验压力应为系统顶点工作压力加 0.4MPa。

（3）使用塑料管及复合管的热水采暖系统，应以系统顶点工作压力加 0.2MPa 做水压试验，同时在系统顶点的试验压力不小于 0.4MPa。

2）系统试压合格后，应对系统进行冲洗并清扫过滤器及除污器。

3）系统冲洗完毕应充水、加热，进行试运行和调试。

3.8.3　医院通风空调施工

1. 空调风管制作与安装

风管系统按其系统的工作压力划分为三个类别，分别为低压系统、中压系统和高压系统，具体划分如下：低压系统（$P \leqslant 500$），接缝和接管连接处严密；中压系统（$500 < P \leqslant 1500$），接缝和接管连接处增加密封措施；高压系统（$P > 1500$）所有的拼接缝和接管连接处，均应采取密封措施。

1）镀锌钢板及各类含有复合保护层的钢板，应采用咬口连接或铆接，不得采用影响其保护层防腐性能的焊接连接方法。

2）风管的密封，应以板材连接的密封为主，可采用密封胶嵌缝和其他方法密封。密封胶性能应符合使用环境的要求，密封面宜设在风管的正压侧。

3）风管的材料品种、规格、性能与厚度等应符合设计和现行国家产品标准的规定。当设计无规定时，应按《通风与空调工程施工质量验收规范》GB 50243 —2016 执行。

4）防火风管的本体、框架与固定材料、密封垫料必须为不燃材料，其耐火等级应符合设计的规定；复合材料风管的覆面材料必须为不燃材料，内部的绝热材料应为不燃或难燃 B1 级，且对人体无害的材料。

5）风管必须通过工艺性的检测或验证，其强度和严密性要求应符合设计或下列规定：

（1）风管的强度应能满足在 1.5 倍工作压力下接缝处无开裂。

（2）矩形风管的允许漏风量应符合规范。

（3）低压、中压圆形金属风管、复合材料风管以及采用非法兰形式的非金属风管的允许漏风量，应为矩形风管规定值的 50%。

（4）砖、混凝土风道的允许漏风量不应大于矩形低压系统风管规定值的 1.5 倍。

（5）排烟、除尘、低温送风系统按中压系统风管的规定，1~5 级净化空调系统按高压系统风管的规定。

6）金属风管的连接应符合下列规定：

（1）风管板材拼接的咬口缝应错开，不得有十字形拼接缝。

（2）金属风管法兰材料规格不应小于《通风与空调工程施工质量验收规范》GB 50243—2016 的规定。中、低压系统风管法兰的螺栓及铆钉孔的孔距不得大于 150mm；高压系统风管不得大于 100mm。矩形风管法兰的四角部应设有螺孔。

当采用加固方法提高了风管法兰部位的强度时，其法兰材料规格相应的使用条件可适当放宽。无法连接风管的薄钢板法兰高度应参照金属法兰风管的规定执行。

7）非金属风管的连接还应符合下列规定：

（1）法兰的规格应分别符合《通风与空调工程施工质量验收规范》GB 50243—2016 的规定，其螺栓孔的间距不得大于 120mm；矩形风管法兰的四角处，应设有螺孔。

（2）采用套管连接时，套管厚度不得小于风管板材厚度。

8）复合材料风管采用法兰连接时，法兰与风管板材的连接应可靠，其绝热层不得外露，不得采用降低板材强度和绝热性能的连接方法。

9）砖、混凝土风道的变形缝，应符合设计要求，不应渗水和漏风。

10）金属风管的加固应符合下列规定：

（1）圆形风管（不包括螺旋风管）直径大于等于 80mm，且其管段长度大于 1250mm 或总表面积大于 4 m² 均应采取加固措施。

（2）矩形风管边长大于 630mm、保温风管边长大于 800mm，管段长度大于 1250mm 或低压风管单边平面积大于 1.2 m²、中、高压风管大于 1.0 m²，均应采取加固措施。

（3）非规则椭圆风管的加固，应参照矩形风管执行。

11）非金属风管的加固，除应符合本节第 10 条的规定外还应符合下列规定：

（1）硬聚氯乙烯风管的直径或边长大于 500mm 时，其风管与法兰的连接处应设加强板，且间距不得大于 450mm。

（2）有机及无机玻璃钢风管的加固，应为本体材料或防腐性能相同的材料，并与风管成一整体。

12）矩形风管弯管的制作，一般应采用曲率半径为一个平面边长的内外同心弧形弯管。当采用其他形式的弯管，平面边长大于 500mm 时，必须设置弯管导流片。

13）净化空调系统风管还应符合下列规定：

（1）矩形风管边长小于或等于 900mm 时，底面板不应有拼接缝；大于 900mm 时，不应有横向拼接缝。

（2）风管所用的螺栓、螺母、垫圈和铆钉均应采用与管材性能相匹配、不会产生电化学腐蚀的材料，或采取镀锌或其他防腐措施，并不得采用抽芯铆钉。

（3）不应在风管内设加固框及加固筋，风管无法兰连接不得使用 S 形插条、直角形插条及立联合角形插条等形式。

（4）空气洁净等级为 1~5 级的净化空调系统风管不得采用按扣式咬口。

（5）风管的清洗不得用对人体和材质有危害的清洁剂。

（6）镀锌钢板风管不得有镀锌层严重损坏的现象，如表层大面积白花、锌层粉化等。

14）风管的加固应符合下列规定：

（1）风管的加固可采用楞筋、立筋、角钢（内、外加固）、扁钢、加固筋和管内支撑等形式。

（2）楞筋或楞线的加固，排列应规则，间隔应均匀，板面不应有明显的变形。

（3）角钢、加固筋的加固，应排列整齐、均匀对称，其高度应小于或等于风管的法兰宽度。角钢、加固筋与风管的铆接应牢固、间隔应均匀，不应大于 220mm；两相交处应连接成一体。

（4）管内支撑与风管的固定应牢固，各支撑点之间或与风管的边沿或法兰的间距应均匀，不应大于 950mm。

（5）中压和高压系统风管的管段，其长度大于 1250mm 时，还应有加固框补强。高压系统金属风管的单咬口缝，还应有防止咬口缝胀裂的加固或补强措施。

15）净化空调系统风管还应符合以下规定：

（1）现场应保持清洁，存放时应避免积尘和受潮。风管的咬口缝、折边和铆接等处有损坏时，应做防腐处理。

（2）风管法兰铆钉孔的间距，当系统洁净度的等级为 1~5 级时，不应大于 65mm；为 6~9 级时，不应大于 100mm。

（3）静压箱本体、箱内固定高效过滤器的框架及固定件应做镀锌、镀镍等防腐处理。

（4）制作完成的风管，应进行第二次清洗，经检查达到清洁要求后应及时封口。

16）在风管穿过需要封闭的防火、防爆的墙体或楼板时，应设预埋管或防护套管，其钢板厚度不应小于 1.6mm。风管与防护套管之间，应用不燃且对人体无危害的柔性材料封堵。

17）风管安装必须符合下列规定：

（1）风管内严禁其他管线穿越。

（2）输送含有易燃、易爆气体或安装在易燃、易爆环境的风管系统应有良好的接地，通过生活区或其他辅助生产房间时必须严密，并不得设置接口。

（3）室外立管的固定拉索严禁拉在避雷针或避雷网上。

18）输送空气温度高于 80℃的风管，应按设计规定采取防护措施。

19）风管部件安装必须符合下列规定：

（1）各类风管部件及操作机构的安装，应能保证其正常的使用功能，并便于操作。

（2）斜插板风阀的安装，阀板必须为向上拉启；水平安装时，阀板还应为顺气流方向插入。

（3）止回风阀、自动排气活门的安装方向应正确。

20）防火阀、排烟阀（口）的安装方向、位置应正确。防火分区隔墙两侧的防火阀，距墙表面不应大于 200mm。

21）净化空调系统风管的安装还应符合下列规定：

（1）风管、静压箱及其他部件，必须擦拭干净，做到无油污和浮尘，当施工停顿或完毕时，端口应封好。

（2）法兰垫料应为不产尘、不易老化和具有一定强度和弹性的材料，厚度为 5~8mm，不得采用乳胶海绵；法兰垫片应尽量减少拼接，并不允许直缝对接连接，严禁在垫料表面涂涂料。

（3）风管与洁净室顶棚、隔墙等围护结构的接缝处应严密。

22）集中式真空吸尘系统的安装应符合下列规定：

（1）真空吸尘系统弯管的曲率半径不应小于 4 倍管径，弯管的内壁面应光滑，不得采用褶皱弯管。

（2）真空吸尘系统三通的夹角不得大于 45°，四通制作应采用两个斜三通的做法。

23）风管系统安装完毕后，应按系统类别进行严密性检验，漏风量应符合设计与规范的规定。风管系统的严密性检验，应符合下列规定：

（1）低压系统风管的严密性检验应采用抽检，抽检率为 5%，且不得少于 1 个系统。在加工工艺得到保证的前提下，采用漏光法检测。检测不合格时，应按规定的抽检率做漏风量测试；中压系统风管的严密性检验，应在漏光法检测合格后，对系统漏风量测试进行抽检，抽检率为20%，且不得少于1个系统；高压系统风管的严密性检验，为全数进行漏风量测试。系统风管严密性检验的被抽检系统，应全数合格，则视为通过；如有不合格时，则应再加倍抽检，直至全数合格。

（2）净化空调系统风管的严密性检验，1~5级的系统按高压系统风管的规定执行；6~9级的系统按规范执行。

24）手动密闭阀安装，阀门上标的箭头方向必须与受冲击波方向一致。

25）风管支、吊架的安装应符合下列规定：

（1）风管水平安装，直径或长边尺寸小于等于400mm，间距不应大于4m；大于400mm，不应大于3m。螺旋风管的支、吊架间距可分别延长至5m和3.75m；对于薄钢板法兰的风管，其支、吊架间距不应大于3m。

（2）风管垂直安装，间距不应大于4m，单根直管至少应有2个固定点。

（3）风管支、吊架宜按国标图集与规范选用强度和刚度相适应的形式和规格。对于直径或边长大于2500mm的超宽、超重等特殊风管的支、吊架应按设计规定。

（4）支、吊架不宜设置在风口、阀门、检查门及自控机构处，离风口或插接管的距离不宜小于200mm。

（5）当水平悬吊的主、干风管长度超过20m时，应设置防止摆动的固定点，每个系统不应少于1个。

（6）吊架的螺孔应采用机械加工。吊杆应平直，螺纹完整、光洁。安装后各副支、吊架的受力应均匀，无明显变形。风管或空调设备使用的可调隔振支、吊架的拉伸或压缩量应按设计的要求进行调整。

（7）抱箍支架，折角应平直，抱箍应紧贴并箍紧风管。安装在支架上的圆形风管应设托座和抱箍，其圆弧应均匀，且与风管外径相一致。

2. 空调水管与设备安装

1）镀锌钢管应采用螺纹连接。当管径大于DN100时，可采用卡箍式、法兰或焊接连接，但应对焊缝及热影响区的表面进行防腐处理。

2）空调用蒸气管道的安装，应按现行国家标准《建筑给水排水及采暖工程施工质量验收规范》GB 50242—2002的规定执行。

3）管道安装应符合下列规定：

（1）焊接钢管、镀锌钢管不得采用热揻弯。

（2）管道与设备的连接，应在设备安装完毕后进行，与水泵、制冷机组的接管必须为柔性接口。柔性短管不得强行对口连接，与其连接得管道应设置独立支架。

（3）冷热水及冷却水系统应在系统冲洗、排污合格（目测：以排出口的水色和透明度与入水口对比相近，无可见杂物），再循环试运行2h以上，且水质正常后才能与制冷机组、空调设备相贯通。

4）管道系统安装完毕，外观检查合格后，应按设计要求进行水压试验。当设计无规定时，应符合下列规定：

（1）冷热水、冷却水系统的试验压力，当工作压力小于等于 1.0MPa 时，为 1.5 倍工作压力，但最低部小于 0.6MPa；当工作压力大于 1.0MPa，为工作压力加 0.5MPa。

（2）对于大型或高层建筑垂直位差较大的冷（热）媒水、冷却水管道系统宜采用分区、分层试压和系统试压相结合的方法。一般建筑可采用系统试压方法。

分区、分层试压：对相对独立的局部区域的管道进行试压。在试验压力下，稳压 10min，压力不得下降，再将系统压力降至工作压力，在 60min 内压力不得下降、外观检查无渗漏为合格。

系统试压：在各分区管道与系统主、干管全部连通后，对整个系统的管道进行系统的试压。试验压力以最低点的压力为准，但最低点的压力不得超过管道与组成件的承受压力。压力试验升至试验压力后，稳压 10min，压力下降不得大于 0.02MPa，再将系统压力降至工作压力，外观检查无渗漏为合格。

（3）各类耐压塑料管的强度试验压力为 1.5 倍工作压力，严密性工作压力为 1.15 倍的设计工作压力。

（4）凝结水系统采用充水试验，应以不渗漏为合格。

5）阀门的安装应符合下列规定：

（1）阀门的安装位置、高度、进出口方向必须符合设计要求，连接应牢固紧密。

（2）安装在保温管道上的各类手动阀门，手柄均不得向下。

（3）阀门安装前必须进行外观检查，阀门的铭牌应符合现行国家标准《通用阀门　标志》GB 2220—1989 的规定。对于工作压力大于 1.0MPa 以及在主干管上起到切断作用的阀门，应进行强度和严密性试验，合格后方准使用。其他阀门可不单独进行试验，待在系统试压中检验。

6）补偿器的补偿量和安装位置必须符合设计及产品技术文件的要求，并应根据设计计算的补偿量进行预拉伸或预压缩。设有补偿器（膨胀节）的管道应设置固定支架，其结构形式和固定位置应符合设计要求，并应在补偿器的预拉伸（或预压缩）前固定；导向支架的设置应符合所安装产品技术文件的要求。

7）冷却塔的型号、规格、技术参数必须符合设计要求。对含有易燃材料冷却塔的安装，必须严格执行防火安全的规定。

8）水泵的规格、型号、技术参数应符合设计要求和产品性能指标。水泵正常连续试运行的时间，不应少于 2h。

9）水箱、集水缸、分水缸、储冷罐的满水试验或水压试验必须符合设计要求。储冷罐内壁防腐涂层的材质、涂抹质量、厚度必须符合设计或产品技术文件要求，储冷罐与底座必须进行绝热处理。

10）风机盘管机组及其他空调设备与管道的连接，宜采用弹性接管或软接管（金属或非金属软管），其耐压值应大于等于 1.5 倍的工作压力。软管的连接应牢固、不应有强扭和瘪管。

11）金属管道的支、吊架的型式、位置、间距、标高应符合设计或有关技术标准的要求。设计无规定时，应符合下列规定：

（1）支、吊架的安装应平整牢固，与管道接触紧密。管道与设备连接处，应设独立支、吊架。

（2）冷（热）媒水、冷却水系统管道机房内总、干管的支、吊架，应采用承重防晃管架；与设备连接的管道管架宜有减振措施。当水平支管的管架采用单杆吊架时，应在管道起始点、阀门、三通、弯头及长度每隔 15m 设置承重防晃支、吊架。

（3）无热位移的管道吊架，其吊杆应垂直安装；有热位移的，其吊杆应向热膨胀（或冷收缩）的反方向偏移安装，偏移量按计算确定。

（4）滑动支架的滑动面应清洁、平整，其安装位置应从支承面中心向位移反方向偏移 1/2 位移值或符合设计文件规定。

（5）竖井内的立管，每隔 2~3 层应设导向支架。在建筑结构负重允许的情况下，水平安装管道支、吊架的间距应符合规范的规定。

（6）管道支、吊架的焊接应由合格持证焊工施焊，并不得有漏焊、欠焊或焊接裂纹等缺陷。支架与管道焊接时，管道侧的咬边量，应小于 0.1mm 管壁厚。

12）阀门、集气罐、自动排气装置、除污器（水过滤器）等管道部件的安装应符合设计要求，并应符合下列规定：

（1）阀门安装的位置、进出口方向应正确，并便于操作；接连应牢固紧密，启闭灵活；成排阀门的排列应整齐美观，在同一平面上的允许偏差为 3mm。

（2）电动、气动等自控阀门在安装前应进行单体的调试，包括开启、关闭等动作试验。

（3）冷冻水和冷却水的除污器（水过滤器）应安装在进机组前的管道上，方向正确且便于清污；与管道连接牢固、严密，其安装位置应便于滤网的拆装和清洗。过滤器滤网的材质、规格和包扎方法应符合设计要求。

（4）闭式系统管路应在系统最高处及所有可能积聚空气的高点设置排气阀，在管路最低点应设置排水管及排水阀。

13）冷却塔安装应符合下列规定：

（1）基础标高应符合设计的规定，允许误差为 ±20mm。冷却塔地脚螺栓与预埋件的连接或固定应牢固，各连接部件应采用热镀锌或不锈钢螺栓，其紧固力应一致、均匀。

（2）冷却塔安装应水平，单台冷却塔安装水平度和垂直度允许偏差均为 2/1000。同一冷却水系统的多台冷却塔安装时，各台冷却塔的水面高度应一致，高差不应大于 30mm。

（3）冷却塔的出水口及喷嘴方向和位置应正确，积水盘应严密无渗漏；分水器布水均匀。带转动布水器的冷却塔，其转动部分应灵活，喷水出口按设计或产品要求，方向应一致。

（4）冷却塔风机叶片端部与塔体四周的径向间隙应均匀。对于可高速角度的叶片，角度应一致。

14）水泵及附属设备的安装应符合下列规定。

（1）水泵的平面位置和标高允许偏差为 ±10mm，安装的地脚螺栓应垂直、拧紧，且与设备底座接触紧密。

（2）垫铁组放置位置正确、平稳，接触紧密，每组不超过 3 块。

（3）整体安装的泵，纵向水平偏差不应大于 0.1/1000，横向水平偏差不应大于 0.2/1000；解体安装的泵纵、横向安装水平偏差均不应大于 0.05/1000；水泵与电机采用联轴器连接时，联轴器两轴芯的允许偏差，轴向倾斜不应大于 0.2/1000，径向位移不应大于 0.05mm；小型整体安装的管道水泵不应有明显偏斜。

（4）减震器与水泵基础连接牢固、平稳、接触紧密。

15）水箱、集水器、分水器、储冷罐等设备的安装，支架或底座的尺寸、位置符合设计要求。设备与支架或底座接触紧密，安装平正、牢固。平面位置允许偏差为 15mm，标高允许偏差为 ±5mm，垂直度允许偏差为 1/1000。膨胀水箱安装的位置及接管的连接，应符合设计文件的要求。

3. 防腐与绝热

1）风管与部件及空调设备绝热工程施工应在风管系统严密性检验合格后进行。

2）空调工程的制冷系统管道，包括制冷剂和空调水系统绝热工程的施工，应在管路系统强度与严密性检验合格和防腐处理结束后进行。

3）普通薄钢板在制作风管前，宜预涂防锈漆一遍。

4）支、吊架的防腐处理应与风管或管道相一致，其明装部分必须涂面漆。

5）风管和管道的绝热，应采用不燃或难燃材料，其材质、密度、规格与厚度应符合设计要求。如采用难燃材料时，应对其难燃性进行检查，合格后方可使用。

6）在下列场合必须使用不燃绝热材料：

（1）电加热器前后 800mm 的风管和绝热层；

（2）穿越防火隔墙两侧 2m 范围内风管、管道和绝热层。

7）输送介质温度低于周围空气露点温度的管道，当采用非闭孔性绝热材料时，隔汽层（防潮层）必须完整，且封闭良好。

8）位于洁净室内的风管及管道的绝热，不应采用易产尘的材料（如玻璃纤维、短纤维矿棉等）。

9）风管绝热层采用粘结方法固定时，施工应符合下列规定：

（1）胶粘剂的性能应符合使用温度和环境卫生的要求，并与绝热材料相匹配。

（2）粘结材料宜均匀地涂在风管、部件或设备的外表面上，绝热材料与风管、部件及设备表面应紧密贴合，无空隙。

（3）绝热层纵、横向的连缝，应错开。

（4）绝热层粘贴后，如进行包扎或捆扎，包扎的搭连处应均匀、贴紧；捆扎的应松紧适度，不得损坏绝热层。

10）风管绝热层采用保温钉连接固定时，应符合下列规定：

（1）保温钉与风管、部件及设备表面的连接，可采用粘结或焊接，结合应牢固，不得脱落；焊接后应保持风管的平整，并不应影响镀锌钢板的防腐性能。

（2）矩形风管或设备保温钉的分布应均匀，其数量底面每平方米不应少于16个，侧面不应少于10个，顶面不应少于8个。首行保温钉至保温材料边沿的距离应小于120mm。

（3）风管法兰部位的绝热层的厚度，不应低于风管绝热层的0.8倍。

（4）有防潮隔汽层绝热材料的拼缝处，应用胶粘带封严。胶粘带的宽度不应小于50mm。胶粘带应牢固地粘贴在防潮面层上，不得有胀裂和脱落。

11）管道绝热层的施工，应符合下列规定：

（1）绝热产品的材质和规格，应符合设计要求，管壳的粘贴应牢固、铺设应平整；绑扎应紧密，无滑动、松弛与断裂现象。

（2）硬质或半硬质绝热管壳的拼接缝隙，保温时不应大于5mm、保冷时不应大于2mm，并用粘结材料勾缝填满；纵缝应错开，外层的水平接缝应设在侧下方。当绝热层的厚度大于100mm时，应分层铺设，层间应压缝。

（3）硬质或半硬质绝热管壳应用金属丝或难腐织带捆扎，其间距为300~350mm，且每节至少捆扎2道。

（4）松散或软质绝热材料应按规定的密度压缩其体积，疏密应均匀。毡类材料在管道上包扎时，搭接处不应有空隙。

12）管道防潮层的施工应符合下列规定：

（1）防潮层应紧密粘贴在绝热层上，封闭良好，不得有虚粘、气泡、褶皱、裂缝等缺陷。

（2）立管的防潮层，应由管道的低端向高端敷设，环向搭接的缝口应朝向低端；纵向的搭接缝应位于管道的侧面，并顺水。

（3）卷材防潮层采用螺旋形缠绕的方式施工时，卷材的搭接宽度宜为30~50mm。

13）金属保护壳的施工，应符合下列规定：

（1）应紧贴绝热层，不得有脱壳、褶皱、强行接口等现象。接口的搭接应顺水，并有凸筋加强，搭接尺寸为20~25mm。采用自攻螺丝固定时，螺钉间距应匀称，并不得刺破防潮层。

（2）户外金属保护壳的纵、横向接缝，应顺水；其纵向接缝应位于管道的侧面。金属保护壳与外墙面或屋顶的交接处应加设泛水。

4. 系统调试

（1）系统调试所使用的测试仪器和仪表，性能应稳定可靠，其精度等级及最小分度值应能满足测定的要求，并应符合国家有关计量法规及检定规程的规定。

（2）通风与空调工程的系统调试，应由施工单位负责、监理单位监督，设计单位与建设单位参与和配合。

（3）系统调试前，承包单位应编制调试方案，报送专业监理工程师审核批准；调试结束后，必须提供完整的调试资料和报告。

（4）通风与空调工程系统无生产负荷的联合试运转及调试，应在制冷设备和通风与空调设备单机试运转合格后进行。空调系统带冷（热）源的正常联合试运转不应少于 8h，当竣工季节与设计条件相差较大时，仅做不带冷（热）源试运转。通风、除尘系统的连续试运转不应少于 2h。

（5）净化空调系统运行前应在回风、新风的吸入口处和粗、中效过滤器前设置临时用过滤器（如无纺布等），实行对系统的保护。净化空调系统的检测和调整，应在系统进行全面清扫，且已运行 24h 及以上达到稳定后进行。洁净室洁净度的检测，应在空态或静态下进行或按合约规定。室内洁净度检测时，人员不宜多于 3 人，均必须穿与洁净室洁净度等级相适应的洁净工作服。

3.8.4　医院暖通空调系统验收

1. 医院暖通空调系统验收

1）暖通空调工程检验批、分项工程、分部（或子分部）工程质量的验收，均应在自检合格的基础上进行，并应按检验批、分项、分部（或子分部）、单位（或子单位）工程的程序进行验收，同时做好记录。

（1）检验批、分项工程的质量验收应全部合格。

（2）分部（子分部）工程的验收，必须在分项工程验收通过的基础上，对涉及安全、卫生和使用功能的重要部位进行抽样检验和检测。

2）通风与空调工程的竣工验收，应由建设单位负责，组织施工、设计、监理等单位（项目）负责人及技术、质量负责人、监理工程师共同参加的对本分部工程进行的竣工验收，合格后即应办理验收手续。

3）通风与空调工程竣工验收时，应检查竣工验收的资料，一般包括下列文件及记录：

（1）图纸会审记录、设计变更通知书和竣工图。

（2）主要材料、设备、成品、半成品和仪表的出厂合格证明及进场检（试）验报告。

（3）隐蔽工程检查验收记录。

（4）工程设备、风管系统、管道系统安装及检验记录。

（5）管道试验记录。

（6）设备单机试运转记录。

（7）系统无生产负荷联合试运转与调试记录。

（8）分部（子分部）工程质量验收记录。

（9）观感质量综合检查记录。

（10）安全和功能检验资料的核查记录。

2. 综合效能的测定与调整

1）通风与空调工程交工前，应进行系统生产负荷综合效能试验的测定与调整。

2）通风与空调工程带生产负荷的综合效能试验与调整，应在已具备生产试运行的条件下进行，由建设单位负责，设计、施工单位配合。

3）通风、空调系统带生产负荷的综合效能试验测定与调整的项目，应由建设单位进行确定。

4）通风、除尘系统综合效能试验可包括下列项目：

（1）室内空气中含尘浓度或有害气体浓度与排放浓度的测定。

（2）吸气罩罩口气流特性的测定。

（3）除尘器阻力和除尘效率的测定。

（4）空气油烟、酸雾过滤装置净化效率的测定。

5）空调系统综合效能试验可包括下列项目：

（1）送回风口空气状态参数的测定与调整。

（2）空气调节机组性能参数的测定与调整。

（3）室内噪声的测定。

（4）室内空气温度和相对湿度的测定与调整。

（5）对气流有特殊要求的空调区域做气流速度的测定。

6）恒温恒湿空调系统除应包括空调系统综合效能试验项目外，尚可增加下列项目：

（1）室内静压的测定和调整。

（2）空调机组各功能段性能的测定和调整。

（3）室内温度、相对湿度场的测定和调整。

（4）室内气流组织的测定。

7）净化空调系统除应包括恒温恒湿空调系统综合效能试验项目外，尚可增加下列项目：

（1）生产负荷状态下室内空气洁净度等级的测定。

（2）室内浮游菌和沉降菌的测定。

（3）室内自净时间的测定。

（4）空气洁净度高于 5 级的洁净室，除应进行净化空调系统综合效能试验项目外，尚应增加设备泄漏、防止污染扩散等特定项目的测定。

（5）洁净度等级高于等于 5 级的洁净室，可进行单向气流流线平等度的检测，在工作区内气流流向偏离规定方向的角度不大于 15°。

8）防排烟系统综合效能试验的测定项目，为模拟状态下安全区正压变化测定及烟雾扩散试验等。

9）净化空调系统的综合效能检测单位和检测状态，宜由建设、设计和施工单位三方协商确定。

3.9　医院标识系统

3.9.1　医院标识系统概述

医院环境导向系统是指传递医疗功能、环境等信息以及医院服务理念的标识系统。它依据医院环境的结构特征及诊疗科室、职能科室的服务功能建立，以能在最短时间内把患者引导到目的地为标准。

1. 医院的分类

根据不同的分类标准，可以对医院进行不同的分类。这里简单地按综合性质把医院划分为两类，综合医院和专科医院。

（1）综合医院旨在处理各种疾病和损伤等综合性病症，通常包括急诊部、门诊部和住院部。综合医院通常是一个地区的主要医疗机构，有大量的病床，可以同时为许多病人提供重症监护和长期照顾。

（2）专科医院旨在治疗特定疾病或伤害。按不同疾病或伤害，可分为儿科医院、妇科医院、男科医院、肛肠科、耳鼻喉科、皮肤科医院、精神病院、肿瘤医院、传染病医院等，涵盖了很多分科医院。

2. 医院的构架

根据以上对医院的分类，医院的构架总体上分为：

（1）急诊部，为情况紧急的患者提供服务的部门。

（2）门诊部，负责治疗本身疾病并不紧急，不需要住院进行治疗的患者的部门，一般会依照各种疾病分科室，例如口腔科、神经科、体检科、男科、内科、外科、眼科、皮肤科、妇科、中医针灸等。

（3）住院部，负责治疗需要住院治疗的患者的部门。

（4）支持部，包括药房、放射科、记录处等。

不同类型的医院细分到具体部门或科室可能有所不同，但是根据这几大部门的构架分析，所有医院的标识系统大致都包含几大板块：门诊、急诊、住院部、办公区、停车区、诊疗系统、收费系统和药房，其中药房一般分为中药和西药两个药房。

3. 医院标识需求分析

医院环境是一种极为特殊的公共环境，其组成复杂、科室繁多、走道纵横，人流物流的合理有序性，将是决定医院环境好坏的关键。而一套完善的环境标识系统将会使这种合理性感知于人，并让人们在使用中感到非常方便与自然。

这里，对于医院的标识需求主要从两大方面进行分析：

1）户外导向标识

（1）门诊部、住院部、急诊科标识牌

在医院户外导向标识方面，门诊部、住院部和急诊科室的导向系统须注意规划的科学合理性，保证快速有效地为人们提供方向指引，及时有效地引导人们去往想要到达的目的地。

具体来说，门诊部的标识系统按照一般的标识牌标准进行规划设计即可，也就是为受众指明方向及科室名称，让看病人员迅速明确地找到自己需要去往的科室。住院部的标识系统规划设计简单明了，路途中有方向指引及住院大楼的形象标识即可满足需求。而急诊部的标识系统要求较多，急诊部的标识系统在规划设计时要确保所有的标识牌都装有灯光，因为大部分的急诊是在晚上进行的。在白天送往医院的急诊往往通过救护车送来，也有些通过其他途径过来的，因为急诊的紧急性，所以医院必须在入口处设置显眼醒目的急诊标识，快速地指引方向，让急诊患者迅速及时地接受治疗。

（2）医院建筑分布总平面图标识牌

医院建筑分布总平面图的标识牌，应在医院入口处设置，总平面图内容应包括医院内部各建筑的详细位置及布局，让人一眼便可辨别方向，找到自己需要到达的目的地。

（3）落地式分流标识牌

落地式分流标识牌主要设置在医院外集中入口或人流、物流聚集区域，起着及时有效分散人流物流、指引方向的作用，让医院秩序井然，确保需要医治的人员能够顺畅明了地到达医院及各个科室。

（4）户外交通导向牌

户外交通导向牌主要是区域内到达医院的交通路线，应在医院附近的主要交通枢纽，如公交站台、出租车站点、地铁站等处规划设置清晰明确的标识指向牌，迅速有效地起到导向作用，也能及时地缓解人流聚集压力。

（5）落地式带顶棚宣传栏

落地式带顶棚宣传栏就是上部为小顶棚，顶棚下面是宣传栏的一种标识牌，根据标识排位置，合理选择标识内容，如医院情况简介、医护人员信息等。

2）室内导向标识

（1）各楼层平面图标识牌。

（2）各楼层科室分布总索引。

（3）医院专科、专家介绍牌。

（4）专科、专家出诊动态一览表。

（5）医院简介标识牌。

（6）各类用途的宣传栏。

（7）楼层号牌及电梯牌。

（8）通道分流吊牌、灯箱。

（9）科室名称牌。

（10）公共安全标识牌。

（11）温馨公益标识牌。

（12）各类后勤部门功能标识牌。

（13）病房牌等。

医院室内导向标识大致包含以上类别的标识牌。各楼层应设置平面图标识牌，让人们一眼就能看清该楼层的布局。科室分布总索引也应与楼层平面图一起，让人们清晰明了地获取各科室方位信息，从而快捷地找到自己要去往的科室。医院专科、专家介绍牌主要为看病者介绍医院所包含的专业科室及人才资源，一般是贴在墙上或宣传栏上的。专科、专家出诊动态一览表则是借用标识的形式将专科、专家的出诊动态展示给看病者，这种一览表的设置能大大提高效率，同时也避免看病者浪费不必要的时间。医院简介标识牌和各类宣传栏，主要是在医院内部、各个科室等区域用于载写对应的相关信息进行简单介绍的标识。楼层号牌及电梯牌，通道分流吊牌、灯箱，主要是室内用来进行方向指引的标识。科室名称牌、病房牌，方便看病者或探病者找寻目标。公共安全标识牌、温馨公益标识牌、各类后勤部门功能标识牌，这一类标识牌则是在指引作用之外向人们起到提示、警示或说明作用。

4. 医院标识规划分析

1）医院标识导向系统规划构建的依据

医院导向系统规划需将建筑设施、空间规划、视觉传达、室内设计等专业统一起来，科学、系统进行整合。医院导向系统的核心是注重系统中各部分之间的内在联系和相互作用，巧妙处理各部位之间的辩证关系，以达到整体的最佳组合。

（1）建筑的设施特性。建筑的功能定位形成建筑的设施特性，比如医院区别于博物馆、公园等其他机构的功能定位、医院建筑内不同功能定位的场所所具有的不同设施特点，共同形成了建筑的设施特性。

（2）建筑的空间特性。医疗建筑空间的多样性影响了使用者在建筑内的活动范围和形式，在规划导向策略时要综合考虑建筑内空间的布局和复杂程度、建筑入口处的可识别性、各道路之间的方向选择、重要信息的可视距离、是否有突出的地标等因素。

（3）使用者特性。医院中主要由患者构成医院人群的主体，同时还有医护人员、患者家属等其他人，导引策略需综合考虑不同目的、不同特征的人在空间中对信息识别的不同要求，例如，无行为障碍和有行为障碍、成人和儿童、中国人和外国人要求是不同的。

2）医院标识导向系统规划构建的方法

（1）制定引导策略。引导策略是解决人在环境中迷失问题的方法，其目的是解决三个层次的问题：标识系统为谁服务？在什么地方提供标识信息？信息应该呈现的状态是什么？通过"因地制宜""因势利导"的方式，将迷失感最大限度降低。

（2）空间导引计划。遵循导引策略，首先依据建筑建筑布局，进行人流、车流分析；其次，整合位置判断点，根据标识分级原理将其有效地归类整理，在各个位置判断点配置不同的信息标识；最后在现场进行实地信息校验核查。

为避免信息冗余，标识须进行分类处理。

一级标识：主要指户外标识。通过园区总索引标识、指引标识或位置标识，协助使用者了解院区布局，以便自主形成各自的行动路线，快速达到门诊、急诊、住院部等不同功能的建筑。

二级标识：建筑内部的索引和指引标识。索引标识通过楼层总索引、走廊标识、地图等方式描述空间内的设施分部情况。指引标识表现前往各主要设施或区域的方向信息，通常是通过箭头和地名结合的方式表达。

三级标识：目的地标识。它标明各孤立单元或行政区域的名称。

四级标识：包括房间门牌、窗口牌，是最基本的标识信息。

五级标识：说明类标识，对空间内相关信息的说明，如医院设施说明、就诊流程说明等。

警示类标识：警告、提醒、推荐等对行为的约束性标识。

3.9.2 医院标识系统施工

医院标识安装须满足《公共建筑标识系统技术规范》GB/T 51223—2017第八章的要求。医院标识牌主要有吊装、壁装、落地安装等形式。

1. 施工流程

（1）吊装型标识牌施工流程：标识编号—放线定位—吊链安装—标识牌安装—标识牌验收。

（2）壁装型标识牌施工流程：标识编号—放线定位—膨胀螺栓安装—标识牌固定—标识牌验收。

（3）落地型标识牌施工流程：标识编号—放线定位—地脚螺栓安装—标识牌固定—标识牌验收。

2. 施工要点

（1）标识牌需严格按照设计的布局定位安装，现场出现无法安装的情况时，须及时上报设计方，不得擅自更改标识牌位置。

（2）壁装的标识牌，须根据标识牌重量，对墙面荷载进行复核；对于强度较低的墙面，须进行加固处理后，方可安装。

（3）吊装型标识牌的支架，不宜固定在其他管线、设备上，应单独设置。

（4）对于自带照明功能的标识牌，宜单独接入照明电源系统，避免与其他灯具共用照明回路。

（5）标志牌安装时，须对其他专业的施工成品进行保护，避免对机电管线、墙面、地面造成破坏。

3.9.3　医院标识系统验收、维护与保养

（1）医院标识系统验收，须满足《公共建筑标识系统技术规范》GB/T 51223—2017 8.3 的要求。

（2）应针对标识本体确定相应的维护保养周期。钢结构标识宜至少每年进行一次防腐保养，对构件锈蚀、油漆脱落、龟裂、风化等部位的基底应进行清理、除锈、修复，并重新涂装。

（3）标识本体的结构焊缝、螺栓连接节点及与墙体锚固节点宜每半年检查一次，发现焊缝有裂痕、螺栓及锚固节点松动时，应及时修补及紧固。

（4）标识本体采用木质材料时，宜每三个月检查一次，发现固定螺栓及木质材料腐烂时，应及时予以修补及更换。

（5）标识的照明灯具、电气设施至少宜每月维护保养一次。检查导线的外绝缘和接线端子的接线的紧密度，如外绝缘材料损坏的电线、电缆应及时进行更换，确保用电的安全。

（6）在大风、大雪和梅雨等特殊天气，应将室外标识本体的结构和电气及照明设施列入安全巡检内容。

3.10　医院洁净系统

3.10.1　医院洁净系统概述

1. 定义

医院洁净系统是采用空气净化工程技术，通过特定要求的建筑装饰工艺，配合层流净化空调系统或带高效过滤器的净化空调系统，对微生物和尘粒等污染采取不同程度的控制，有效控制室内的洁净度和温度、湿度、照度、静电等，达到相应净化无菌等级的新型医疗用房。与传统的医疗用房相比，它不依赖紫外线或药物进行室内消毒，能更稳定、更持久地维持室内环境的高度洁净化，使院内感染率大为降低，同时也降低了医务人员在诊疗过程中被感染的风险。符合这一标准的医院用房称为医院的洁净用房。

2. 空气洁净技术的特点

空气洁净技术就是用空气过滤配合气流组织和压差控制的技术，它具有以下优点。

1）全过程控制

在室内整个操作过程中，使室内空气环境都处于受控状态，不是只有"开头消毒"或"最后消毒"。

2）既除尘又除菌

由于应用了阻隔式原理，空气过滤器既可以除去通过它的尘粒，又可除去通过的微生物（包括细菌和病毒）。由于微生物一定有微粒作载体，所以除尘就可以除菌。

3）不产生其他成分

有的消毒方法同时也产生氧化氮、臭氧等有害气体，空气过滤是纯物理方法，不产生其他成分。

4）不产生有害的副作用

有的消毒方法产生辐射作用，对人体有害，有的产生电、磁场，对仪器设备有影响；有的促使细菌变异，变得对药物有很强的抗菌性。

5）除菌效率高，且彻底

除菌效率从粗效到超高效，范围极宽，不像别的方法效率范围很窄，一般在 70%~90% 左右。

如高效过滤器除菌效率可达 99.99999% 以上，并且除得彻底，不会留下半死不活的，以后还可复活（如紫外照射后的细菌未杀死则可遇光复活），也不会留下细菌尸体、分泌物等。

6）是"尘菌于风口之外（或风口之内）"的办法

相当于拒敌于国门之外，是不战而屈人之兵的办法，不会造成细菌在室内"横尸遍野"，因而是主动控制污染的办法，不是被动地等室内进来了细菌再去消毒，因而也是以绿色手段建设绿色医院的办法，不会再制造新的污染。

3. 洁净区域内空气洁净度等级

（1）洁净室及洁净区空气洁净度整数等级应按表 3-11 确定。

洁净室及洁净区空气洁净度整数等级　　　　　　　　表 3-11

空气洁净度等级（N）	大于或等于要求粒径的最大浓度限值（pc/m³）					
	0.1μm	0.2μm	0.3μm	0.5μm	1μm	5μm
1	10	2	—	—	—	—
2	100	24	10	4	—	—
3	1000	237	102	35	8	—
4	10000	2370	1020	352	83	—
5	100000	23700	10200	3520	932	29
6	1000000	237000	102000	35200	8320	293
7	—	—	—	352000	83200	2930
8	—	—	—	3520000	832000	29300
9	—	—	—	35200000	8320000	293000

（2）洁净手术室的用房分级标准见表 3-12 所列。

洁净手术室的用房分级标准 表 3-12

洁净用房等级	沉浮法（浮游法）细菌最大平均浓度		空气洁净度级别		参考手术
	手术区	周边区	手术区	周边区	
Ⅰ	0.2cfu/30min · Φ90 皿（5cfu/m³）	0.4cfu/30min · Φ90 皿（10cfu/m³）	5	6	假体植入、某些大型气管移植、手术部位感染可直接危及生命及生活质量等手术
Ⅱ	0.75cfu/30min · Φ90 皿（25cfu/m³）	1.5cfu/30min · Φ90 皿（50cfu/m³）	6	7	涉及深部组织及生命主要器官的大型手术
Ⅲ	2fu/30min · Φ90 皿（75cfu/m³）	4cfu/30min · Φ90 皿（150 cfu/m³）	7	8	其他外科手术
Ⅳ	6cfu/30min · Φ90 皿		8.5		感染和重度污染手术

（3）洁净辅助用房分级标准见表 3-13 所列。

洁净辅助用房分级标准 表 3-13

洁净用房等级	沉浮法（浮游法）细菌最大平均浓度	空气洁净度级别
Ⅰ	局部集中送风区域：0.2 个 /30min · Φ90 皿，其他区域：0.4 个 /30min · Φ90 皿	局部 5 级，其他区域 6 级
Ⅱ	1.5cfu/30min · Φ90 皿	7 级
Ⅲ	4 cfu/30min · Φ90 皿	8 级
Ⅳ	6 cfu/30min · Φ90 皿	8.5 级

（4）主要辅助用房分级标准见表 3-14 所列。

主要辅助用房分级标准 表 3-14

	用房名称	洁净用房等级
	需要无菌操作的特殊用房	Ⅰ ~ Ⅱ
	体外循环室	Ⅱ ~ Ⅲ
	手术室前室	Ⅲ ~ Ⅳ
在洁净区内的洁净辅助用房	刷手间	Ⅳ
	术前准备室	
	无菌物品存放室、预麻室	
	精密仪器室	
	护士站	
	洁净区走廊或任务洁净通道	
	恢复（麻醉苏醒）室	
	手术室的邻室	无

用房名称		洁净用房等级
在非洁净区内的非洁净辅助用房	用餐间	无
	医护休息室	
	值班室	
	示教室	
	紧急维修间	
	储物间	
	污物暂存处	

4. 应用范围

现在洁净用房的应用已扩展到医院的众多部门。

手术室系统，如外科手术室、器官移植手术室等。

病房系统，关于洁净病房如白血病病房、烧伤病房、哮喘病房、早产儿保育室等。

护理单元，如重症护理单元、脏器移植护理单元、心血管病护理单元等。

治疗操作系统，如介入治疗室、白血病治疗室、传染患者尸体解剖室等。

实验室系统，如特殊化验室、生命科学实验室等，更重要的生物安全系统。

仪器室系统，如精密的新型仪器室、影像科大型设备等。

隔离室系统，如疑似传染患者隔离室、观察室等。

洁净辅助用房系统，如配药中心、无菌敷料室、一次性物品室等。

各洁净用房的洁净等级根据房间功能和使用需求确定。

3.10.2　医院洁净系统施工

1. 施工原则

（1）必须按设计图纸施工，施工中需修改设计时应有设计单位的变更通知。没有图纸和技术要求的不能施工。

（2）施工前应制订详尽的施工方案和程序，施工中各工种之间应密切配合，按程序施工。

（3）工程所用的主要材料、设备、成品、半成品均应符合设计规定，并有出厂合格证或质量鉴定证明文件。对质量有怀疑时，必须进行检验。过期材料不得使用。

（4）施工过程中，应在每道工序施工完毕后进行中间检验验收，并记录备案。

2. 洁净手术部建筑、结构施工要求

（1）洁净手术部应独立成区，并宜与其有密切关系的外科重症护理单元临近，宜与有关的放射科、病理科、消毒供应中心、输血科等联系便捷。

（2）洁净手术部平面必须分为洁净区与非洁净区。洁净区与非洁净区之间的联络必须设缓冲室或传递窗。

（3）负压手术室和感染手术室在出入口处都应设准备室作为缓冲室。负压手术室应有独立出入口。

（4）洁净手术部不宜有抗震缝、伸缩缝等穿越，当需穿越时，应用止水带封闭。洁净手术室内不应有抗震缝、伸缩缝穿越。

（5）对大面积洁净空间采用的结构模板，应分区设控制点，多级复核。应防止建筑模板受潮起拱。宜采用清水混凝土精细施工，应随捣随抹光，一次性达到建筑设计标高。模板的密封胶填缝与固定应同时进行，不得遗漏。

（6）洁净室不宜采用砌筑墙抹灰墙面，当必须采用时宜采用干燥作业，抹灰应采用符合现行国家标准《建筑装饰装修工程质量验收标准》GB 50210—2018 中高级抹灰的要求。墙面抹灰后应刷涂料面层，并应选用难燃、不开裂、耐腐蚀、耐清洗、表面光滑、不易吸水变质发霉的涂料。

（7）对分割洁净室相关受控环境的空间成为各自独立密封体到顶的填充墙，墙体（板）与梁、板底的缝隙应填充密实，并应做密封处理。

3. 医院洁净用房装修施工要求

（1）洁净室的建筑装饰材料除应满足隔热、隔声、防振、防虫、防腐、防火、防静电等要求外，尚应保证洁净室的气密性和装饰表面不产尘、不吸尘、不积尘，并应易清洗。洁净室装饰材料及密封材料不得采用释放对室内各种产品品质有影响物质的材料，并应符合现行国家标准《民用建筑工程室内环境污染控制规范（2013 版）》GB 50325—2010 的有关规定。

（2）洁净手术部内Ⅰ、Ⅱ级手术室墙面、顶棚可用工厂生产的标准化、系列化的一体化装配方式，Ⅲ、Ⅳ级手术室墙面也可用瓷砖或涂料等，应根据用房需要设置射线防护。

（3）洁净室建筑装饰施工现场的环境温度不宜低于 5℃。当在低于 5℃的环境温度下施工时，应采取保证施工质量的措施。对有特殊要求的装饰工程，应按设计要求的温度施工。

（4）墙面与墙面、墙面与顶棚之间应采用圆弧过渡，便于空气的导流，减少空气死角。内墙面阳角，宜做成圆角不小于 120°的钝角（图 3-45）。

（5）墙面下部的踢脚不得突出墙面；踢脚与地面交界处的阴角应做成曲率半径不小于 30mm 的圆角（图 3-46）。

（6）洁净室地面应平整、耐磨、易清洗、不开裂，且不易积聚静电；地面垫层宜配筋，建筑底层地面应设置防潮层。

（7）洁净室窗面宜与其安装部位的表面齐平，当不能齐平时，窗台应采用斜坡、弧坡、边、角为圆弧过渡。洁净室设里外窗时，应采用双层玻璃固定窗，并应有良好的气密性。

（8）洁净用房内与室内空气直接接触的外露材料不能使用木材或石膏。

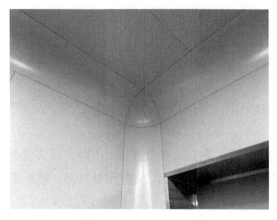

图 3-45 圆弧过渡示意图

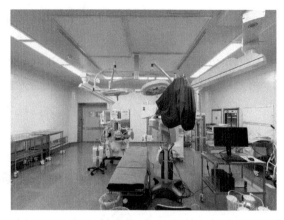

图 3-46 踢脚与地面交界处示意图

（9）洁净用房和洁净辅助用房内不应有明露管，应设置的插座、开关、各种柜体、观片灯等均应嵌入墙内，不得突出墙面。

（10）顶棚宜按房间宽度放线按设计要求起拱。顶棚周边应与墙体交接严密并密封。

（11）顶棚饰面板板面缝隙允许偏差不应大于 0.5mm，并应用密封胶密封。

4. 洁净（净化）空调系统施工要求

（1）施工中做到"物洁""人净""环清"。

（2）净化空调系统可为集中式或回风自循环处理方式。Ⅳ级洁净手术室和Ⅲ、Ⅳ级洁净辅助用房，可采用带高中效及其以上过滤器的净化风机盘管机组或立柜式空调器。

（3）洁净手术部净化空调系统可采用独立冷热源或从医院集中冷热源供给站接入。

（4）净化空调机组应内置初、中、高效过滤器、电子灭菌和紫外线杀菌双效装置，防止净化空调的二次污染。初、中效过滤器及热湿处理段全处于送风机的正压段，确保机器外空气无法渗入手术室内，机内冷凝水易于排出，排水端设高位水封，杜绝异物入侵。

（5）负压手术室顶棚排风口入口处以及室内回风口入口处均必须设高效过滤器，并应在排风出口处设止回阀，回风入口处设密闭阀。正负压转换手术室，应在部分回风口上设高效过滤器，另一部分回风口上设中效过滤器；当供负压使用时，应关闭中效过滤器处密闭阀，当供正压使用时，应关闭高效过滤器处密闭阀。

（6）相互连通的不同洁净度级别的洁净用房之间，洁净度高的用房应对洁净度低的用房保持相对正压。最小静压差应大于或等于 5Pa，最大静压差应小于 20Pa，不应因压差而产生哨音或影响开门。

（7）风管制作与安装所用板材、型材以及其他主要成品材料，应符合设计要求，并应有出厂检验合格证明。材料进场时应按国家现行有关标准验收。

（8）风管应选用节能、高效、机械加工的工艺。

（9）风系统风管制作应有专用场地，其房间应清洁，宜封闭。工作人员应穿干净工作服和软性工作鞋。

（10）通过绘制风管下料图，在制作风管减少了拼接，矩形风管底边宽在 900mm 以内的采用整板加工，确保无接缝，900mm 以上采用纵向接缝，杜绝出现横向接缝。

（11）当用于 5 级和高于 5 级洁净度级别场合时，角钢法兰上的螺栓孔和管件上的铆钉孔孔距均不应大于 65mm，5 级以下时不应大于 100mm。薄壁法兰弹簧夹间距不应大于 100mm，顶丝卡间距不应大于 100mm。矩形法兰四角应设螺栓孔，法兰拼角缝应避开螺栓孔。螺栓、螺母、垫片和铆钉应镀锌。如必须使用抽芯铆钉，不得使用端头未封闭的产品，并应在端头胶封。

（12）在咬口缝、铆钉缝、法兰翻边四角缝隙采取涂密封胶，风管加固框，加固筋设置得在风管外，确保风管内壁光滑洁净，避免风管对空气造成污染。

（13）风管安装后，先检查外观有无缝隙，再用灯光检查，若有缝隙用密封膏封妥，施工时保持作业环境清洁，杜绝粉尘进入风管，施工停顿随时将开口封闭。

（14）安装系统新风口处的环境应清洁，新风口底部距室外地面应大于 3m，新风口应低于排风口 6m 以上。当新风口、排风口在同侧同高度时，两风口水平距离不应小于 10m，新风口应位于排风口上风侧。

（15）风管保温材料应选用难燃型橡塑保温板，并做好防汽隔潮层；保温层确保连续无断面，无孔洞漏缺、松弛等现象，其表面应光滑、平整，便于打扫卫生。

（16）净化空调系统风管漏风率，应符合现行国家标准《洁净室施工及验收规范》GB 50591—2010 的有关规定，Ⅰ级洁净用房系统不应大于 1%，其他级别的不应大于 2%。

5. 洁净室给水排水系统施工要求

（1）污染区域特别是微生物污染区域内的供水管，不得与用水设备直接相连，必须有空气隔断，配水位应高出用水设备溢出水位，间隔不应小于 2.5 倍出水口口径。在供水点和供水管路上均应安装压差较高的倒流防止器，供水管上还应设关断阀，供水管上的倒流防止器和阀门应设在清洁区。

（2）洁净区的给水管道应涂上醒目的颜色，或用挂牌方式，注明管道内水的种类、用途、流向等。

（3）污染区特别是致病微生物严重污染区域的排水管应明设，内壁光滑，并与墙壁保持一定检查维修距离。有高致病性微生物污染的排水管线宜设透明套管。

（4）致病微生物严重污染的排水管道上的通气管应伸出屋顶，距站人地面应在 1m 以上，不要接到清洁区；周边应通风良好，并远离一切进气口。处理排气的高效空气过滤器的安装位置与方式应方便维修和拆换。不同用途房间的排水通气管应各自独立。不得将通气口接入净化空调系统的排风管道。

6. 洁净室配电系统施工要求

（1）洁净区用电线路与非洁净区线路应分开敷设；主要工作区与辅助工作区线路应分开敷设；污染区线路与清洁区线路应分开敷设；不同工艺要求的线路应分开敷设。

（2）洁净室所用 100A 以下的配电设施与设备安装距离不应小于 0.6m，大于 100A 时不应小于 1m。

（3）洁净室的配电盘（柜）、控制显示盘（柜）、开关盒宜采用嵌入式安装，与墙体之间的缝隙应采用气密构造，并应与建筑装饰协调一致。

（4）洁净环境灯具宜为吸顶安装。吸顶安装时，所有穿过顶棚的孔眼应用密封胶密封，孔眼结构应能克服密封胶收缩的影响。当为嵌入式安装时，灯具应与非洁净环境密封隔离。

3.10.3　医院洁净系统验收

（1）医院洁净系统验收需满足《医院洁净手术部建筑技术规范》GB 50333—2013 要求。

（2）洁净用房验收应按工程验收和使用验收两方面进行。

（3）洁净用房的工程验收应按分项验收、竣工验收和性能验收三阶段进行。

（4）综合性能全面评定检验进行之前，应对被测环境和风系统再次全面彻底清洁，系统应已连续运行 12h 以上。

（5）综合性能检验应由建设方委托有工程质检资质的第三方承担，对《洁净室施工及验收规范》GB 50591—2010 中要求的必测项目和选测项目进行验收。检验仪表必须经过计量检定合格并在有效期内，按《洁净室施工及验收规范》GB 50591—2010 的规定进行检验，最后提交的检验报告应符合《洁净室施工及验收规范》GB 50591—2010 第 16.1.5 条的规定。建设方、设计方、施工方均应在场配合、协调。

（6）使用验收应由建设方组织检测，重复综合性能全面评定检验的全部或一部分项目，判断是否满足使用要求，对不满足的部分应查明原因，分清责任。各性能参数的动态验收标准、测点布置应由建设方、施工方和检验方共同商定，并载入协议。

3.11　医院无障碍与疏散系统

3.11.1　医院无障碍系统

1. 医院无障碍系统概述

随着人们对医疗质量、医疗服务等方面的要求不断升高，医院为顺应社会发展的要求，为满足医患的生理心理需求，不断提升医疗服务质量，在改善医院环境和优化就诊流程的同时，更注重添加贴心的无障碍细节设计，以方便残疾人、伤病人、老年人等群体平等出入医院和使用各类设施，这既是对病人的负责，也是对医院行业特性的最大肯定。

医院无障碍设计的目标是"无障碍"，而无障碍环境要确保环境安全、无阻碍。调查表明：绊倒、滑倒和碰撞是病人发生意外的高频事件。楼梯间、卫生间是发生滑倒的高危区，楼道入口、楼梯间、室外道路是发生绊倒的高危区，房屋转角处、室外道路是发生碰撞的高危区，室外道路、阳台口是发生坠落的高危区等。因此，医院装修设计时，要充分考虑残疾人、伤病人、老年人等弱势群体的需求，以最大限度地方便他们就诊。

2. 医院无障碍系统施工

医院无障碍系统包括服务设施、出入口、走廊、卫生间、电梯及浴室等设施。

1）服务设施

服务设施属于建筑物无障碍设计的重要部分，服务设施的无障碍程度高低直接关系到残障者使用建筑的方便与否，包括服务台、低位挂号窗口、低位电话、饮水处等（图3-47）。

服务台应设置在明显的位置，并有为视觉障碍者提供的可以直接到达的盲道等引导设施。服务台的宽度应大于或等于800mm，服务台的高度宜为800mm，服务台下方距地的高度应大于或等于650mm，服务台的深度应大于或等于450mm。

医院要考虑专门为残障人士设计低位挂号窗口，比一般的窗口低约20cm，这样方便坐轮椅者，这种窗口需在各个窗口都设置，比如取药、收费等。

低位电话应设置在无障碍通行的位置，电话底缘距地面的高度为720mm。饮水处应有低位设置，以方便乘轮椅者使用。

2）出入口

无台阶、无坡道的建筑出入口，是人们在通行中最为便捷和安全的出入口，通常称为无障碍出入口，该出入口方便了行动不便的残疾人、老年人，同时也给其他人带来了便利（图3-48）。入口包括坡道、台阶和楼梯、门。

图 3-47　询诊台的无障碍设计

图 3-48　出入口无障碍设计

（1）坡道施工要求

坡道供轮椅通行的坡道应设计成一字形、一字多段型、L形或U形，不宜设计成弧形，两侧应设扶手，坡面应平整，不应光滑。

缘石坡道：坡道面应该平整防滑，坡道口与车行道之间宜没有高差。全宽式单面坡缘石坡道的坡度不应大于1：20，宽度应与人行道宽度相同；三面坡缘石坡道正面及侧面的坡度不应大于1：12，宽度不小于1.2m；其他形式的缘石坡道的坡度均不应大于1：12，宽度不小于1.5m。

轮椅坡道：轮椅坡道宜设计成直线形、直角形或折返形，坡面应平整、防滑、无反光。轮椅坡道的净宽度不应小于1m，无障碍出入口的轮椅坡道净宽度不应小于1.2m。轮椅坡道的高度超过0.3m且坡度大于1：20时，应在两侧设置扶手，坡道与休息平台的扶手应保持连贯，临空侧应设置安全阻挡措施。轮椅坡道起点、终点和中间休息平台的水平长度不应小于1.50m。

（2）台阶和楼梯施工要求

应采用有休息平台的直线型梯段和台阶，不应采用无休息平台的楼梯和弧形楼梯。

（3）门施工要求

门应采用自动门，也可采用推拉门、折叠门或平开门，不应采用力度大的弹簧门，若门为旋转门时，在旋转门一侧应另设残疾人使用的门。

3）走廊

走廊是通往目的地的必经之路，它的设计要考虑人流大小、轮椅类型、拐杖类型及疏散要求等因素。走廊的无障碍设计包括通道的通行空间、扶手、护墙（门）板、盲道和墙壁的突出物等。

（1）通行空间：通行空间要足够大，地面进行防滑处。室内的无障碍走道应不小于1.2m，人流较多或较集中的大型医院建筑的室内走道宽度不小于1.8m。室外不小于1.8m，检票口、结算口轮椅通道不小于0.9m。国际无障

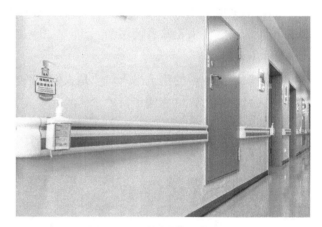

图3-49 走廊的无障碍设计

碍设计通用标准要求所有建筑物走廊的净空宽度应在1.3m以上。

（2）扶手：扶手两侧设高要适度，且要安装坚固，形状易于抓握。在扶手的起点与终点处应设盲文说明牌。对于盲人出入比较集中的区域，可配设语音提示系统。

（3）护墙（门）板：为了避免轮椅的脚踏板在行进中损坏墙面和门，在走廊两侧墙面和门的下方应设高350mm的护墙（门）板。

（4）盲道：根据国际无障碍设计通用标准，在盲人经常出入处设置盲道，在交叉口设置利于盲人辨向的提示设施。坡道表面应与人行道地面不同（如粗糙的材料），以让盲人能轻易识别。行进盲道的起点和终点处设置提示盲道（盲道钉）。盲道应使用表面防滑材质以及和相邻人行道铺面对比鲜明的颜色，宜设置在距围墙、花台、绿化带0.25~0.5m处，避开非机动车停放得位置，并与人行道的走向一致，净宽度为0.25~0.5m。

4）电梯

电梯包括电梯厅和电梯厢。

为方便乘轮椅者转换位置和等候，电梯厅的深度不应小于1800mm，呼叫按钮的高度为900~1100mm，电梯入口的地面设置提示盲道标识，告知视觉残疾者电梯的准确位置和

等候地点。

电梯厢要有适当的宽度和高度，方便轮椅者回转，正面驶出电梯，厢内三面需设高850mm的扶手，扶手要易于抓握，安装要坚固，另外，电梯厢上、下运行及到达应有清晰显示和报层音响。

5）卫生间

卫生间是残疾人、老年人就医时感到最不方便的地方，为更好地服务于他们，医院卫生间应设计在易于寻找和接近的位置，并有无障碍标志作为引导，入口坡道设计应便于轮椅出入，地面防滑且不积水（图3-51）。卫生间内除了要设有坐便器、洗手盆、安全抓杆等设施外，还应设镜子、放物台及呼救按钮。

厕所入口平台和门的净宽应不小于1.50m和0.90m。室内还要有直径不小于1.50m的轮椅回转空间，地面要防滑且不积水。门应方便开启，通行净宽度不应小于0.8m。洗手间内应设高0.60m的放物架和高1.20m的挂衣钩。

在男女厕所内，选择通行方便和位置适当的部位，至少要各设一座轮椅可进入使用的坐式便器专用厕位。

男士小便器采用低位小便器，高度小于450mm，坐便器采用无水箱（实际上是隐藏

图 3-50　电梯厅无障碍设计

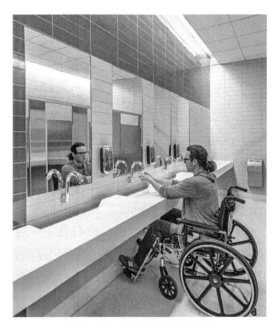

图 3-51　卫生间无障碍设计

水箱）的坐便器，高度450mm；台盆使用挂盆或者半柱盆，脚下利于轮椅地步进入，高度800mm。配备安全扶手，坐便器扶手离地高700mm，间距宽度700~800mm，小便器扶手离地1180mm。通道地面应防滑和不积水，宽度不应小于1.50m。

洗手盆前应有1.10m×0.80m乘轮椅者使用面积。沿洗手盆的三面宜设抓杆，洗手盆高0.80m，抓杆高0.85m，相互间距为50mm。

6）浴室

浴室的入口和室内空间应方便乘轮椅者进入和使用，浴室内部应能保证轮椅进行回转，回转直径不小于1.50m；内设有1个无障碍淋浴间或盆浴间以及1个无障碍洗手盆和一个无障碍厕所；地面应防滑、不积水（图3-52）。淋浴间入口宜采用活动门帘，当采用平开门时，门扇应向外开启，设高0.9m的横扶把手，在关闭的门扇里侧设高0.9m的关门拉手，

并应采用门外可紧急开启的插销。

3. 医院无障碍系统验收

1）医院无障碍系统验收一般规定

（1）无障碍设施疏散通道及疏散指示标识、避难空间、具有声光报警功能的报警装置应符合国家现行消防工程施工及验收标准的有关规定。

（2）无障碍设施使用的原材料、半成品及成品的质量标准，应符合设计文件要求及国

图 3-52　浴室无障碍设计

家现行建筑材料检测标准的有关规定。室内内无障碍设施使用的材料应符合国家现行环保标准的要求；并应具备产品合格证、中文说明书和相关性能的检测报告。进场前应对其品种、规格、型号和外观进行验收。需要复检的，应按设计要求和国家现行有关标准的规定进行取样和检测。必要时应划分单独的检验批进行检验。

（3）缘石坡道、盲道、轮椅坡道、无障碍出入口、无障碍通道、楼梯和台阶、无障碍停车位、轮椅席位等地面面层抗滑性能应符合标准、规范和设计要求。

（4）无障碍设施的施工及质量验收应按设计要求进行；当设计无要求时，应按国家现行工程质量验收标准的有关规定验收；当没有明确的国家现行验收标准要求时，应由设计单位、监理单位和施工单位按照确保无障碍设施的安全和使用功能的原则共同制定验收标准，并按验收标准进行验收。

（5）检验批的质量验收应符合下列规定：主控项目的质量应经抽样检验合格。一般项目的质量应经抽样检验合格，当采用计数检验时，一般项目的合格点率应达到 80% 及以上，且不合格点的最大偏差不得大于本规范规定允许偏差的 1.5 倍。

（6）分项工程的质量验收应符合下列规定：分项工程所含检验批均应符合质量合格的规定。

（7）当无障碍设施施工质量不符合要求时，应按下列规定进行处理：

①经返工或更换器具、设备的检验批，应重新进行验收。

②经返修的分项工程，虽然改变外形尺寸但仍能满足安全使用要求。应按技术处理方案和协商文件进行验收。

③因主体结构、分部工程原因造成的拆除重做或采取其他技术方案处理的，应重新进行验收或按技术方案验收。

（8）无障碍通道的地面面层和盲道面层应坚实、平整、抗滑、不积水。其抗滑性能应由施工单位通知监理单位进行验收。

（9）无障碍设施地面基层的强度、厚度及构造做法应符合设计要求。其基层的质量验收，与相应地面基层的施工工序同时验收。基层验收合格后，方可进行面层的施工。

（10）安全抓杆预埋件应进行验收。

（11）通过返修或加固处理仍不能满足安全和使用要求的无障碍设施分项工程，不得

验收。

2）医院无障碍系统其他验收

医院无障碍设施包含坡道、缘石坡道、盲道、轮椅坡道、无障碍通道、无障碍停车位、无障碍出入口、低位服务设施、扶手、门、无障碍电梯、楼梯和台阶、轮椅席位、无障碍厕所、无障碍浴室及住房等，具体验收标准参照《无障碍设施施工验收及维护规范》GB 5064—2011，这里就不一一赘述。

3.11.2　医院疏散系统

1. 医院疏散系统概述

医疗建筑发生火灾时，为了使建筑内部人员能迅速、安全地逃离失火现场到达安全区域，医疗建筑的安全疏散设计至关重要。安全疏散设计首先应选定合理的逃生路线，逃生路线是指任何人由建筑物内的任何楼层前往该建筑物外一处安全场所的途径，可能包括房间、门口、走廊、楼梯、避难层或其他不属于旋转门、升降梯或自动电梯的通道。在逃生路线的各个环节中安全出口的设置、疏散距离的控制等较为重要。另外，为了满足消防员对火灾施救的需要，高层医疗建筑需根据规范要求设置消防电梯。

2. 医院疏散系统施工

医院疏散系统主要由疏散楼梯间和楼梯、安全出口、避难层、应急照明及疏散指示、消防电梯等组成，详细内容见下：

1）安全出口施工要求

安全出口的设置应满足国家消防规范的要求，消防规范中与医院建筑有关的安全出口规范主要如下：《建筑设计防火规范（2018 版）》GB 50016—2014 规定：医院建筑内的每个防火分区、一个防火分区内的两个楼层，其安全出口的数量应经过计算确定，且不应少于两个（图 3-53）。医院、疗养院的病房楼的疏散楼梯应采用室内封闭楼梯间（包括首层扩大封闭楼梯间）或是外疏散楼梯。自动扶梯和电梯不应作为安全疏散设施。

图 3-53　医院安全出口

地下、半地下建筑（室）安全出口和房间疏散门的设置应符合以下规定：每个防火分区的安全出口数量应计算确定，且不少于两个。当平面上有两个或两个以上防火分区相邻布置时，每个防火分区可利用防火墙上一个通向相邻分区的防火门作为第二安全出口，但必须有一个直通室外的安全出口。使用人数不超过 30 人且建筑面积小于等于 500 m^2 的地下、半地下建筑（室），其直通室外的金属竖向梯作为第二安全出口；房间建筑面积小于等于 50m^2，且经常停留人数不超过 15 人时，可设置一个疏散门。

安全出口的设置应满足国家消防规范的要求，消防规范中与医院建筑有关的安全出口规范《建筑设计防火规范（2018 版）》GB 50016—2014 中医院建筑的安全疏散距离应符合下列规定：

直通疏散走道的房间疏散门至最近安全出口的直线距离（单位：m）　　　表 3-15

名称		位于两个安全出口之间的疏散门			位于袋形走道两侧或尽端的疏散门		
		一级、二级	三级	四级	一级、二级	三级	四级
医疗建筑	单、多层	35	30	25	20	15	10
	高层　病房部分	24	—	—	12	—	—
	高层　其他部分	30	—	—	15	—	—

注：
1. 建筑内开向敞开式外廊的房间疏散门至最近的安全出口的直线距离可按本表的规定增加 5m。
2. 直通疏散走道的房间疏散门至最近敞开楼梯间的直线距离，当房间位于两个楼梯间之间时，应按本表的规定减少 5m；当房间位于袋形走道两侧或尽端时，应按本表的规定减少 2m。
3. 建筑物内全部设置自动喷水灭火系统时，其安全疏散距离可按本表及注 1 的规定增加 25%。
4. 楼梯间的首层应设置直通室外的安全出口或在首层采用扩大封闭楼梯间。当层数不超过四层时，可将直通室外安全出口设置在离楼梯间小于等于 15m 处。
5. 房间内任一点到该房间直接通向疏散走道的疏散门的距离不应大于中规定的袋形走道两侧或尽端的疏散门至安全出口的最大距离。
6. 两个安全出口之间的距离不应小于 5m。位于两个安全出口之间的房间，当其建筑面积不超过 60m 时，可置一个门，门的净宽不应小于 0.9m。医院建筑中位于走道尽端的房间，当其建筑面积不超过 75m 时，可设置一个门，门的净宽不应小于 1.4m。

2）疏散楼梯间和楼梯

疏散用的楼梯间应能天然采光和自然通风，并依靠外墙设置；楼梯间内不应设置烧水间、可燃材料储藏室、垃圾道；楼梯间内不应有影响疏散的突出物或其他障碍物；楼梯间内不应敷设甲、乙、丙类液体管道；医院建筑的楼梯间内不应敷设可燃气体管道（图 3-54）。封闭楼梯间除符合疏散楼梯的规定外，尚应符合下列规定：当不能天然采光和自然通风时，应按防烟楼梯间的要求设置；楼梯间的首层可将走道和门厅等包括在楼梯间内，形成扩大的封闭楼梯间，但应采用乙级防火门等措施与其他走道和房间隔开；除楼梯间的门外，楼梯间的内墙上不应开设其他门窗洞口。

防烟楼梯间应符合以下规定：当不能天然采光和自然通风时，楼梯间应设置防烟或排烟设施，应设置消防照明设施；在楼梯间入口处应设置防烟前室、开敞式阳台或凹廊等。防烟前室可与消防电梯间前室合用。前室的使用面积：医院建筑不应小于 6.0m²；合用前室的使用面积：医院建筑不应小于 10 m²。疏散走道通向前室以及前室通向楼梯间的门应采用乙级防火门；除楼梯间门和前室门外，防烟楼梯间及其前室的内墙上不应开设其他门窗洞口；楼梯间的首层可将走道和门厅等包括在楼梯间前室内，形成扩大的防烟前室，但应采用乙级防火门等措施与其他走道和房间隔开。

图 3-54　疏散楼梯间

建筑物中疏散楼梯间在各层的平面位置不应改变；地下室、半地下室的楼梯间，在首层应采用耐火极限不低于 2h 的不燃烧体隔墙与其他部位隔开并直通室外，当必须在隔墙上开门时，应采用一级防火门。地下室、半地下室与地上层不应共用楼梯间，当必须共用楼梯间时，在首层应采用耐火极限不低于 2h 的不燃烧体隔墙和乙级防火门将地下、半地下部分与地上部分的连通部位完全隔开，并有明显标志。疏散用楼梯和疏散通道上的阶梯不宜采用螺旋楼梯和扇形踏步，当必须采用时，踏步上下两级所形成的平面角度不应大于 10°，且每级离扶手 250mm 处的踏步深度不应小于 220mm。医院建筑的室内疏散楼梯两梯段扶手间的水平净距不宜小于 150mm。

建筑中的疏散走道、安全出口和疏散楼梯以及房间疏散门的各自总宽度应根据人数计算确定。安全出口、房间疏散门的净宽度不应小于 0.9m，疏散走道和疏散楼梯的净宽度不应小于 1.1m。医院建筑的楼梯最小疏散宽度不应小于 1.3m。高层建筑内走道的净宽，应按通过人数每 100 人不小于 1m 计算；高层建筑首层疏散外门的总宽度，应按人数最多的一层每 100 人不小于 1m 计算。首层疏散外门和走道的净宽不应小于表 3-16 规定。

首层疏散外门和走道的净宽 （单位：m）　　　　表 3-16

高层建筑	每个外门的净宽	走道净宽	
		单面布房	双面布房
医院	1.30	1.40	1.50

3）消防电梯施工要求

消防电梯的功能主要是用于消防队员尽快到达起火地点进行灭火用，因此要求火灾发生时消防电梯到达一层，等待消防队员使用。工程设计中通常不考虑消防电梯的疏散功能，但美国"9·11"事件表明消防电梯有疏散功能。对于医院这样一个特殊场所，患者在紧急状态下自我行走的能力相对较差，因此电梯的疏散功能建议充分利用。

高层医院建筑应设消防电梯，当每层建筑面积不大于 1500m² 时，应设 1 台。当大于 1500m² 但不大于 4500m² 时，应设 2 台。当大于 4500m² 时，应设 3 台。消防电梯可与客梯或工作电梯兼用，但应符合消防电梯的要求。

消防电梯宜分别设在不同的防火分区内。医院建筑消防电梯间应设前室，其面积不应小于 6.00m²；当与防烟楼梯间合用前室时，其面积不应小于 10m²。消防电梯间前室宜靠外墙设置，在首层应设直通室外的出口或经过长度不超过 30m 的通道通向室外。消防电梯间前室的门，应采用乙级防火门或具有停滞功能的防火卷帘。消防电梯的载重量不应小于 800kg。消防电梯井、机房与相邻其他电梯井、机房之间，应采用耐火极限不低于 2h 的隔墙隔开，当在隔墙上开门时，应设甲级防火门。消防电梯的行驶速度，应按从首层到顶层的运行时间不超过 60s 计算确定。消防电梯轿厢的内装修应采用不燃烧材料。

4）避难层（避难间）施工要求

（1）建筑高度大于 100m 的医院建筑，应设置避难层（间）。

避难层（间）应符合下列规定：

①第一个避难层（间）的楼地面至灭火救援场地地面的高度不应大于 50m，两个避难层（间）之间的高度不宜大于 50m。

②通向避难层（间）的疏散楼梯应在避难层分隔、同层错位或上下层断开。

③避难层（间）的净面积应能满足设计避难人数避难的要求，并宜按 5.0 人 /m² 计算。

图 3-55　避难层（间）

④避难层可兼作设备层。设备管道宜集中布置，其中的易燃、可燃液体或气体管道应集中布置，设备管道区应采用耐火极限不低于 3.00h 的防火隔墙与避难区分隔。管道井和设备间应采用耐火极限不低于 2.00h 的防火隔墙与避难区分隔，管道井和设备间的门不应直接开向避难区；确需直接开向避难区时，与避难层区出入口的距离不应小于 5m，且应采用甲级防火门。

避难间内不应设置易燃、可燃液体或气体管道，不应开设除外窗、疏散门之外的其他开口。

⑤避难层应设置消防电梯出口。

⑥应设置消火栓和消防软管卷盘。

⑦应设置消防专线电话和应急广播。

⑧在避难层（间）进入楼梯间的入口处和疏散楼梯通向避难层（间）的出口处，应设置明显的指示标志。

⑨应设置直接对外的可开启窗口或独立的机械防烟设施，外窗应采用乙级防火窗。

（2）高层病房楼应在二层及以上的病房楼层和洁净手术部设置避难间。避难间应符合下列规定：

①避难间服务的护理单元不应超过 2 个，其净面积应按每个护理单元不小于 25.0 m^2 确定。

②避难间兼作其他用途时，应保证人员的避难安全，且不得减少可供避难的净面积。

③应靠近楼梯间，并应采用耐火极限不低于 2.00h 的防火隔墙和甲级防火门与其他部位分隔。

④应设置消防专线电话和消防应急广播。

⑤避难间的入口处应设置明显的指示标志。

⑥应设置直接对外的可开启窗口或独立的机械防烟设施，外窗应采用乙级防火窗。

3. 医院疏散系统验收

1）疏散楼梯间和楼梯的验收应符合下列要求：

（1）主控项目

疏散楼梯的平面布置、楼梯的形式和数量符合设计规范要求，楼梯护栏、扶手按设计施工、安装完毕。

验收方法：对照通过审核的施工图全数检查。

疏散楼梯梯段的宽度允许偏差不大于 −50mm。

验收方法：选择疏散楼梯扶手与楼梯隔墙之间最窄处测量，扶手外沿到楼梯隔墙之间最小的水平距离为疏散楼梯的宽度。全数检查。

疏散楼梯间首层与地下层出入口处采用隔墙、乙级防火门隔开；首层有直通室外的出口，或通过公用门厅到达室外。

验收方法：全数检查。

防烟楼梯间前室、消防电梯前室及其合用前室的面积符合设计及规范、标准要求，其允许偏差不大于 −5%。

验收方法：对照通过审核的施工图现场核实。标准层抽查 1~2 层，非标准层全数检查。疏散楼梯间及防烟楼梯间前室无可燃气体管道和甲、乙、丙类液体管道通过，局部水平通过的其保护钢套管应密闭，钢套管两端应穿越墙体，套管与墙体之间的缝隙应用不燃材料填塞密实。

验收方法：沿管道敷设沿线抽查 2 处以上。

疏散楼梯间及防烟楼梯间前室四周隔墙上施工留下的孔洞采用不燃材料封堵密实。

验收方法：按楼层总数的 20% 抽查，并不得少于 5 层，少于 5 层的全数检查。

（2）一般项目

楼梯间及其前室杂物、建筑垃圾清理干净，疏散楼梯上下畅通，无影响人员疏散的障碍物。

验收方法：按楼层总数的 20% 抽查，并不得少于 5 层，少于 5 层的全数检查。

2）安全出口验收应符合下列要求

主控项目

（1）建筑安全出口的设置位置、数量符合设计及规范要求。

验收方法：对照通过审核的施工图现场检查。标准层抽查20%，但不得少于3层，不足3层的全数检查；非标准层全数检查。

（2）安全出口、疏散走道的宽度符合设计及规范、标准要求，其允许偏差不大于−90mm。

验收方法：现场测量，标准层抽查20%，并不得少于3层，不足3层的全数检查，非标准层全数检查。

（3）安全出口、疏散走道畅通，无影响人员疏散的障碍物。疏散走道、安全出口上的门应向疏散方向开启。

验收方法：按楼层总数的20%抽查，并不得少于5层，少于5层的全数检查。

（4）安全疏散距离符合设计及规范、标准要求，其允许偏差不大于2m。

验收方法：对照通过审核的施工图现场检查。标准层抽查20%，并不得少于3层，不足3层的全数检查；非标准层全数检查。房间门或住宅入户门至最近安全出口的通行距离为安全疏散距离。

3）避难层、避难间验收应符合下列要求

（1）主控项目

①避难层的设置数量及其布置楼层符合设计及规范、标准要求，并按设计施工完毕，满足使用要求。

验收方法：对照通过审核的设计施工图现场核实。

②通向避难层的防烟楼梯在避难层的构造形式符合设计及规范、标准要求，人员应通过避难层方能上、下。

验收方法：全数检查。

③避难层内的应急广播、消防专用电话、防烟设施、应急照明、消火栓、自动喷淋等防火、灭火设施的设置应符合设计及规范、标准要求。

验收方法：按设计要求全数检查。

（2）一般项目

避难层（间）的面积符合设计及规范、标准要求。

验收方法：对照通过审核的施工图核实。

4）消防电梯验收应符合下列要求：

（1）主控项目

①消防电梯的平面设置位置、数量应符合设计及规范、标准要求，并施工、安装、调试完毕。

验收方法：对照通过审核的施工图，核实电梯的数量和设置位置，查验电梯调试记录。

②消防电梯轿厢内应设置专用电话且通话语音清晰。

验收方法：按每栋建筑的实际安装数量全数抽查，使用消防电梯轿厢内电话与控制中心进行1~2次通话试验。

③消防电梯手动按钮迫降、控制中心迫降、消防电梯前室火灾探测器联动（自动化程度较高的建筑）迫降功能及信号反馈功能均应正常；在模拟火灾状态下，控制中心应能控制非

消防电梯全部停于首层。

验收方法：按每栋建筑的实际安装消防电梯数量全数抽查。每一项功能试验各进行 1~2 次。消防电梯迫降首层后人员进入电梯轿厢，随机选择 1~3 层作为目的楼层，测试消防电梯能否准确到达。客梯迫降首层后应停用。

④电梯迫降层应有直通室外的出口或短距离通过公用门厅到达室外。

验收方法：现场全数检查。

（2）一般项目

①消防电梯轿厢内装修材料的燃烧性能应符合设计及规范、标准要求。

验收方法：检查装修材料的检测报告。

②消防电梯从首层到顶层的运行时间符合设计及规范、标准要求。

验收方法：将消防电梯迫降首层后，进入电梯选取顶层，用秒表测试到达顶层时间。每栋建筑抽查 1 部消防电梯。

③消防电梯的载重量符合设计及规范、标准要求。

验收方法：按照电梯检测主管部门发放的电梯铭牌核实电梯载重量。

④消防电梯间前室门口挡水设施以及井底的排水设施符合设计要求。

验收方法：对照经消防监督机构审核批准的施工图，按安装电梯楼层总数的 20% 现场检查；查验井底排水设施资料。

3.12　医院防扩散、防污染系统

3.12.1　医院防扩散、防污染系统概述

医院防扩散、防污染系统病房即为负压隔离病房，主要用于收治呼吸道传染病患者（图 3-56）。其室内的空气压力比室外低，能接受外部清洁空气，室内被患者污染的空气经特殊处理后不会污染环境，从而切断了空气、飞沫等传染病的传播途径。在目前尚未有人工免疫手段的情况下，负压隔离病房是控制传染源（呼吸道传染病患者、病原微生物携带者等）与切断空气、飞沫等传染病传播途径最有效的医疗设施。因此，建造良好的传染病负压隔离病房可为医护工作者提供安全可靠的工作环境，为患者提供舒适便捷的就医环境，为社会提供

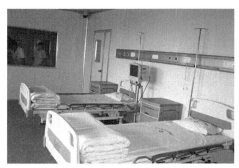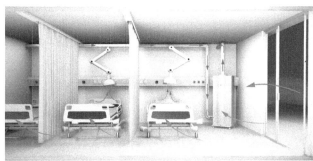

图 3-56　负压隔离病房

不污染周围环境的隔离环。

负压病房的建筑设计把负压病房的隔离分为流程隔离和空气隔离。流程隔离是通过建筑平面，严格遵守相关流程，防止病菌外泄。而空气隔离是通过洁净技术的运用，在各区域形成气压差，防止病菌向外扩散。

3.12.2　医院防扩散、防污染系统施工

1. 位置选择

医院防扩散、防污染系统病房的位置应根据医院实际情况，尽量设置在医院人流较少的地方，远离居民住宅，或安排在建筑物的最高层，或布置在病区的尽端，有独立的医护人员和病人入口和通道，若在顶层应有独立的电梯。

2. 系统结构和布局

一般认为，传染病负压隔离病房应由病室、缓冲间和卫生间组成。图 3-57 为典型负压隔离病房结构示意图，病室亦称隔离室，为收治传染病人的房间。缓冲间为医护人员工作走廊到病室的通过间，亦被称为前室、气闸室、更衣室。一般情况下，由数间负压隔离病房与医护人员用房、医技保障用房组成一个完整的传染病隔离病区，出于经济合理的考虑，病区内集中设置沐浴消毒间和污物消毒间。

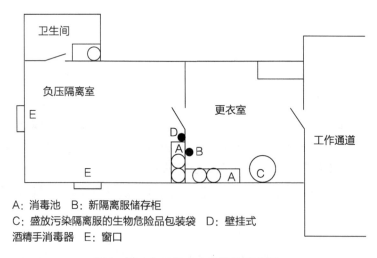

A：消毒池　B：新隔离服储存柜
C：盛放污染隔离服的生物危险品包装袋　D：壁挂式
酒精手消毒器　E：窗口

图 3-57　负压隔离病房结构示意图

3. 负压隔离病房内部设施施工要求

负压隔离病房应安装空调通风系统，病室、缓冲间、卫生间应分别设置照明设施、紫外线消毒灯（或具备相应功能的空气净化装置），紫外线消毒灯与其他照明灯应分别用开关控制。

1）病室设施要求

收治疑似病人的病室应设置 1 张病床，收治确诊病人的病室可设置 2 张或多张病床。病室内应设置氧气、吸引等床头治疗设施的接口装置（或留有放置氧气瓶和吸引器的空间）及呼叫、对讲设施。床边应有足够放置床边 X 光机、呼吸机等设备的空间，并留有医护人员抢救病人的操作空间。

病室内应有足够放置电视、饮水机、写字台等生活设施的空间，应设置电源插座和电话、有线电视接口，有条件的单位亦可在病室内安装心电信号中央监测系统或体温中央监测系统的接口及病员状况可视化中央监视系统的接口，以最大限度地减少医护人员进出病室的次数，减少被感染的概率。

病室朝向医务人员工作走廊一侧应设大尺寸透明观察窗，以便于观察患者病情。病室与医务人员工作走廊间应设双门密闭传递窗，用于为患者传递食物、药物等。

2）缓冲间设施施工要求

缓冲间内应设流动水洗手设施、污染隔离服收集器具及免接触手消毒器，有条件的单位亦可在病房缓冲间内设置新隔离服存放柜、工作台及风淋装置。为确保安全，流动水洗手设施的供水截门必须为脚踏、肘动或感应开关。通过在缓冲间内设置流动水洗手设施、手消毒器、风淋装置，可确保医护人员工作后安全离开病房。

缓冲间通向工作走廊及病室的门应安装闭门器，门上应设置观察窗，且门的宽度应保证体积较大的医疗设备能够进出。缓冲间的双门必须为连锁门，当其中一道门打开时，另一道门自动处于关闭状态。如使用电动连锁装置，断电时两道门均必须处于可打开状态。

3）卫生间设施要求

卫生间内应设坐便器、带坐位的沐浴器（或留有坐椅的空间）、流动水洗手设施等，且应安装紧急呼叫装置。可考虑卫生间与外走廊（清污走廊）间应设双门密闭传递窗，用于传递污物、废弃物等。卫生间通向病室的门应安装闭门器。

4. 建造负压隔离病房的特殊要求

1）围护结构

病房（含缓冲间、卫生间）围护结构内表面必须光滑耐腐蚀、防水，以易于消毒清洁。所有缝隙必须加以可靠密封。观察窗及所有玻璃窗必须为密封结构，所有玻璃应为不碎玻璃。地面应无渗漏，光洁但不滑。不得使用地砖和水磨石等有缝隙地面。顶棚、地板、墙间的交角应均为圆弧形且可靠密封。

2）通风空调系统

负压隔离病房必须安装独立新风空调系统，以实现负压及病室与缓冲间、卫生间之间的压强梯度要求，并控制病房内气流方向。

独立新风空调的进气口应尽可能远离烟囱、医院或建筑物的排气口、医院的负压吸引站、卫浴排水排气管等（至少相距 9m 以上），并远离其他可能吸到车辆尾气或其他有害物质的地方。进气口开口的底部至少高出地面 1.8m。进风应至少经粗、中效二级过滤，建议经粗、中、高效三级过滤，这样有利于提高病房内空气的洁净度，减少附着在尘埃粒子上的病原微生物数量。病房的排风必须经高效过滤或其他方法（如加热消毒或经其他杀菌设备处理）处理后，以不低于 12m/s 的速度直接向空中排放，排风口应高出地面 3m 以上，并尽量远离病房本身或其他建筑物的新鲜空气进口及可能开启的门窗。

病室内的气流应实现从"轻污染区"到"重污染区"做定向流动，即气流应首先通过医护人员的工作位置，然后经过感染源（病床床头附近），再到排风口。这样的气流组织形式，可以防止医护人员因为处在感染源和排风口之间而受到感染的可能。因此，气流组织设计应遵循上送下排，使气流由门口引导至病床床头的原则，排风口应置于病床床头侧面并靠近地板的位置。为使病室内的死空间最小，排风口距地高度不宜大于 150mm。为防止卫生间内的污染空气及气味大量漫入病室，卫生间应使用独立排风，卫生间使用的高效过滤器应能在100% 湿度环境下工作。

排风高效过滤器必须安装在病房围护结构上的风口内部，以避免污染风管。

应安装风机启动自动连锁装置，确保病房通风系统启动时先开启排风机后开启送风机。关闭时先关闭送风机后关闭排风机。

5. 负压隔离病房的安全装置与特殊设施施工

1）传递窗

传递窗双门不得同时打开，传递窗内应设物理消毒装置。感染性物品必须放置在密闭容器中方可通过传递窗传递。

2）控制开关及压力显示和报警装置

必须将病房通风系统的控制开关放置在病房入口处的显著位置，同时在该位置设置病室、卫生间、缓冲间的负压显示装置。当负压指示偏离预设区间必须通过声、光等手段向工作人员发出警报。

3）供电系统

负压隔离病房通风系统、照明、救治设备等用电负荷应采用专线供电。

4）后备风机系统

应设置后备进、排风机系统，在风机发生故障后可自动切换到后备风机，确保病房保持负压状态。

5）门窗

病室至少应设置一扇自然通风窗，平时关闭，但在通风系统发生故障或断电情况下开启实现自然通风。自然通风窗的锁栓应放置在病室外部。所有门必须安装闭门器，除卫生间门外，所有门应设置门锁，通向病室外部的门应有防止室内病员开启的措施。

6）标识

对于收治肺结核等一般性呼吸道传染病人的负压隔离病房，病房门上应设有粉红色的"呼吸道传染病隔离病房"的标识；对于收治白喉、病毒性出血热、SARS 等烈性呼吸道传染病人的负压隔离病房，病房门上应设有红色的"烈性呼吸道传染病隔离病房"或"严格隔离病房"的标识。

6. 负压隔离病房施工注意事项

（1）施工前全面检查建筑物的墙、楼地面、顶面与相邻区域（普通区域）有无孔洞相通，并对所有孔洞进行严密封堵。对安装预留孔，在施工完成后，须用阻燃材料进行仔细封堵，保证不留任何孔隙，以免负压病房的空气与外界串通。

（2）在医气阀门、配电箱、传递窗等设备安装完成后，要对设备四周与墙面之间的缝隙进行内外封堵，然后才可在外表进行密封胶处理。要注意自动门施工的密封性，密封胶条一定不能留缝隙。风管必须在干净的室内环境中加工，完成一段立即清洁内壁，并用薄膜封闭两端。在风管安装时，风管之间连接处要采用防火密封性良好的胶封闭四周接口。风管与墙面的间隙也必须用耐火材料先予封闭密实，再用密封胶封闭。所有的洞口与管道之间的接口都必须做密封处理。

（3）负压病房的气流组织有别于普通病房，空气由外向内对病房产生较大的压力，房间与房间之间也存在一定的压力差。在装饰过程中要注意墙面、顶棚，支撑结构安全可靠，尤其是顶棚，除了考虑顶棚本身的重量及气压对其产生的压力外，更要注意可上人。

（4）在所有施工工序完成后，应采用中性密封胶对地面、外窗、墙面、顶棚等缝隙进行全面封闭，对顶棚、墙面的所有检修孔、检修门等也均须进行密封处理，以保证负压气流的形成。

3.12.3　医院防扩散、防污染系统验收

负压隔离病房竣工后，应由设计、施工单位协助有检验资质的第三方完成全部综合验收检验项目。任何项目的检测结果都必须注明检测状态，检验后应整理完成详尽的检验报告。

1. 检查外观

通过观察、目测、触摸等方法检查病房的结构和布局、维护结构的外观质量、设备安装情况、标志等项目，检查结果应符合关于负压隔离病房结构布局、内部设施及设计和建造的相关要求。

2. 单机试运转试验

送风系统、排风系统、空调器、风淋装置、传递窗、手消毒器和其他有试运转要求的设备的单机运转应符合设备技术文件的规定，给水排水系统、电气系统及救治、监视、电话、有线电视等设备、设施的接口应工作正常。

3. 联机试运转试验

单机试运转合格后，应在空调器加热或制冷的工况下进行联机试运转试验，并不少于8h。通风空调系统、风机启动连锁装置、压力指示装置、声光报警装置等联动运转设备动

作应正确，无异常现象。

4. 静压差测定

启动通风空调系统并稳定运行后，将所有的门关闭，采用精度为 ±1Pa 的微压差计依次测量卫生间、病室、缓冲间相对病房外部环境的静压差，测量结果应符合以下要求：卫生间的相对压强以 -35Pa 为宜，病室的相对压强以 -30Pa 为宜，缓冲间的相对压强以 -15Pa 为宜，缓冲间与病室的压强梯度应大于 15Pa，病室与卫生间的压强梯度应大于 5Pa。

5. 换气次数测定

采用风口法测量病室和卫生间高效排风口的排风量、缓冲间送风口的送风量。分别用排风量、送风量除以病室、卫生间、缓冲间的体积得到病室、卫生间、缓冲间的换气次数，测量结果应满足病室、缓冲间和卫生间的换气次数在 12~15 次 /h 范围内的要求。

6. 高效过滤器的检漏

采用粒子计数器法对安装于病室、卫生间排风末端的高效过滤器整个断面、封头胶和安装框架处进行扫描检漏，由受检过滤器下风侧测到的漏泄浓度换算成的透过率，透过率应不大于过滤器出厂合格透过率的 3 倍。

7. 气流流型测定

选择病室内通过代表性送风口中心的纵、横剖面和医务人员工作区（病床侧方）高度的水平面各 1 个，测点间距为 0.2~0.5m，两个风口之间的中线上应有测点。用发烟器的方法逐点观察和记录气流流向，并在测点布置的剖面上标出流向。测量后应绘出流型图和给出分析意见，病室内的气流应满足首先流经医务人员的工作区，再到感染源（病床床头），最后到排风口的要求。

8. 微风速检验

鉴于低于 0.25m/s 的微风速难以精确测量，可采用仿真方法建立包括装具在内的病室三维模型，借助计算流体动力学（CFD）计算病室内的微风速，其中感染源（病床床头附近）上方的微风速应在 0.1~0.25m/s 范围内。

9. 室内空气温度和相对湿度的检测

在测定之前，通风空调系统应已连续运行至少 24h。选择相应具有足够精度的仪表测量病室中心点的空气温度和相对湿度值，连续进行测量 8h，每次测定间隔为 30min，测量结果应满足以下要求：病室的温度夏季时应在 24~26℃ 范围内，冬季时应在 21~24℃ 范围内；相对湿度夏季时应在 40%~60% 范围内，冬季时应在 30%~50% 范围内。

10. 噪声的测定

用声级计测量病室内的噪声，在病床床头侧方选取测试点，测试点的距地高度为 700mm，测试点的距地高度为 700mm，噪声测量值应小于 50dB（A）。

11. 病房外部排风口排风速的测量

采用风速仪测量排风口中心点的风速，测量值应大于 12m/s。以上检验项目都应符合技术要求，只要有一项不符合要求，则必须找出原因，采取改进措施并排除故障后复验，直到全部项目都符合技术要求为止。

3.13 医院智能化系统

3.13.1 医院智能化系统概述

医院智能化系统建设应参照国家智能建筑设计标准，合理考虑维护与操作的可行性、经济性、产品选型和最佳性价比，技术适当超前，并充分考虑功能和技术的扩展。

1. 医院智能化系统的主要配置（表 3-17）

医院建筑智能化系统配置选项表　　　　表 3-17

智能化系统			一级医院	二级医院	三级医院
智能化集成系统	智能化信息集成（平台）系统		○	◎	●
	集成信息应用系统		○	◎	●
信息设施系统	信息接入系统		●	●	●
	布线系统		●	●	●
	移动通信室内信号覆盖系统		●	●	●
	用户电话交换系统		◎	●	●
	无线对讲系统		●	●	●
	信息网络系统		●	●	●
	有线电视系统		●	●	●
	公共广播系统		●	●	●
	会议系统		◎	●	●
	信息引导及发布系统		●	●	●
建筑设备管理系统	建筑设备监控系统		◎	●	●
	建筑能效监管系统		○	◎	●
公共安全系统	安全技术防范系统	火灾自动报警系统	按国家现行有关标准进行配置		
		电子巡查系统			
		视频安防监控系统			
		出入口系统			
		电子巡查系统			
	停车场管理系统		○	◎	●
	安全防范综合管理（平台）系统		○	◎	●
	应急响应系统		○	◎	●

智能化系统		一级医院	二级医院	三级医院
机房工程	信息接入机房	●	●	●
	有线电视前端机房	●	●	●
	信息设施系统总配线机房	●	●	●
	智能化总控室	●	●	●
	信息网络机房	◎	●	●
	用户电话交换机房	◎	●	●
	消防控制室	●	●	●
	安防监控中心	●	●	●
	智能化设备间（弱电间）	●	●	●
	应急响应中心	○	◎	●
	机房安全系统	按国家现行有关标准进行配置		
	机房综合管理系统	◎	●	●

注：●—应配置；◎—宜配置；○—可配置。

2. 医院智能化系统的主要构成

按医院智能化子系统的技术类别，将智能化系统细分为七大类子系统：

（1）网络通信系统：为智能化提供可靠的通信传输通道和网络平台。

（2）安全防范系统：针对医院可能的偷盗和医患纠纷发生案件而设立系统，保护人身、财产和信息安全，其他防范的对象主要是人和车。

（3）多媒体音视频系统：主要是有关音频和视频的子系统的集合。

（4）楼宇自控系统：医院主要机电设备的计算机监控和管理，为医护人员和病患家属提供舒适环境的系统，起到节能减排和科学管理的功能。

（5）医院专用系统：提供医疗业务应用所需的特定功能的智能化系统，其与医院的业务和流程关联紧密，专业性非常强。

（6）机房工程：包括机房工程和综合管路两部分。

（7）医院信息化系统：智能化的应用层面，决定着综合布线、计算机网络和主机存储建设的方案规范。

3.13.2 医院智能化系统施工

1. 网络通信系统

网络通信系统是为确保医院内部之间以及与外部信息通信网的互联，对语音、数据、图像和多媒体等各类信息予以接收、交换、传输、存储、检索和显示等综合处理的，提供实现医院业务及管理等应用功能的信息通信基础设施。主要包括综合布线系统、无线网络系统、计算机网络系统、主机及存储系统、电话交换系统、移动通信覆盖系统、标准网络时钟系统等。

1）电话交换系统

电话交换系统是医院业务开展过程中，为医务、管理和患者提供通话服务的功能。

（1）系统组成

主要设备包括公共主机系统、普通模拟用户、数字用户、市话数字中继、中分话务台、端口语音邮箱、系统维护中断等。

（2）主要功能

语音程控交换机主要是为医护人员和患者提供较快捷、较多的语音服务功能，以降低通话费用，实现医院低成本运营。

电话交换系统根据医院的业务需求，设置相应的无线数字寻呼系统或其他群组方式的寻呼系统，以满足医院内部紧急寻呼的需求。

程控交换机的呼叫处理功能包括分机间呼叫、本网内特种业务呼叫、投币电话、磁卡电话、IC 卡等带有计费设备的终端、与其他用户交换机间的呼叫、对用户的权限识别、话务员功能等。

（3）技术要点及安装要求

①以工程的实际需求为主、并考虑设备的扩容与功能的扩展，预留发展余地。

②所选的交换设备应具有国家相应检测机构发放的入网许可证。

2）标准网络时钟系统

标准网络时钟系统是从卫星或互联网时间产生的时钟信号为标准时钟信号源，作为标准时间源对母钟的时钟信号源进行校准，为医院各业务流程和生产运行部门的工作提供统一、标准的时间，同步各计算机系统的时间。

（1）系统组成

标准网络时钟系统由时间服务器、时间同步系统、WEB 管理软件、网络子时钟、通信控制器等部分构成。

（2）主要功能

医院标准网络时钟系统主要有两方面功能，一方面是为全医院各应用系统提供校时功能，避免因时间导致的数据混乱、管理隐患和医疗安全隐患；另一方面，还为公共区域和特殊区域提供标准时钟显示，为患者和工作人员提供准确的时间信息，为整个医院的运营提供最基础的标准秩序保证。

（3）技术要点与安装要求

①医院标准网络时钟系统，宜共用医院现成的网络平台，避免单独布线，先用带 POE 供电模式的电子时钟，以简化施工。

②电子时钟或双屏安装在公共区域与特殊功能区域，应根据现场环境，与装饰配合，做好预留预埋，以方便后期的设备安装。

2. 多媒体音视频系统

1）信息发布系统

信息发布系统是将医院常规的 LED 大屏、电视机、排队叫号屏、广告屏等公共区域各类信息显示屏集成整合，形成高集成的信息发布系统。

（1）系统组成

信息发布系统是一个联网控制的综合显示平台，由各类显示屏、控制器、显示服务器、管理服务器、接口服务器和管理工作站组成，整个系统运行在医院现有的 TCP/IP 网络平台上，实现联网控制。

（2）主要功能

信息发布系统是医院信息发布平台，负责公共区域的显示屏的集中控制和各类信息发布。

①授权在线控制：系统管理员通过分配各部门的客户端，给相关管理人员授权，实现分散权限管理。

②多媒体信息发布：各部门信息发布由各自的业务系统自行完成，完成后通过接口在医院信息发布系统平台上进行发布。

（3）技术要点和安装要求

①信息发布系统与多个系统有接口，施工时应按所投标的产品，预先进行接口配合。

②公共区域显示屏的供电，需与强电专业配合，确定电源预留位置和负荷，以及显示屏电源开关位置。

2）自助查询系统

自助查询系统是医院信息发布系统的补充，为病人提供特定的某种信息。系统提供多种信息查询服务，包括医院综合导引系统、医疗科普信息、化验检查单信息、药品信息和政策法规信息等医院认为可以提供的信息。

（1）系统组成

由自助查询一体机或查询电脑、查询客户端软件、查询服务器和数字库组成，系统根据提供的信息需求，单机或联网运行。

（2）主要功能

患者或家属可以通过系统查询医院基本引导信息、就医引导信息、查化验信息、相关政策；患者可以根据使用就医卡或者身份唯一信息授权查询本人相关就医信息，或打印化验报告、完成预约诊疗自助服务。

（3）技术要点与安装要求

①自助查询系统一方面要考虑信息化业务服务的内容，同时要考虑网络配置方面的条件。

②查询终端设备需在施工前确定型号，以便线路施工的配合。

3. 综合安防系统

医院安防系统一般包括视频监控系统、实时报警系统、电子巡查管理系统、门禁管理系统、停车场管理系统、火灾自动报警系统等。

1）医院门禁控制系统

门禁系统目的在于对人员的流动进行合理的监管和控制。

（1）系统组成

门禁控制系统一般由识读部分、管理控制部分、执行部分组成。

识读部分是门禁系统的前端设备，负责实现对出入目标的个性化探测任务。

管理控制部门用来接收识读设备发送来的出入人员信息，同已设置存储的信息相对比，判断后发出控制信息，开启或拒绝开启出入执行机构。

执行部分接收从管理系统发出来的控制命令，在出入口做出相应动作，实现门禁控制系统的拒绝与放行操作。

（2）主要功能

①对重要场所（挂号收费处、手术室、ICU 病区、血库、药房、污染区、员工电梯等）的出入口实施管控。

②可分部门进行权限、数据管理。

（3）技术要求

①系统应由现场报警、向值班员报警功能，报警信号应为声光提示。

②系统应由人员的出入时间、地点、顺序等数据的设置，记录保存时间不少于 30d，并有防篡改和防销毁等措施。

③系统应设置可靠的电源；当供电不正常、断电时，系统的各类信息不得丢失。

2）医院应急指挥系统

医院应急指挥系统是针对自然灾害、事故灾难、公共卫生、医院安全等突发公共事件的抢险救援活动，实时组织领导的一个科学、有效、运转良好的组织。

（1）系统组成

医院应急指挥系统一般由信息采集、显示、播放系统，综合指挥会议室和视频会议系统，计算机网络、通信系统、综合布线和不间断供电系统组成。

（2）主要功能

①具备图像、声音、文字和数据信息的采集、汇聚、显示、发布、分析研判等功能；

②具备上述信息的整合和上下级之间信息共享功能；

③具备召开视频会议、进行事件研讨协调、发布处置指令的功能。

（3）技术要点和安装要求

①各级医疗管理部门和医院应急综合指挥中心会议室面积和视频会议系统容量应满足应急指挥体系的需求。

②电话通信系统来电回访时应清晰可辨，通话记录保存时间不少于 30d。

③为应急指挥系统设置备用电源，保证意外停电后主要设备可运行 8h 以上。如果停电时间超过规划能力，应配备应急发电设备。

4. 医院专用系统

医院专用系统是提供医疗特定功能的智能化系统。

1）整体数字化手术与手术示教系统

手术示教系统是通过智能化的音视频技术、网络技术和控制技术，将手术现场的图像、声音上传到网络，供授权用户进行观看。

（1）系统组成

系统主要由手术室、手术主控室、中央监控室、各网络教学空间等组成。

（2）主要功能

①手术过程的完整信息整合和记录。

②手术室内外通信。

③工作协调与科室管理。

④教学科研与学术交流。

⑤手术过程资料保存管理。

（3）技术要点和安装要求

①系统安装环境需注意温湿度控制、电磁干扰等。

②设备安装在机架内需主要周围有足够的散热空间。

③检查供电电源与设备标识电源是否一致，设备电源以及接地端应有绝缘保护，不可裸露在外，电源线应为阻燃型。

2）医用对讲系统

医用对讲系统是解决病人遇事呼叫护士一声，以及医护人员在处理现场向护士站求助情形而设立的系统。

（1）系统组成

医用呼叫系统一般用于病房与护士站之间，系统由计算机、护士站主机、病房门口分机、走廊显示屏、病床处的对讲机等组成。

（2）主要功能

①基本护理通信功能，即病患或家属与护理人员之间的实时呼叫、通话。

②信息管理通信功能，实现护理通信系统与医院信息管理系统联网，支持护理信息查看，护理人员电子照片显示，相关医疗信息推送等。

（3）技术要点与安装要求

①安装前应确保线路无断路、短路、接地等现象。

②分机应水平安装，保证高度、间距一致。

3）排队叫号系统

排队叫号系统是一种综合运用计算机、网络、多媒体、通信控制的高新技术产品，以取代各类服务性窗口传统的由顾客站立排队的方式，改由计算机系统代替客户进行排队的产品。

（1）系统组成

系统通常由接口软件、服务器端、客户端、排队应用软件、传输网络、显示屏等组成。

（2）主要功能

系统主要功能是排队管理和排队呼叫，通过显示和声音提示设备，通知候诊患者按序到医生处就诊、窗口取药或相关医技科室接受检查。

（3）技术要点和安装要求

①系统应考虑与相关子系统的接口配合技术要求，使系统操作、维护便捷。

②显示设备安装时，安装位置、安装方式、具体款式需与建筑布局、精装方案密切配合。

4）探视对讲系统

（1）系统组成

探视系统一般由隔离病房部分（摄像机、显示终端、语音对讲终端等）、控制部分（护士站管理工作站、服务器、视频软件等）和家属探视端部分（摄像机、显示终端、语音对讲终端和遥控键盘等）组成。

（2）主要功能

在医院中，隔离病房因病情或病房管理原因，家属与亲友不能直接探视病人，因此依靠探视对讲系统，通过音视频网络远距离进行探视交流。

（3）技术要点和安装要求

①应设立权限管理，使对话局限于亲属间，保护个人隐私。

②隔离病房的摄像机等前端设备，根据隔离病房性质，采用固定或移动的方式。

3.13.3　医院智能化系统验收

（1）建设单位应按合同进度要求组织人员进行工程验收。

（2）系统验收时，施工方需提供完整系统自检记录、分项工程质量验收记录、试运行报告、系统检测记录，培训记录等。

（3）建设单位应组织工程验收小组负责系统验收，验收人员的总数应为单数，其中专业技术人员的数量不应低于验收人员总数的 60%。

（4）系统验收，应符合《智能建筑工程质量验收规范》GB 50339—2013 的规定。

3.14　医院装饰装修工程

3.14.1　医院装饰装修工程概述

随着生物医学模式向生物 - 心理 - 社会医学模式的转变，环境这一影响疾病治疗的因素愈来愈受到人们的重视。对医院环境，尤其是对室内环境的设计与装饰，发达国家研究起步较早，发展速度较快，发展程度也较高，研究体系和深度都已达到相当水平。而国内在这方向起步较晚，改革开放前，医院室内环境的设计色调单一，装饰简单。改革开放后，特别近十年来，随着国民经济的飞速发展和人民生活水平的不断提高，医院室内环境设计与装饰得到快速发展。目前，医院建筑的装饰与装修已成为医院建设工程的主要内容之一。在建设成本上，装饰装修部分占工程总造价比例逐年提高；在建设工期上，装饰装修已占整个工程工期的一半以上。医院建筑装饰与装修已成为一门独立的行业或学科，逐步从建筑专业中析出，众多的医院建筑装饰设计公司也如雨后春笋般成立和发展，带动和促进了医院建筑装饰装修的兴起，推动医院疗养环境品质不断提升。

3.14.2 医院装饰装修工程一般要求

医院装饰装修工程主要由外墙装饰与装修工程、室内非诊疗空间装饰装修工程及室内诊疗空间装饰与装修工程组成。

室内非诊疗空间包含：入口空间（门诊厅、急诊厅）、候诊空间（候诊区、候诊室）、交通空间（医院街、公共走廊、电梯厅）、辅助空间（公共卫生间）等。

室内诊疗空间包含：诊室、检查室、病室、护士站、洁净用房（手术室、ICU、消毒供应室）等。

1. 外墙装饰装修工程一般要求

外墙装饰装修主要考虑以下几个因素：技术规范因素、环境气候因素、文化艺术因素、经济造价因素等。

常用的外墙装饰与装修材料有以下 7 种，分别为：涂料类、面砖类、石材类、金属类、玻璃类、碎屑类、保温防火装饰板类。

外墙装饰装修工程与传统房建无太大差异，这里就不一一赘述。

2. 室内非诊疗空间装饰与装修工程施工要求

1）入口空间：门诊厅、急诊厅

目前，国内新建医院多采用多层共享大厅的设计，因此装饰与装修应与这一建筑设计风格相匹配，可采用玻璃隔断封闭各层环廊，多采用自然光与通风，解决好采光照明以及噪声控制等问题（图 3-58）。

顶棚：通常采用成品铝板、铝塑板或石膏板造型顶棚，拉模顶棚，配合灯光。由于大厅人多嘈杂，多采用吸声性高的装饰材料。

墙面：尽量使用亚光材料，多使用抗倍特板、索洁板、纤丝板、高强度的大薄瓷砖等人造板材。局部墙面或柱子可采用大理石、花岗岩、人造石材。墙面材料面积最大，局部可采

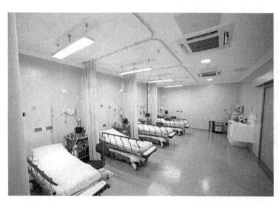

图 3-58 医院门诊厅、急诊厅

用吸声材料。

地面：宜选用耐磨、耐久、耐污染、易清洁、不易烧灼、划痕或损毁的地面材料，材料颜色应同墙面颜色协调匹配。材料尺寸可选用 80~200mm，以减少砖缝，美观实用。

照明：尽可能多地自然采光、通风。光源宜采用金属卤化物灯和高功率筒灯，单层高度的尽量选用环保节能的 LED 灯具。

标识：地面标识、墙面标识、顶面标识要与智能化信息系统有机结合，清晰地展示医院各区域功能，有效地分流和指引患者（图 3-59）。

专业标识、顶棚灯箱标识、墙面标识、各科室标识等应与医院装饰与装修设计同步，风格应协调统一（图 3-60）。顶棚上应为标识预留好空间和线路，尽量采用明晰的图形与文字配套，如人性化的图形符号。

图 3-59　现代医院地面、墙面标识图

图 3-60　人性化的图形符号图

设施：大厅设施和装饰应根据实际需求设置，如休息座椅、自动扶梯、垂直电梯、电子大屏幕、ATM 机、自助查询机、自助挂号机、自助报告/取片机、室内绿化、壁画等，满足患者需要，体现人文关怀（图 3-61）。

图 3-61　医院大厅设施

2）候诊空间：候诊区（室）

候诊区（一次候诊）应采用厅式候诊，二次候诊可采用廊式候诊。面积条件许可时，在候诊区内也可专门设置封闭或半封闭的"特殊候诊区",放置沙发或软座,以满足高龄患者、对噪声敏感的心脏病患者、腰椎不能就坐患者的需求(图3-62)。儿科候诊区应设哺乳室和婴儿打理台。

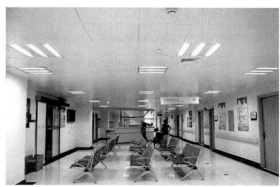

图 3-62 医院候诊区(室)

顶棚:顶棚应尽量采用吸声材料。通常采用成品冲孔铝板、石膏板、微孔矿纤板等。走廊顶棚设备管路比较多,优先选用可开启的系统顶棚以方便后期维护。

墙面:候诊区墙面宜采用耐擦洗、抗碰撞材料。一般选用耐擦洗乳胶漆等涂料装饰,施工方便,造价经济。条件允许,亦可选用抗倍特板、陶瓷薄板、索洁板、防火板、人造石等材料。除了乳胶漆,其他材料都会有接缝问题,建议用与墙材颜色一致的透明玻璃胶(调色)来处理。采用成品金属收边条处理也能达到理想效果。

地面:多选用防玻化砖或耐磨PVC橡胶卷材,专科医院或特需诊区亦可选用经过抑菌处理的地毯或复合地板。对门诊候诊区,建议选用脚感好的PVC卷材或橡胶卷材。对急诊急救候诊区,建议选用耐用玻化砖。地面与墙面的踢脚线,建议采用成品PVC收边条或成品铝合金收边条。

设施:应配备电子叫号显示屏或电视LED屏,使患者及时知道自己的候诊排队情况。应设有饮水设备、轮椅、公共电话、ATM机、信息查询机等,候诊座椅要舒适、耐用。儿科候诊区门、窗、候诊座椅高度、宽度等要适合儿童特点,宜小巧玲珑。条件允许,可单独设置儿童游乐区。

色彩:针对不同候诊人群的特点,候诊区空间的色彩也应有所不同。如口腔科选用浅蓝色、神经内科选用淡紫色、产科选用暖色,适当搭配浅紫色等儿科候诊区的颜色应丰富多彩,适合儿童感知鲜艳、活泼、趣味等特点。

环境:最好自然采光、通风。建筑条件允许时,候诊区与室外景观连通,如步入式园林、儿童乐园等,满足患者候诊时自然活动的需求。

PVC地板(图3-63)施工要求:

(1)PVC地板的施工对基层的要求较高,地面的好坏影响并决定PVC地板的施工效果和使用性能。

图 3-63 医院 PVC 地板

（2）平整度：2m 范围内用 2m 直尺检验，平整度小于 2.5mm，最大空隙不得超过 2.5mm。

（3）地面基本要求：水泥地表面不能有起沙现象。

（4）地面硬度：找平层水泥、砂浆体积比应小于 1∶3。要求用大厂水泥，水泥混凝土强度等级不小于 C20，表面硬度不应小于 2MPa。检测地表硬度用锋利的锉子快速切锉地面，无痕迹或槽。（因 PVC 地板是采用胶粘剂粘贴于地表所以对地坪硬度要求较高。）

（5）地面表面光滑度：地面基础表面要光滑平整，要求"抹光收面"（就是用泥水匠的铁抹子等砂浆层未干时进行收浆、抹光）。

（6）地面裂缝：地基沉降如有产生缝隙不得超过宽度 1.0mm 的裂缝。

（7）地面密实度：地面表面不得过于粗糙，不得有过多孔隙，更不能有洞和坑洼，地面表面要平整、光洁。

（8）地表湿度：地面基础含水率小于 8%，并在施工前保持地表干燥。

（9）地表清洁度：地面表面保持清洁，不能有油污、油漆、地板蜡、化学涂料等残余物质必须去除方可施工。

（10）上墙部位及阴阳角标准：如果 PVC 地板上墙，对上墙部位的墙面及阴阳角的要求较高，上墙部位应平整光滑，阴阳角要非常直，用 2m 直尺检测：墙面及阴阳角的缝隙及弯曲度不能超过 1.5mm。（阶梯会议室要求一样）

（11）距地面 250mm 墙面漆应于地板完成施工后进行，否则易引起污染。

（12）地面标高：门底边距地面高度不会因铺贴地板而影响门的开启。

（13）无交叉施工：自流平施工期间、地板粘贴期间应无交叉施工，其他任何工种应保证不对自流平及地板造成破坏。

3）交通空间：医院街、公共走廊、电梯厅

医院街、公共走廊、电梯厅等交通空间是医院各种流线的交叉，是人员流量最多的公共场所。他们既是一个个相对独立的功能空间，又紧密关联，是装饰装修的重点区域之一。在尺度和衔接处，要有很好的过渡；在装饰装修风格上，应既有变化、又协调统一，同时兼顾与相连内部空间的有机结合。医院街、公共走廊、电梯厅更应突出棚面、墙面、地面立体标识导视系统的设计与制作。

（1）医院街（图3-64）

医院街两侧可设计成"艺术长廊"或"文化长廊"，充分展示医院形象。可设置咖啡（茶）厅、商务中心、便利商店、鲜花店、理发店、快餐厅、休闲厅等区域，为患者、亲属及医护人员提供便利。服务亦可增设盆景、植物、雕塑等景观要素，使空间生动、亲切、自然。

图3-64　医院街

（2）公共走廊（图3-65）

顶棚：顶棚材料和形式应易于拆卸，方便顶棚内的管线维修。

墙面：墙面材料应具有抗碰撞、抗污染等性能。优先采用成品踢脚线、护墙板、护角板、防撞扶手等。如需设置座椅，宜采用固定于墙面的折叠式座椅。应避免两侧墙壁大面积单调白色。

地面：地面材料应选择耐磨、耐腐蚀、防滑、降噪的材料，如石材、瓷砖、PVC橡胶地板等。

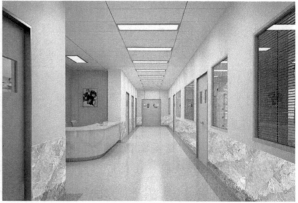

图3-65　公共走廊

（3）电梯厅（图 3-66）

电梯入口应设计成斜边，以增大乘人、轮椅、病床等进出角度。电梯轿厢内至少应设置两处楼层按钮和盲人按钮，并应在 1.7m 以上高度设置清晰易懂的标识导视系统。电梯厅顶棚应采用吸声材料或增加造型层次，以降低噪声。墙面、地面多采用石材、瓷砖等，造型应简洁、美观、大方。

图 3-66　医院电梯厅

4）辅助空间：公共卫生间

公共卫生间要适合各种人群的使用。每层门诊应有残疾人无障碍卫生间，平面净尺寸不应小于 2m×2m。普通卫生间平面净尺寸不应小于 1.1m×1.5m，门开启方向为内外开，门里门外都可以开启。坐便器旁应设置呼叫按铃、输液挂钩、助力扶手等。地面应选用防滑瓷砖，尺寸在 300mm×300mm 以下，形成散水坡度。每个公共卫生间都应设置一定比例的坐便器，方便老年人或行动不便的患者使用。条件允许，可选用挂墙式坐便器，便于打理。洗手盆开关应选用感应水龙头，防止交叉感染。儿童卫生间洗手台的高度应符合儿童的适用高度，蹲便池、坐便器的大小亦应符合儿童需求。在儿科或新生儿科附近，宜设置家庭卫生间、哺乳室和婴儿打理台等。

3. 室内诊疗空间装饰装修工程一般要求

室内诊疗空间是患者接收诊疗服务最直接的空间，也是医护人员的日常工作场所。基本原则是在以人为本的前提下，兼顾美观性与实用性，着重整体色调和室内环境布置，充分尊重和满足患者就诊住院以及医护人员工作的需要，为他们营造一个温馨亲切的空间。

1）诊室（图 3-67）

诊室平面布局应设计成患者与医生各自二角活动区域，医生、患者的流线互不干扰，形成一个合理流畅的诊疗空间，诊桌的布局应遵循"右手"原则。

色彩：一般诊室宜用浅色调，以米黄或白色为主，能够舒缓患者情绪。妇产科宜采用粉红色系作为主要装饰色调，儿科宜采用符合儿童心理的活泼颜色。

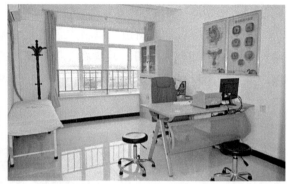

图 3-67　医院诊室平面布置图

顶棚：一般采用轻钢龙骨双层纸面石膏板整体顶棚，以隐蔽各类管线和空调室内机体等，注意留好检修口。在造价允许的范围内，一般采用冲孔铝板、玻纤板达到更好的吸声降噪效果，不易变形、便于维护。

墙面：一般采用浅色调或白色抗菌乳胶漆、抗菌釉面漆，造价允许范围内可采用海基布或纯纸壁纸，以及各种人造环保板材。窗帘宜采用布幔窗帘、遮光卷帘、百叶等，要注意色泽花纹的搭配。

地面：一般采用防滑地砖、PVC 橡胶地板，材质色彩可与导视系统结合。如采用地砖，应用美化剂进行美化处理。踢脚宜采用不突出墙面的设计形式，并在与地面结合处采用倒圆角处理。

设施：室内设施要与公共空间整体风格一致，诊桌、椅子、橱柜、门、窗、窗帘盒等造型、色泽、纹理材质应协调统一。检查床周要配置幔帘，保护患者隐私。治疗用的设施、器具等，安置位置应合理，线路管路注意隐蔽不同诊室、如妇科诊室，设施应具有个性化特点。

2）检查室（图 3-68）

不同科室检查室的设备设施各不相同，装饰与装修必须满足设备的要求。要重点处理好防辐射、防噪声、防静电等设备因素。在装饰上对检查室进行美化处理，为患者提供温馨的检查环境，为医护人员提供合理的操作空间和设施。

色彩：患者在检查室更容易产生心理恐惧，因而检查室色彩宜采用暖色系，营造出自然温馨的室内环境

顶棚：顶棚如安装设备，应设计适合、稳固的刚性支撑结构。最低限度的顶棚高度建议为 3m 左右。

顶棚的材料选择应便于安装、维修、改造。可通过绘画、LED、投影等形式，在棚面显示蓝天白云或其他装饰画等，以减轻高科技设备给患者带来的冰冷感。棚面灯光宜采用泛光软膜照明，防止产生眩光而影响患者检查。

墙面：墙面设计不应有突起或锋利的边缘，宜采用吸声性材料，墙面应耐水洗。如层高允许，可在顶棚阴角下装挂镜线，挂镜线以上墙面应同顶棚一样，用同色系装饰或乳胶漆涂

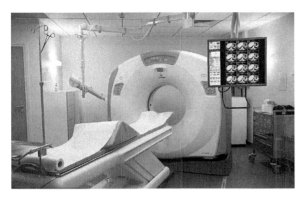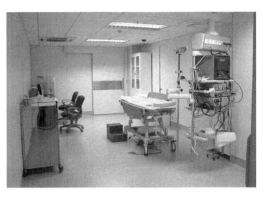

图 3-68 医院检查室平面布置图

饰，以增加空间层次感。墙壁不显示灯光的反射，特别是在医护人员工作的视线高度。

地面：地面采用抗静电地板，即无毒无味、抗静电、抗菌、耐磨。地板表层应不透水、易清洗，带有弧形的密封边缘，有足够的排水系统。地板龙骨应针对设备和人的荷载做加固处理。

设施：检查室的设施最好与医院整体设施风格一致，如采用相同色彩、相同材质、相同设计元素等，使空间与医院整体更和谐统一。

3）病室（图 3-69）

病室是患者较长时间住院和生活的地方，按照病室内的病床数量，可分为多人、四人、三人、双人、单人病室等。病室装饰与装修的主旨是营造一个"家庭化"的住院环境。在非单人病室的每名患者应有一定的个人空间，充分满足他们的私密需求和生活需求。

色彩：饰材色泽应与当前家庭装修常用的色泽相同，一般宜用浅色调，色调平稳，配饰和谐，如枫木、棒木等。儿科病室色彩宜丰富活泼一些。妇产科病室色彩宜用暖色系。

顶棚：通常选用双层纸面石膏板做整体顶棚造型，棚面设备、管线等做隐藏式处理。顶棚设计宜简洁，灯具、喷淋、烟感、内嵌式慢帘轨道等设置应合理、美观、互不干扰。选用带有输液吊杆插孔的标准病床，能简化棚面排布。棚面与墙面结合阴角处宜采用成品石膏

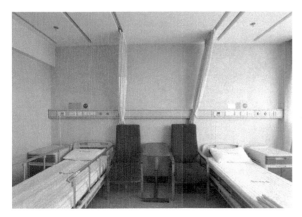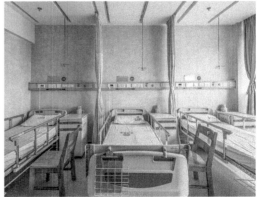

图 3-69 医院病室装饰装修图

线。顶棚灯光宜采用二次反射照明，避免眩光。眼科病房不宜采用 LED 光源照明，有助于保护患者视力。

墙面：一般采用浅色调或白色的亚光抗菌乳胶漆或抗菌釉面漆，亦可选用海基布或纯纸壁纸。患者床头如设置护墙板，可选用无机预涂板、转印铝板、防火板等，易于清洁设备。端口宜设置在病床两侧。在造价允许的情况下，可选用有调节模式的智能床头灯，满足病室医疗、病人夜间阅读等需求。

地面：一般采用暖色调的防滑地砖、PVC、橡胶地板，墙面与地面结合处做倒圆角处理，利于清洁。

设施：除病床、设备带外，一般配置壁柜、床头桌、多功能座椅、陪护坐凳、电视等，病床配置床周幔帘。病室的门宽不宜小于1.2m，门上设置观察窗，根据病床的高度，在门上、过廊和墙上设置防撞护板，色彩统一。产科、儿科应设置婴儿打理台，病床应适度加宽（1.1m），满足母亲与孩子的亲昵需求。产科病室应尽量家庭化，设置夫妻同室、母婴同室等。

病室卫生间（图3-70）：病室卫生间是患者住院期间使用频率较高的附属空间。它的功能区别于医院内公共卫生间，跟家庭卫生间的功能类似。内设洗面盆、坐便器和淋浴器、坐浴凳等。卫生间格局最好对洗手区、坐便区、洗浴区进行空间分离，以提高卫生间使用效率。在坐便器旁应设置呼叫按铃、输液挂钩、助力扶手等。应设置冲洗便器的专门水龙头，避免在洗面盆冲洗便器。棚面采用铝板顶棚，防水防火。在洗手台台面设置止水槽，避免水流地面积水，地砖要考虑防滑。

卫生间阴、阳角处均应采用倒圆角处理。防止患者摔倒磕伤。条件允许亦可选用悬挂式坐便器，利于清洁。卫生间门应适当加宽、外开，板材应考虑耐腐蚀、耐水性。

在老年人、残疾人或心脑血管康复患者的卫生间内，应在距地面 H=300mm 处增设 1~2 处紧急呼叫按钮，作为呼叫系统的补充。儿科卫生间要考虑儿童和家长的双重需要，宜配置成人、儿童两用坐便器。由于患者住院时间较长，应考虑设置专门的洗、晒衣物的空间。

4）护士站（图3-71）

护士站应设置在护理单元的中部，离最远的病房门距离不宜超过30m，便于医护人员

图3-70　医院病室卫生间装饰装修图

图 3-71　医院护士站装饰装修图

照顾病人。护士站形式以敞开式为宜，可通视护理单元的走廊，同时兼顾监控、收纳、净手、咨询、配液等功能。护士站台面高度以方便与坐轮椅患者交流为宜，并考虑设置放包台。治疗室橱柜和台面应选用耐腐蚀、耐磨划、易清洁的材料、护士站灯光宜明亮，能够起到引导作用。

5）洁净用房

（1）手术室（图 3-72）

手术室（部）按洁净程度一般划分为清洁区、洁净区、污染区三个区域。手术室的装饰与装修是医院装修的重中之重，须严格执行国家有关规范标准。材料选用须符合国家环保规范要求，并且在使用过程中易于清洗、安全可靠。手术室的装饰装修一般都选用专门做净化施工的专业团队来完成。

顶棚：顶棚宜采用轻钢龙骨，饰面板宜选用塑料复合钢板、电解钢板、搪瓷钢板、不锈钢板、彩钢板、铝板等光洁平整、不易积尘的材料，色彩一般选用白色或骨色，吊塔设置应稳固，位置应合理。

墙面：墙面是营造氛围的主要部位，一般选择骨色、淡绿、淡蓝等浅色调，使用不开裂、阻燃、易清洁、耐碰撞的材料。目前使用的材料主要有玻镁彩钢板、亚光不锈钢板、电解钢板、焗油铝单板、单面铝塑板等，接缝处必须打好防水密封胶。墙的拐角、柱角及所有阳角必须处理成半圆弧形，以防碰撞，尤其是金属饰面，必须加半圆弧外角或 1/4 内角。彩

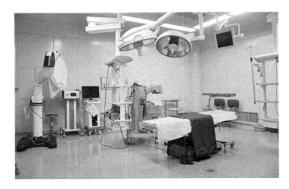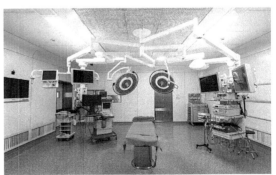

图 3-72　医院手术室装饰装修图

钢板表层采用环氧树脂喷涂，具有抗静电性能，可防止有害颗粒附着。如果墙面基础较好，也可选用防水乳胶漆等饰面。为了便于清洁，墙面一般不做造型。应设置内嵌式储物柜。

地面：通常使用 PVC 或橡胶卷材，色调不宜太深，但拼缝焊接必须牢固、无砂眼，保证防水性能。环氧树脂类涂料地坪，如环氧抑菌彩石地坪、环氧彩砂地坪，以及消音地坪等新材料，应用逐渐增多。

（2）ICU（图 3-73）

ICU 单元按功能一般划分为中心观察区、病室、辅助用房 3 个区，其中病室和护士站是 ICU 的主体。空间组合要合理，中心观察区和病室均须有直接对外窗户，达到自然通风、通气。

中心观察区：以 ICU 护士站为核心。顶棚设计宜简洁，一般采用整体顶棚。空调、新风、排风、喷淋、烟感、灯具、吊塔、幔帘轨道、检修口等诸多设置应合理、美观、好用，便于维护。棚面材料要求耐水洗、自洁性、防静电，一般选用石膏板、金属板、无机预涂板等材料灯光设计应做二次反射处理，避免眩光。

墙面材料多采用平涂抗菌乳胶漆或无机预涂板等。可设置防撞带或防撞护栏，地面多采用同质同芯 PVC 或橡胶卷材，色泽不宜太深。

病室：棚面、墙面、地面基本装饰材质同上。现在大多数医院 ICU 病室医疗管线以吊塔形式从棚面布线。顶棚上应设置紧急指示灯，缩短抢救时间。针对 ICU 病室特点，室内应有日历和时钟，并应悬挂在病人视野之内。如条件允许，可选用模拟日光的 LED 灯光，使患者能够感觉白天、夜晚环境变化，促进患者正常新陈代谢。儿童 ICU 还应悬挂各种卡通、儿童画和玩具等，以满足儿童心理需求。

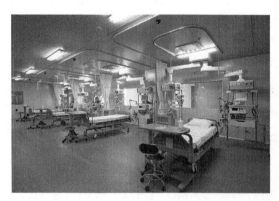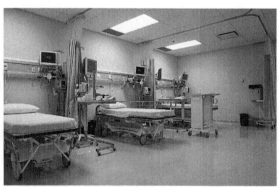

图 3-73　医院 ICU 装饰装修图

（3）消毒供应室（图 3-74）

消毒供应室承担着医疗器械、敷料等的清洗、消毒、灭菌和供应工作。其建筑设计必须符合国家相关的消毒隔离法规和标准，严格按三区制——去污区、清洁区、无菌区单向流程布置，由污到净，不交叉、不逆行，并通过各自的缓冲区进入各区。

去污区：要求棚、墙、地装饰材质抗菌性高、自洁性好、防水性好。接缝处宜做密封处理。棚向可采用铝板做整体顶棚，墙面。可采用无机预涂板、抗菌板或大尺寸薄瓷板、地面

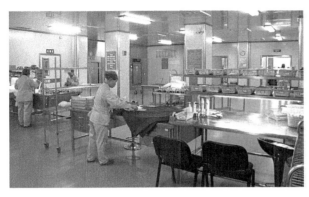

图 3-74 医院消毒供应室装饰装修图

可采用 PVC，橡胶或大尺寸防滑地砖，做好无缝处理。

清洁区：装饰材料选择上要求材质耐水、耐酸碱、易于清洁棚面。一般采用金属板材顶棚，利于防水防潮。墙面可采用无机预涂板、转印铝板、金属隔墙板、大尺寸薄瓷板或防水抗菌乳胶漆等。在推车及设备经常出入处，设置防撞带。地面采用医用橡胶或 PVC。此区域国内一般不做净化。

无菌区：棚面饰面宜选用塑料复合钢板、电解钢板、搪瓷钢板等，并在表面做抗菌喷涂。墙面采用玻镁彩钢板、亚光不锈钢板、电解钢板等，并在接缝处做密封处理。地面，可采用橡胶、PVC、环氧树脂类涂料地坪、乙烯基塑料地坪等。

3.14.3 医院装饰装修工程验收

1. 顶棚验收

1）混凝土基层无顶棚

（1）按操作顺序要求进行施工。

（2）基层清洁，和底子灰结合牢固，无空鼓。

（3）表面平整光滑，看不到铁抹子痕迹，更无起泡、掉皮、裂缝。

（4）如表面刷乳胶漆，则质量要求可参照墙柱面乳液型涂料质量检查要求进行检查。

2）木质顶棚

（1）按操作顺序施工。

（2）木龙骨无节疤，木龙骨接长要连接牢固，吊杆与木龙骨、楼板连接牢固。

（3）龙骨均要涂刷防火耐腐涂料。

（4）顶棚龙骨考虑日后下垂，故安装后，中心应按短边起拱 1/200。

（5）凡有灯罩、帘盒等位置应增加龙骨，吊扇不得承力在龙骨架上。

（6）罩面板应平整、无翘角、起皮、脱胶等现象，如有拼花，图案应条例设计要求。

3）板条、钢丝网抹灰顶棚

（1）木龙骨网架要求同木质顶棚。

（2）板条接头必须错开，板面不宜过光，板条和钢丝网均钉牢。

（3）石灰膏必须充分熟化，不允许含石灰固定颗粒，以免抹灰后起鼓起气泡。

（4）板条干燥，易吸水膨胀，吸水后抹灰干燥易开裂，故底灰干后应喷水润湿，再抹找平层才能互相结合好。

4）轻钢龙骨顶棚

（1）选用的轻钢龙骨应符合设计要求，保证质量。

（2）所有在顶棚内零配件、龙骨应为镀锌件。

（3）龙骨、吊杆、连接件均应位置正确，材料平整、顺直、连接牢固，无松动。

（4）凡有悬挂的承重件必须增加横向的次龙骨。

（5）吊杆距主龙骨端部不得超过 300mm。

（6）质量允许偏差标准可参考木质顶棚。

（7）铝合金龙骨顶棚的装修质量如何检查，也可参照轻钢龙骨顶棚。

5）木槅栅式顶棚

（1）吊点、吊杆、金属管、木槅栅均应制作牢固，连接坚实。

（2）木槅材料含水率符合要求，无疵病，无节疤裂纹。制作平整、光滑，方格尺寸准确。

（3）拼成整体，安装完毕后，应符合木质顶棚施工允许偏差要求。

2. 墙面验收

1）墙面外观检查

墙面裂缝和楼板外观是业主收楼时关注的重点，必须认真对待。一般重点检查承重墙与楼板是否有受力裂缝；墙面的颜色是否有严重色差。

墙面外观检查，一般须检查墙面的颜色是否均匀、平整，是否有裂缝。可用眼看的方法检查墙面的颜色是否均匀；用手摸检查墙面的平整与裂缝的问题，尤其检查承重墙与楼板，看是否有受重裂缝或贯穿性裂缝。如需要更准确地检查，可在晚上使用高瓦数的灯泡（200W），放在墙上，墙壁情况就更加一目了然了。

2）墙面垂直平整度检查

墙角偏差与墙面垂直平整度的检查非常必要，这两项指标除了能体现着房子墙面的外观美感，还能检查出墙面的结构是否有问题。

（1）检查墙角偏差值

使用多功能内外直角检测尺能检测墙面内外（阴阳）直角的偏差，一般普通的抹灰墙面偏差值为 4mm，砖面偏差度为 2mm。

（2）垂直度与水平度检查

用垂直检测尺对墙面的垂直度与水平度进行检测。检测时将检测尺左侧靠近被测面，观察指针，所指刻度为偏差值，抹灰立面垂直度偏差值一般为 5mm，砖面允许偏差 2mm，抹灰墙面水平偏差值为 4mm，砖面偏差 2mm。注意在测水平度前，须校正水平管。

3）墙面空鼓检查

抹灰墙面与瓷砖表面都有可能出现空鼓的现象。因此必须仔细观察与检查墙面的空鼓现象，以免日后生活中出现墙面掉灰、瓷砖脱落等现象的发生。

（1）眼看手摸检查漆面空鼓情况

在检查抹灰墙面的空鼓情况时，在距离墙面 8~10m 处观察，记录墙面出现空鼓的位置，然后用手摸，确定墙面空鼓的位置以及面积。对空鼓地方必须进行重新抹灰处理。

（2）敲击检查瓷砖面空鼓情况

观察墙壁瓷砖铺贴的整体效果后，用小铁锤对墙面每块瓷砖轻轻敲击，通过辨识声音判断哪些地方有空鼓现象。一般墙面空鼓面积不能超过面砖的 14%。

3. 地面验收

1）地面外观检查

在铺贴地板和地砖后，容易因施工不慎而刮花或损坏表面。因此，在验收地面装修时，首先需要对地面外观进行检查，看是否有色差、裂缝、缺口等问题出现。

地面外观检查，首先须在 2m 以外的地方，对光目测地面颜色是否均匀，有无色差与刮痕，查看砖面是否有异常污染，如水泥、油漆等。然后用眼看和手摸检查表面是否有裂纹、裂缝以及破损。注意检查地面时，须在光线充足的情况下才能准确检验，一般选择白天有自然光照射情况下检查较佳。

2）地面平整度检查

地面平整度检查非常必要，如果地面的平整度有明显的误差，极有可能是房屋本身的机构出现问题，或者在装修过程中，地面处理出现严重错误造成的。

用垂直检测尺对地面的平整度进行检测。测量前，必须将测量尺右侧的水泡位置进行校准，确保检查无误差。用测量尺左侧贴近地面，观察水泡移动的位置，以及测量尺上的刻度显示，确定地面平整度。一般地砖铺贴表面平整度允许误差为 5mm，而地板平整度偏差为 3mm。

3）地砖坡度检查

地砖表面的坡度应该符合设计的要求，达到不泛水、不积水的要求。地砖坡度不合要求，影响到正常的去水，导致地面经常积水，严重影响生活。

在卫浴和阳台远离地漏的位置撒水，并观察水是否流向下水口。关闭水源一段时间，观察地面是否有严重积水的情况。如果积水不退，表明地面泄水坡度有问题。除了用水测试外，还可以在地漏附近用乒乓球测试，看球是否朝地漏方向滚动。

4）检查地面空鼓情况

地板与地砖出现空鼓情况，如果不加以处理，易导致日后出现松动脱落的情况。因此，检查出空鼓位置后，必须立即修补。

（1）检查地砖空鼓情况

用小铁棒对每一块地砖进行敲击，通过敲击发出的响声判断地砖是否空鼓，如果地砖空鼓，声音有明显的空洞感觉。一般地砖空鼓不超过砖面积的 20% 为合格，空鼓率低于 5%

属于高标准。

（2）检查地板松动情况

在木地板上来回走动，仔细听地板发出的声响，在检查的时候注意加重脚步，多次重复测试。特别对靠墙和门洞的部位要慎重验收。发现有声响的部位，再重复走动，确定具体位置后做好标记，一般有松动的地板需要重铺。

4. 照明验收

1）照明灯具安装工序交接确认

（1）安装灯具的预埋螺栓、吊杆和顶棚上嵌入式灯具安装专用骨架等完成，按设计要求做承载试验合格，才能安装灯具。

（2）影响灯具安装的模板、脚手架拆除；顶棚和墙面喷浆、油漆或壁纸等及地面清理工作基本完成后，才能安装灯具。

（3）导线绝缘测试合格，才能灯具接线。

（4）高空安装的灯具，地面通断电试验合格，才能安装。

2）照明开关、插座、风扇安装工序交接确认

吊扇的吊钩预埋完成，电线绝缘测试应合格，顶棚和墙面的喷浆、油漆或壁纸等应基本完成，才能安装开关、插座和风扇。

3）照明系统的测试和通电试运行工序交接确认

（1）电线绝缘电阻测试前电线的接线应完成。

（2）照明箱（盘）、灯具、开关、插座的绝缘电阻测试在就位前或接线前应完成。

（3）备用电源或事故照明电源作空载自动投切试验前应拆除负荷。空载自动投切试验合格，才能做有载自动投切试验。

（4）电气器具及线路绝缘电阻测试合格，才能通电试验。

（5）照明全负荷试验必须在本条的（1）、（2）、（4）完成后进行。

4）建筑物照明通电试运行

（1）照明系统通电，灯具回路控制应与照明配电箱及回路的标识一致。开关与灯具控制顺序相对应，风扇的转向及调速开关应正常。

（2）公用建筑照明系统通电连续试运行时间应为 24h，民用住宅照明系统通电连续试运行时间应为 8h。所有照明灯具均应开启，且每 2h 记录运行状态 1 次，连续试运行时间内无故障。

5）工程交接验收时应对下列项目进行检查

（1）并列安装的相同型号的灯具、开关、插座及照明配电箱（板），其中心轴线、垂直偏差、距地面高度。

（2）暗装开关、插座的面板，盒（箱）周边的间隙，交流、直流及不同电压等级电源插座的安装。

（3）大型灯具的固定，吊扇、壁扇的防松、防震措施。

（4）照明配电箱（板）的安装和回路编号。

（5）回路绝缘电阻测试和灯具试亮及灯具控制性能。

（6）接地或接零。

第4章

医院设备施工技术

4.1 保供设备

4.1.1 供水设备

1. 变频供水设备

1）泵组的基础

泵组基础应比泵房地坪高出不小于 100mm，或在水泵底座外围设置排水沟排水，以防止水泵底座浸于水中。

2）泵组安装与校正

（1）水泵组运输到指定位置后，进行设备吊运安（组）装，准确就位于已经做好的设备基础上。

（2）用水平尺检查泵组底座的水平度。

（3）固定地脚螺栓，检查螺栓和底座水平度，按说明书安装泵体。

（4）压力表安装在振动小、水压平稳处。

3）泵组管路的安装

（1）变频泵组进出水口应配有法兰，并设可曲挠柔性接头以便减振。

（2）生活给水加压设备进水支管与吸水总管采用管顶平接。

（3）在水平出水管路的阀门后面与系统贯通部安装压力传感器或压力控制器。

（4）吸水管严禁漏气，吸水管向水池（箱）方向有 1/50~1/100 的坡度。

（5）在水泵附近的管道上安装支架，使泵壳上没有重量附着。

（6）出水管路及入水管路安装完毕后应进行水压试验。

4）水泵组减振

（1）水泵进出水管上设可曲挠柔性接头以便减振。

（2）为了防止管路振动和水锤现象发生，可将泵组装在连接板上，泵体与泵座之间加橡胶减振垫，再一起固定在基础上。

（3）立式水泵的减振装置不应采用弹簧减振器。

2. 水箱

（1）敞口水箱的满水试验和密闭水箱（罐）的水压试验必须符合设计要求与施工规范的规定。

（2）水箱支架或底座安装，其尺寸及位置应符合设计规定，埋设平整牢固。

（3）水箱溢流管和泄放管应设置在排水地点附近但不得与排水管直接连接。

（4）医院给水水箱应采用成品的不锈钢水箱，以保证水质不受外来污染。

4.1.2 供暖、通风、空调设备

1. 供热锅炉及辅助设备

1）锅炉设备基础的混凝土强度必须达到设计要求，基础的坐标、标高、几何尺寸和螺栓孔位置应符合规范规定。

2）非承压锅炉，应严格按设计或产品说明书的要求施工。锅筒顶部必须敞口或装设大气连通管，连通管上不得安装阀门。

3）以天然气为燃料的锅炉的天然气释放管或大气排放管不得直接通向大气，应通向贮存或处理装置。

4）两台或两台以上燃油锅炉共用一个烟囱时，每一台锅炉的烟道上均应配备风阀或挡板装置，并应具有操作调节和闭锁功能。

5）锅炉的锅筒和水冷壁的下集箱及后棚管的后集箱的最低处排污阀及排污管道不得采用螺纹连接。

6）锅炉的汽、水系统安装完毕后，必须进行水压试验。水压试验的压力应符合规范规定。

7）机械炉排安装完毕后应做冷态运转试验，连续运转时间不应少于 8h。

8）锅炉本体管道及管件焊接的焊缝质量应符合下列规定：

（1）焊缝表面质量和管道焊口尺寸的允许偏差应符合规范规定。

（2）无损探伤的检测结果应符合锅炉本体设计的相关要求。

9）铸铁省煤器破损的肋片数不应大于总肋片数的 5%，有破损肋片的根数不应大于总根数的 10%。

10）锅炉由炉底送风的风室及锅炉底座与基础之间必须封堵严密。

11）省煤器的出口处（或入口处）应按设计或锅炉图纸要求安装阀门和管道。

12）电动调节阀门的调节机构与电动执行机构的转臂应在同一平面内动作，传动部分应灵活、无空行程及卡阻现象，其行程及伺服时间应满足使用要求。

13）连接锅炉及辅助设备的工艺管道安装完毕后，必须进行系统的水压试验，试验压力为系统中最大工作压力的 1.5 倍。

14）各种设备的主要操作通道的净距如设计不明确时不应小于 1.5m，辅助的操作通道净距不应小于 0.8m。

15）管道连接的法兰、焊缝和连接管件以及管道上的仪表、阀门的安装位置应便于检修，并不得紧贴墙壁、楼板或管架。

16）锅炉和省煤器安全阀的定压和调整应符合规范规定。锅炉上装有两个安全阀时，其中的一个按表中较高值定压，另一个按较低值定压。装有一个安全阀时，应按较低值定压。

17）锅炉的高低水位报警器和超温、超压报警器及连锁保护装置必须按设计要求安装齐全和有效。

18）蒸汽锅炉安全阀应安装通向室外的排汽管。热水锅炉安全阀泄水管应接到安全地点。在排汽管和泄水管上不得装设阀门。

19）锅炉火焰烘炉应符合下列规定：

（1）火焰应在炉膛中央燃烧，不应直接烧烤炉墙及炉拱。

（2）烘炉时间一般不少于 4d，升温应缓慢，后期烟温不应高于 160℃，且持续时间不应少于 24h。

（3）链条炉排在烘炉过程中应定期转动。

（4）烘炉的中、后期应根据锅炉水水质情况排污。

20）锅炉在烘炉、煮炉合格后，应进行 48h 的带负荷连续试运行，同时应进行安全阀的热状态定压检验和调整。

2. 空调制冷设备

1）制冷设备与制冷附属设备的安装应符合下列要求：

（1）制冷设备、制冷附属设备的型号、规格和技术参数必须符合设计要求，并具有产品合格证书、产品性能检验报告；

（2）设备的混凝土基础必须进行质量交接验收，合格后方可安装；

（3）设备安装的位置、标高和管口方向必须符合设计要求。用地脚螺栓固定的制冷设备或制冷附属设备，其垫铁的放置位置应正确、接触紧密；螺栓必须拧紧，并有防松动措施。

2）直接膨胀表面式冷却器的外表应保持清洁、完整，空气与制冷剂应呈逆向流动；表面式冷却器与外壳四周的缝隙应堵严，冷凝水排放应畅通。

3）燃油系统的设备与管道，以及储油罐及日用油箱的安装，位置和连接方法应符合设计与消防要求。

4）制冷设备的各项严密性试验和试运行的技术数据，均应符合设备技术文件的规定。对组装式的制冷机组和现场充注制冷剂的机组，必须进行吹污、气密性试验、真空试验和充注制冷剂检漏试验，其相应的技术数据必须符合产品技术文件和有关现行国家标准、规范的规定。

5）制冷系统管道、管件和阀门的安装应符合下列规定：

（1）制冷系统的管道、管件和阀门的型号、材质及工作压力等必须符合设计要求，并应具有出厂合格证、质量证明书；

（2）法兰、螺纹等处的密封材料应与管内的介质性能相适应；

（3）制冷剂液体管不得向上装成 Ω 形。气体管道不得向下装成 U 形（特殊回油管除外）；液体支管引出时，必须从干管底部或侧面接出；气体支管引出时，必须从干管顶部或侧面接出；有两根以上的支管从干管引出时，连接部位应错开，间距不应小于 2 倍支管直径，且不小于 200mm；

（4）制冷机与附属设备之间制冷剂管道的连接，其坡度与坡向应符合设计及设备技术文件要求。当设计无规定时，应符合施工规范的规定；

（5）制冷系统投入运行前，应对安全阀进行调试校核，其开启和回座压力应符合设备技术文件的要求。

6）燃油管道系统必须设置可靠的防静电接地装置，其管道法兰应采用镀锌螺栓连接或在法兰处用铜导线进行跨接，且接合良好。

7）燃气系统管道与机组的连接不得使用非金属软管。燃气管道的吹扫和压力试验应为压缩空气或氮气，严禁用水。当燃气供气管道压力大于 0.005MPa 时，焊缝的无损检测的执行标准应按设计规定。当设计无规定，且采用超声波探伤时，应全数检测，以质量不低于Ⅱ级为合格。

8）氨制冷剂系统管道、附件、阀门及填料不得采用铜或铜合金材料（磷青铜除外），管内不得镀锌。氨系统的管道焊缝应进行射线照相检验，抽检率为 10%，以质量不低于Ⅲ级为合格。在不易进行射线照相检验操作的场合，可用超声波检验代替，以不低于Ⅱ级为合格。

9）输送乙二醇溶液的管道系统，不得使用内镀锌管道及配件。

10）制冷管道系统应进行强度、气密性试验及真空试验，且必须合格。

11）制冷系统管道、管件的安装应符合下列规定：

（1）管道、管件的内外壁应清洁、干燥；铜管管道支吊架的形式、位置、间距及管道安装标高应符合设计要求，连接制冷机的吸、排气管道应设单独支架；管径小于等于 20mm 的铜管道，在阀门处应设置支架；管道上下平行敷设时，吸气管应在下方；

（2）制冷剂管道弯管的弯曲半径不应小于 3.5D（管道直径），其最大外径与最小外径之差不应大于 0.08D，且不应使用焊接弯管及皱褶弯管；

（3）制冷剂管道分支管应按介质流向弯成 90° 弧度与主管连接，不宜使用弯曲半径小于 1.5D 的压制弯管；

（4）铜管切口应平整、不得有毛刺、凹凸等缺陷，切口允许倾斜偏差为管径的 1%，管口翻边后应保持同心，不得有开裂及皱褶，并应有良好的密封面；

（5）采用承插钎焊焊接连接的铜管，其插接深度应符合施工规范，承插的扩口方向应迎介质流向。当采用套接钎焊焊接连接时，其插接深度应不小于承插连接的规定。采用对接焊缝组对管道的内壁应齐平，错边量不大于 0.1 倍壁厚，且不大于 1mm。

12）制冷系统阀门的安装应符合下列规定：

（1）制冷剂阀门安装前应进行强度和严密性试验。强度试验压力为阀门公称压力的 1.5 倍，时间不得少于 5min；严密性试验压力为阀门公称压力的 1.1 倍，持续时间 30s 不漏为合格。合格后应保持阀体内干燥。如阀门进、出口封闭破损或阀体锈蚀的还应进行解体清洗；

（2）位置、方向和高度应符合设计要求；

（3）水平管道上的阀门的手柄不应朝下；垂直管道上的阀门手柄应朝向便于操作的地方；

（4）自控阀门安装的位置应符合设计要求。电磁阀、调节阀、热力膨胀阀、升降式止回阀等的阀头均应向上；热力膨胀阀的安装位置应高于感温包，感温包应装在蒸发器末端的回气管上，与管道接触良好，绑扎紧密；

（5）安全阀应垂直安装在便于检修的位置，其排气管的出口应朝向安全地带，排液管应装在泄水管上。

13）制冷系统的吹扫排污应采用压力为 0.6MPa 的干燥压缩空气或氮气，以浅色布检查 5min，无污物为合格。系统吹扫干净后，应将系统中阀门的阀芯拆下清洗干净。

3. 通风机

1）安装前应清点随机配件及文件，详细阅读使用说明书。

2）整体安装的风机，搬运和吊装的绳索不得捆缚在转子和机壳或轴承盖的吊环上。

3）通风机的进风管、出风管等装置应有单独的支撑，并与基础或其他建筑物连接牢固；软管与风机连接时，不得强迫对口，机壳不应承受其他机件的重量。

4）当通风机的进风口或进风管路直通大气时，应加装保护网或采取其他安全措施。

5）基础各部位尺寸符合设计要求。

6）安装在室外的电动机应设防雨罩。

7）风机吊装时：

（1）风机选用采取消声减震措施的风机箱。

（2）按风机重量选用弹簧减震吊架。

（3）风机进出口与风管连接按照图纸设不燃材料制作的软接头。

（4）轴流风机和离心风机的安装都应设减震垫或设置减震吊架。安装隔振器的地面应平整，各组隔振器承受荷载的压缩量应均匀，不得偏心，隔振器安装完毕，在其使用前应采取防止位移及过载等保护措施。

8）风机落地安装时：

（1）通风机落地安装采用混凝土基础或槽钢基础，基础与风机底座之间采用弹簧减震器，各组减振器承受的荷载压缩量应均匀，不偏心。

（2）风机进出口与风管连接按照图纸设不燃材料制作的软接头。

4. 组合式空调机组

（1）组合式空调机组采用分段运输，现场组装。现场组装的组合式空气调节机组应做漏风量的检测，其漏风量必须符合现行国家标准《组合式空调机组》GB/T 14294—2008 的规定。

（2）组合式空调机组各功能段的组装，应符合设计规定的顺序和要求；各功能段之间的连接应严密，整体应平直。

（3）组对安装：安装前对各段体进行编号，按设计对段位进行排序，分清左式、右式（视线顺气流方向观察）。从设备安装的一端开始，逐一将段体抬上底座校正位置后，加上衬垫，将相邻的两个段体用螺栓连接严密牢固，每连接一个段体前，将内部清除干净，安装完毕后拆除风机段底座减震装置的固定件。

（4）机组与供回水管的连接应正确，机组下部冷凝水排放管的水封高度应符合设计要求。

（5）机组应清扫干净，箱体内应无杂物、垃圾和积尘。

（6）机组内空气过滤器（网）和空气热交换器翅片应清洁，完好。

（7）组合式空气处理机的空气过滤均采用二级过滤，即板式初效（G3）+袋式中效（F6）。不仅可以有效地保护空调系统，减少系统的清洗次数，延长机组的使用寿命，而且可避免"风口黑渍"现象。

4.1.3　供配电设备

现代医院建筑用电设备多，相对比较复杂，除基本的照明、动力、空调之外，包含了大量的医疗设备用电和净化系统用电及其他特殊要求的用电，具有用电负荷大、对电能质量要求高的特点。为保证医院供电系统正常运行，需要配置功能完备的供配电系统，主要包括下列供电设备：

1. 变压器

电力变压器主要作用是将市电高压转换为满足用电设备需要的低压，医院建筑一般采用干式变压器，干式变压器具有如下优点：安全，防火，无污染，可直接运行于负荷中心；机械强度高，抗短路能力强，局部放电小，热稳定性好，可靠性高，使用寿命长；低损耗，低噪声，节能效果明显，免维护；散热性能好，过负载能力强；防潮性能好，适应高湿度和其他恶劣环境中运行；可配备完善的温度检测和保护系统；体积小，重量轻，占地空间少，安装费用低。

变压器安装前，变配电室的墙、地、顶等土建工程和照明工程应施工完毕，无渗水，变压器基础验收合格。变压器安装时应认真核对附件，变压器箱体、支架、基础槽钢应分别单独与保护导体可靠连接，紧固件及防松零件齐全。

除干式变压器外，根据医院建设中实际医疗设备配置的需要，如 X 光机等冲击符合较多时，可设置专用变压器；手术室、ICU 等需要医用 IT 系统接地的特殊场所采用单相变压器。

2. 高、低压柜

高、低压柜主要作用是馈电、控制、保护。柜体的金属框架和基础槽钢应与保护导体可靠连接，对于装有电器的可开启门，门和金属框架的接地端子间应选用截面积不小于 $4mm^2$ 的黄绿色绝缘铜芯软导线连接，并应有标识。柜内保护接地导体（PE）排应有裸露的连接外保护接地导体的端子，并应可靠连接。手车、抽屉式成套柜推拉应灵活，无卡阻碰撞现象，动触头与静触头的中心线应一致，且触头接触应紧密，投入时，接地触头应先于主触头接触，退出时，接地触头应后于主触头脱开。直流柜试验时，应将屏内电子器件从线路上退出，主回路线间和线对地间绝缘电阻值不应小于 $0.5M\Omega$，直流屏所附蓄电池组的充、放电应符合产品技术文件要求。

3. 低压成套配电柜（箱）

主要为用电设备提供电源、保护等。低压成套配电柜（箱）的金属外壳必须可靠接地，线路的线间和线对地绝缘电阻值，馈电线路不应小于 0.5MΩ，二次回路不应小于 1MΩ，二次回路的耐压试验电压应为 1000V，当回路绝缘电阻值大于 10MΩ 时，应采用 2500V 兆欧表代替，试验持续时间应为 1min 或符合产品技术文件要求。配电柜（箱）内的剩余电流动作保护器（RCD）应在施加额定剩余动作电流的情况下测试动作时间，且测试值应符合设计要求。配电柜（箱）内的电涌保护器（SPD）安装应符合下列规定：

（1）SPD 的型号规格及安装布置应符合设计要求。

（2）SPD 的接线形式应符合设计要求，接地导线的位置不宜靠近出线位置。

（3）SPD 的连接导线应平直、足够短，且不宜大于 0.5m。配电柜（箱）与基础型钢间应用镀锌螺栓连接，且防松零件齐全，有防火要求的，进出口应做好防火封堵。

照明配电箱（盘）主要对照明系统进行配电、控制、保护。箱（盘）内配线应整齐、无绞线现象，导线连接应紧密、不伤线芯、不断股，垫圈下螺丝两侧压得导线截面积应相同，同一电器器件端子上的导线连接不应多于 2 根，防松垫圈等零件应齐全。箱（盘）内开关动作应灵活可靠。箱（盘）内宜分别设置中性导体（N）和保护接地导体（PE）汇流排，汇流排上同一端子不应连接不同回路的 N 和 PE。箱（盘）不应安装在水管的正下方。箱（盘）上的标识器件应标明被控制的区域，回路编号应齐全、正确。

4. 柴油发电机组

柴油发电机组主要为一级负荷中的重要负荷提供应急电源，其总容量应大于医院内特别重要负荷中的医疗保障负荷或消防负荷的总容量。柴油发电机组安装前，基础验收应合格，采用地脚螺栓固定的机组应初平、螺栓孔灌浆、精平、紧固地脚螺栓、二次灌浆等安装合格。对于发电机组至配电柜馈电线路的相间、相对地间的绝缘电阻值，低压馈电线路不应小于 0.5MΩ，高压馈电线路不应小于 1MΩ/kV。柴油发电机馈电线路连接后，两段的相序应与原供电系统的相序一致。当柴油发电机并列运行时，应保证其电压、频率和相位一致。发电机的中性点接地连接方式及接地电阻值应符合设计要求，接地螺栓防松零件齐全，且有标识。发电机本体和机械部分的外露可导电部分应分别与保护导体可靠连接，并应有标识。燃油系统的设备和管道的防静电接地应符合设计要求。发电机组随机的配电柜、控制柜接线应正确，紧固件紧固状态良好，无遗漏脱落，开关、保护装置的型号、规格正确，验证出厂试验的锁定标记应无位移，有位移的应重新试验标定。受电侧配电柜的开关设备、自动或手动切换装置和保护装置等的试验合格，并应按设计的自备电源使用分配预案进行负荷试验，机组应连续运行无故障。空载试运行前，油、气、水冷、风冷、烟气排放等系统和隔震防噪声设施应完成安装，消防器材应配置齐全、到位且符合设计要求，发电机应进行静态试验，随机配电盘、柜接线经检查应合格，柴油发电机组接地经检查应符合设计要求；负荷试运行前，空载试运行和试验调整应合格，投入备用状态前，应在规定时间内，连续无故障负荷试运行合格。

5. UPS 及 EPS 设备

UPS 及 EPS 设备主要为对供电中断恢复时间要求短和供电质量要求高的重要设备提供应急电源，例如重要手术室、ICU 设备等。安放 UPS 的机架或金属底座的组装应横平竖直、紧固件齐全，水平度、垂直度允许偏差不应大于 1.5‰。引出或引入 UPS 及 EPS 的主回路绝缘导线、电缆和控制绝缘导线、电缆应分别穿钢导管保护，当在电缆支架上或梯架、托盘和线槽内平行敷设时，其分隔间距应符合设计要求，绝缘导线、电缆的屏蔽护套接地应连接可靠、紧固件齐全，与接地干线应就近连接。UPS 及 EPS 的外露可导电部分应与保护导体可靠连接，并应有标识。

UPS 和 EPS 设备的整流、逆变、静态开关、储能电池或蓄电池组的规格、型号应符合设计要求，内部接线应正确、可靠不松动，紧固件应齐全。UPS 及 EPS 的极性应正确，输入、输出各级保护系统的动作和输出的电压稳定性、波形畸变系数及频率、相位、静态开关的动作等各项技术性能指标试验调整应符合产品技术文件要求，当以现场的最终试验替代出厂试验时，应根据产品技术文件进行试验调整，且应符合设计文件要求。

EPS 应按设计或产品技术文件的要求进行下列检查：

（1）核对初装容量，并应符合设计要求。

（2）核对输入回路断路器的过载和断路电流整定值，并应符合设计要求。

（3）核对各输出回路的负荷量，且不应超过 EPS 的额定最大输出功率。

（4）核对蓄电池备用时间及应急电源装置的允许过载能力，并应符合设计要求。

（5）应对电池性能、极性及电源转换时间有异议时，应由制造商负责现场测试，并应符合设计要求。

（6）控制回路的动作试验，并应配合消防联动试验合格。

UPS 及 EPS 的绝缘电阻值应符合下列规定：

（1）UPS 的输入端、输出端对地间绝缘电阻值不应小于 $2M\Omega$。

（2）UPS 及 EPS 连线及出线的线间、线对地间绝缘电阻值不应小于 $0.5M\Omega$。

对于对医院 2 类场所供电的 UPS，其自动恢复供电时间不应大于 0.5s。

4.1.4　供气设备

医用气体主要包括氧气、压缩空气、真空（俗称"负压"或"负压吸引"）、一氧化二氮（俗称"笑气"）、氮气、氩气、二氧化碳、氮气和机械驱动用高压空气等，其中氧气、压缩空气和真空，几乎在所有医疗单元都会用到，医用气体的集中供应也以这三样为主；其他气体只在手术室、介入治疗室、专科检查室等场所使用、用气设备相对集中、用气量也相对较少，通常采用汇流排的方式就近供应。医院医用供气设备主要有下列几种：

（1）氧气站设备：医用氧气的供应方式主要有液氧槽罐和汇流排两种。液氧槽罐供应方式具有流量大、无噪声、供应的氧气纯度高、除了罐充液氧外基本不需要维护等特点，适合中大型医院使用。汇流排通常按双路自动切换设计，两组气瓶通过控制器自动切换。一路工作,一路备用,当工作组的气瓶压力下降到下限时,自动切换到另一路工作,同时发出报警,提醒工作人员对空瓶进行换瓶操作。

(2)空气压缩机:为医院提供医用压缩空气,选用时应充分考虑压缩比、流量需求、能耗、日常维护要求等因素。空气压缩机单机一般会自带控制系统,医用气体系统通常使用两台以上的机组进行供气,空压站房应使用双模块的控制系统,即:机械控制模块和电子控制模块,无论是在哪种模块下工作,均要求具备掉电恢复的功能。

(3)压缩空气的干燥机:对压缩空气进行干燥处理。冷冻式压缩空气干燥机利用冷却空气,降低空气温度的原理,将湿空气中的水分通过冷凝后从空气中析出,得到较干燥空气。吸附式压缩空气干燥机利用变压吸附的原理,湿空气通过吸附剂时,水分被吸附剂吸附,得到干燥空气。

(4)真空泵:为医院提供医用气体中心站的真空源,常见的真空泵有:水环真空泵、机械式真空泵、油润滑旋片真空泵、无油润滑旋片真空泵等。真空站房控制系统要求具备机械控制模块和电子控制模块、掉电恢复功能,每台真空泵要有独立的手动启动/停止控制。

4.2 医用电梯与扶梯

4.2.1 医院电梯

1. 医院电梯配置要求

根据《综合医院建筑设计规范》GB 51039—2014 中第 5.1.4 条规定:
(1)二层医疗用房宜设电梯。三层及三层以上的医疗用房应设电梯,且不得少于二台。
(2)供患者使用的电梯和污物梯,应采用病床梯。
(3)医院住院部宜增设供医护人员专用的客梯、送餐和污物专用货梯。
(4)电梯井道不应与有安静要求的用房贴邻。

2. 医院电梯技术要求及参数

根据《电梯主要参数及轿厢、井道、机房的型式与尺寸 第 1 部分:Ⅰ、Ⅱ、Ⅲ、Ⅳ类电梯》GB/T 7025.1—2008 中的规定:额定载重量为 1600kg、2000kg 的病床电梯,轿厢应能满足大部分疗养院和医院的需要(表 4-1)。额定载重量 2500kg 的病床电梯,轿厢应适用躺在病床上的人连同医疗救护设备一起运送。

医用电梯技术要求及参数 表 4-1

额定载重(kg)		1600	2000	2500
可乘人数(人)		21	26	33
轿厢	宽度(mm)	1400	1500	1800
	深度(mm)	2400	2700	
	高度(mm)	2300		

（1）产品名称：医用电梯（图 4-1）。

（2）额定载重量：≥ 1600kg。

（3）驱动方式：曳引式。

（4）运行速度：不小于 1.0m/s。

（5）控制方式：全集选控制，VVVF 变频调压调速。

（6）层站门：

2 台（1600kg）：4 层 4 站 4 门；

2 台（1600kg）：8 层 8 站 8 门；

1 台（1600kg）：7 层 7 站 7 门；

1 台：污梯 7 层 7 站 7 门。

图 4-1　医用电梯

（7）开门方式：中分。

（8）开门尺寸：≥ 1000mm（宽）× 2100 mm（高）。

（9）开门方式：（VVVF）系统。

（10）轿厢净尺寸：轿厢净尺寸：≥ 1500 mm（宽）× 2400 mm（深）。

（11）永磁同步曳引机和控制系统：选用生产厂家自行生产的优质名牌产品。

（12）操纵方式：有 / 无司机操纵。

（13）动力电源：AC380V/50Hz，三相五线制。照明电源：AC220V/50Hz，单线三线制。

（14）轿门材料：发纹不锈钢。

（15）轿壁材料：发纹不锈钢（两侧配扶手）。

（16）厅门材料：发纹不锈钢厅门和小门套。

（17）轿厢顶棚：普通型。

（18）操纵箱和呼梯箱：发纹不锈钢面板、数码管显示。

（19）消防装置：具备，有紧急返回 1 楼功能。

（20）其他配置：五方对讲器、运行计数、报警电话、超载显示、应急照明、警铃、门光电保护、机房层楼显示、轿厢照明、风扇、厅外、轿内位置显示、超速保护、有摄像头和摄像电缆、盲文按钮、无障碍。

3. 医用电梯特点

1）有司机操作。

2）设置轿厢超载装置。重要的是病床电梯用于医院运送躺在手术车上的病人，而不应将病床电梯、客梯兼用，或把病床电梯、客梯、客货梯兼用。

3）轿门尺寸：

根据《电梯制造与安装安全规范》GB 7588—2003 第 8.1.2 条规定：一般病床尺寸为 600mm（宽）× 1900mm（长），因此当轿门宽度选定为 1000mm 时，开门宽度是可以满足病床顺畅地进出电梯，开门高度2100mm，开门方式可选择中分或旁开，但中分的开门方式，有利于安装和维修（图4-2）。

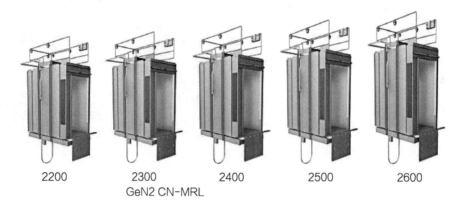

2200　　　2300　　　2400　　　2500　　　2600

GeN2 CN-MRL

图4-2　医用电梯轿门

4）井道尺寸：2350（宽）mm×3000（深）mm。

5）可靠性：

（1）采用限速器、安全钳起下行超速保护作用；采用缓冲器起冲顶和蹾底保护作用。

（2）采用变频变压调速门机，使电梯门开关更加平稳、轻巧、安全，给患者和医务人员更多的保障。

（3）采用光幕作为门保护，避免电梯厅轿门对乘客、行李、推车等的撞击。

（4）根据《电梯制造与安装安全规范》GB 7588—2003第9.10条规定：曳引驱动电梯上应装设轿厢上行超速保护装置。

可通过以下方式实现：①装设于轿厢上的双向安全钳；②装设于对重架上的安全钳；③作用于钢丝绳系统（悬挂绳或补偿绳）的制停或减速装置，如夹绳器；④作用于曳引轮或最靠近曳引轮且与曳引轮同轴的部件上。

夹绳器的使用不需改变原有电梯的结构系统，是一种较为直接而有效的方法。因此在病床电梯的开发设计中常采用夹绳器，其位置安装在曳引机架位于曳引轮、导向轮之间。

6）舒适性：

针对病床电梯特殊的使用环境，如何提高其舒适性以减轻患者的伤痛显得尤为重要。因此采取的主要措施如下。

（1）轿厢内配置风量大、噪声小的风机以解决轿厢闷热问题。

（2）根据《电梯制造与安装安全规范》GB 7588—2003第8.16条规定："无孔门轿厢应在其上部及下部设通风孔。位于轿厢上部及下部通风孔的有效面积均不应小于轿厢有效面积的1%"，因此设计中采用铆螺母用于围臂上、下端与轿顶、轿底连接，实现通风及通风面积的规定。

（3）为降低轿厢的振动、噪声，采用扭振小、低噪声的曳引I机；设计3级减振：曳引机减振垫、绳头组合、轿厢减振垫（图4-3）。

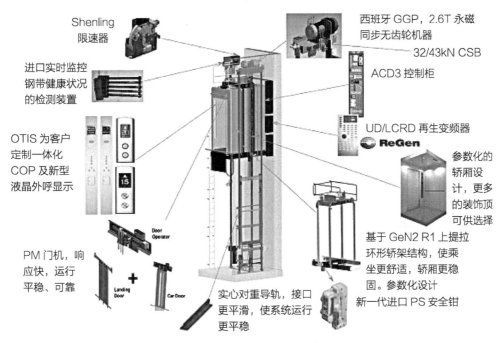

图 4-3　电梯内部机械示意图

4.2.2　扶梯

医院扶梯特点：

在门急诊楼日常运作中，电梯往往难以应付集中而持续的大量人流。在仅依靠电梯输送乘客的门急诊楼里，往往会在候梯厅出现大量的人员滞留，既会增加医院交叉感染的概率，又加重了患者的负面情绪。因此电梯比较适合跨越楼层数较多的竖向交通情况。

与电梯相比，自动扶梯则能够在短距离内输送大量人流，且在一般情况下几乎没有等待时间，能够有解决人群滞留的问题，在楼层数不多的情况下保证了交通的顺畅和使用者愉悦的心情。但是自动扶梯的运行速度一般要小于电梯的运行速度，且不适用于肢体残疾的乘客使用；另外自动扶梯的运行方式决定了其必须逐层将乘客送达目的楼层，不如电梯直接。

由此可见，在我国现阶段情况下，对于规模达到一定数量的门急诊楼，应该将运输能力较大的自动扶梯作为主要竖向运输系统，同时医用电梯作为适用范围更广的竖向交通系统也是必不可少的。

4.3　医疗设备

4.3.1　大型医疗设备概念与品目

1. 大型医用设备定义

大型医用设备是指列入国务院卫生行政部门管理品目的医用设备，以及尚未列入管理品目、省级区域内首次配置的整套单价在 500 万元人民币以上的医用设备。是一类特殊的卫生资源，具有技术含量高、应用复杂、资金投入量大、运行成本高、收费高，对患者看病就医、医疗机构正常运行和社会卫生总费用影响大等特点，与医疗卫生费用和人民群众的健康利益密切相关的大型医用设备需结合我国的经济社会发展水平、医疗机构技术水平以及患者的承受能力等综合因素，科学合理地编制和实施配置规划。

2. 大型医用设备品目

大型医用设备分为甲类和乙类两种，各自品目如下：

（1）甲类（国务院卫生行政部门管理）。

第一批品目包括：X 线 - 正电子发射计算机断层扫描仪（包括 PET-CT，正电子发射型断层仪即 PET）、伽马射线立体定位治疗系统（γ 刀）、医用电子回旋加速治疗系统（MM50）、质子治疗系统、其他未列入管理品目、区域内首次配置单价在 500 万元以上的医用设备。

第二批品目包括：X 线立体定向放射治疗系统（英文名为 Cyher Knife）、断层放射治疗系统（英文名为 Tomn Therapy）、306 道脑磁图、内窥镜手术器械控制系统（英文名为 daVniciS）。

（2）乙类（省级卫生行政部门管理）包括：X 线电子计算机断层扫描装置（CT）、医用磁共振成像设备（MRI）、800mA 以上数字减影血管造影 X 线机（DSA）、单光子发射型电子计算机断层扫描仪（SPECT）、医用电子直线加速器（LA）。

4.3.2 大型医院设备施工技术

当今市场上同类医疗设备存在众多品牌及型号，下面以其中一种常见型号为例进行简单介绍。

1. CT

1）设备简介

CT，即电子计算机断层扫描，它是利用精确准直的 X 线束、γ 射线、超声波等，与灵敏度极高的探测器一同围绕人体的某一部位做一个接一个的断面扫描，具有扫描时间快，图像清晰等特点，可用于多种疾病的检查；根据所采用的射线不同可分为：X 射线 CT（X-CT）、超声 CT（UCT）以及 γ 射线 CT（γ-CT）等。

CT 设备主要有以下三部分：

（1）扫描部分由 X 线管、探测器和扫描架组成。

（2）计算机系统，将扫描收集到的信息数据进行贮存运算。

（3）图像显示和存储系统，将经计算机处理、重建的图像显示在电视屏上或用多幅照相机或激光照相机将图像摄下。探测器从原始的 1 个发展到多达 4800 个。扫描方式也从平移 / 旋转、旋转 / 旋转、旋转 / 固定，发展到新近开发的螺旋 CT 扫描（Spiral CT

Scan）。计算机容量大、运算快，可达到立即重建图像。由于扫描时间短，可避免运动产生的伪影，例如，呼吸运动的干扰，可提高图像质量；层面是连续的，所以不致于漏掉病变，而且可行三维重建，注射造影剂做血管造影可得 CT 血管造影（CT Angiography，CTA）。

超高速 CT 扫描所用扫描方式与前者完全不同。扫描时间可短到 40ms 以下，每秒可获得多帧图像。由于扫描时间很短，可摄得电影图像，能避免运动所造成的伪影，因此，适用于心血管造影检查以及小儿和急性创伤等不能很好地合作的患者检查。

2）施工技术要求（基础、安装条件等）

（1）土建技术要求

①一般 CT 机房宜设置在首层的适当位置，CT 机设备安装在机房中央距后墙壁稍远的位置，以减少射线对操作者和病人的影响。基础、各大部件在机房的安放位置要兼顾机器运行安全、维修留有空间、病员进出通畅、医生操作方便和通风换气良好等几个方面，要尽可能地减少各个工作区域的相互干扰。

②机房的使用面积和空间尺寸：根据 CT 机规格的大小，机房应有适合使用面积和室内净空。拍片室净尺寸为 $4.5m \times 5.4m$（$24 \ m^2$），透视净尺寸宜为 $5.4m \times 6.0m$（图 4-4）。

室内的梁底净高以不少于 3.0m 为宜。

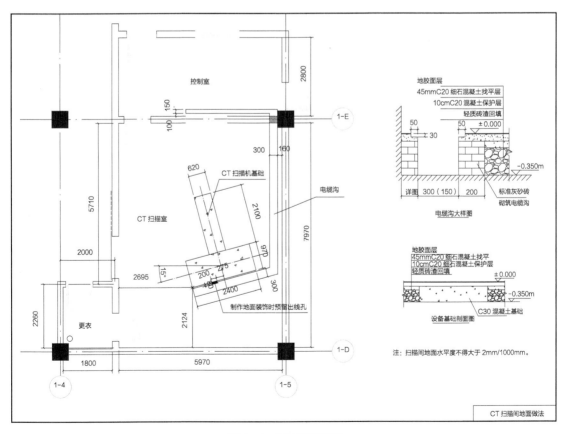

图 4-4 CT 室示意图

③CT机房四壁，顶棚及地板等六个空间界面应考虑防护问题，其选材及厚度、构造等都要满足该室CT机的防护要求。机房的空间界面不允许留洞开槽或管道穿越，机房门应有防护措施，窗下口应高出室内地面1.5cm，且应为遮光窗。与暗室相邻的机房，其间墙上应设有传片箱。成品传片箱本身应符合防护要求，安装及缝隙处应有防护措施和存取胶片的信号装置。

④CT机的供电可采用架空电缆，也可在地面上设宽250mm、深150mm的电缆沟铺设电缆。机房的地面支撑要满足机器的载荷要求。要抗静电、防火、防尘、耐压和耐摩擦。电缆的铺设应避开交流电磁场（变压器、电感器、马达等），且信号线和电源线应屏蔽、分路铺设。必要时需要做有白铁皮衬里的电缆暗沟，上面加盖，且有防鼠害措施。

电缆线若太长，必须波形铺设，不可来回折叠或圈缆。

（2）环境需求

CT机房应建在周围振动小、无严重电磁场：干扰、噪声低、空气净度较高的环境中，可能的话还应考虑离配电房较近及病人进出和机器安装方便。

环境温度：扫描室为20~28℃，控制室为18~28℃。

相对湿度：扫描室为30%~70%，控制室为30%~80%。

（3）电源需求

CT电源电压值的允许范围为额定值的90%~110%；电源频率为50Hz或60Hz，频率值的允差为±1Hz；CT机所需的电源应尽量由配电室专用电缆引来。切不可和空调电梯等其他感性负载设备共用同一变压绕组。为了确保CT机的供电稳定，抑制脉冲浪涌干扰，一般需加接交流稳压器。CT系统电源干线容量应大于机组额定总功率的10%~20%。

CT机必须有良好的接地装置，其电阻<4Ω，并每隔半年需检查一次。而接地端到所有被接地保护的金属零部件间的电阻也必须<0.1Ω。

2. MRI

1）设备简介

MRI，又叫核磁共振成像技术，它是将人体置于特殊的磁场中，用无线电射频脉冲激发人体内氢原子核，引起氢原子核共振，并吸收能量。在停止射频脉冲后，氢原子核按特定频率发出射电信号，并将吸收的能量释放出来，被体外的接收器收录，经电子计算机处理获得图像。

核磁共振成像技术的最大优点是能够在对身体没有损害的前提下，快速地获得患者身体内部结构的高精确度立体图像。利用这种技术，可以诊断以前无法诊断的疾病，特别是脑和脊髓部位的病变；可以为患者需要手术的部位准确定位，特别是脑手术更离不开这种定位手段；可以更准确地跟踪患者体内的癌变情况，为更好地治疗癌症奠定基础。此外，由于使用这种技术时不直接接触被诊断者的身体，因而还可以减轻患者的痛苦。

2）施工技术要求（基础、安装条件等）

（1）土建技术资料

① MRI 机房空间尺寸参考数据（表 4-2）。

MRI 机房空间尺寸参考数据　　表 4-2

房间	建议机房高度（cm）	最小机房高度（cm）	最小机房尺寸（长 × 宽）（cm）
扫描室	275	250	610×400
控制室	210	210	330×200
设备室	257	220	300×200

②重量和尺寸：

对磁体和检查床来说，在液氦达到 70% 的情况下，磁体和检查床总重约 6~10t。因此，扫描室地面应具有充足承重能力。磁体和检查床所在地面（3m×3m）水平误差不得超过 2mm。承重应符合结构相关要求，并得到设计单位的复核认可。

磁体共有四个支撑点，每个支撑点的净面积为 15cm×25cm（即 275cm²），其每个支撑面承受力分别为：N_1=18.6kN；N_2=14.6kN；N_3=11.4kN；N_4=13.8kN。

（2）电源技术要求

①电源需求。配电设备的安装要复核国家现行标准。磁共振主机供电需单独直接从医院主变压站拉线至磁共振主机专用配电箱，不再连接其他负载。辅助设备供电（空调、冷水机等）另敷线路，避免一些频繁启动的高压设备对磁共振主机的电源干扰。

②扫描室内的照明和插座。直接靠近磁体的灯的工作寿命受磁场的影响。灯丝会随电源的频率而震荡。因此，建议扫描室采用直流照明电灯。直流电源的交流残余波纹应小于或等于 5%。由磁性物质所构成的用电设备被用在扫描室内会由于磁场的原因产生危险，因此扫描室内不安装交流插座。

（3）室内环境需求

MRI 机房室内相对湿度要求没有冷凝水产生，最大温度梯度 1K/5min，运行参数应设置在这些限定之内，通风符合当地的标准规定。为满足以上特定条件，应采用恒温恒湿的精密空调系统是必需的。为防止空调冷凝水滴入电子器件而损坏 MRI 设备，空调风管走向和送回风口需避开滤波器和 MRI 机柜（表 4-3）。

MRI 机房室内环境需求　　表 4-3

分项	扫描室	设备室	控制室 / 诊断室
室温（℃）	18~24	15~30	15~30
相对湿度（%）	40~60	40~80	40~80
系统散热（kW）	3	5.0	2.0+ 激光相机

（4）场地需求

MRI设备系统所在的位置需保证运行中既没有外部的干扰而影响磁场的均匀性和系统的正常运行，也要保证人员的安全和其他敏感设备的功能不收磁场的影响。特别要求在0.5mT限制区域需要设磁场警告标志。如果磁通密度在指定区域超过0.9mT，需要设置警告标志并做限制进入措施。

①磁场对其他设备的干扰。某些设备和系统的功能会受到磁场的影响，故在布局时需考虑避免。

②外界对磁场的干扰因素，包括静态干扰和动态干扰。静态干扰的因素，例如：铁梁、钢筋水泥，特别是磁体下方应满足最小间距要求。动态干扰的因素，例如运动的铁磁物品、电缆、变压器等。为避免此影响，也应满足最小间距要求。

（5）运输通道

①由于磁体和检查床总重约6~12t，需聘请专业起重公司负责磁体的吊卸及就位。

② MRI设备运输通道的要求。MRI磁体搬运通道的最小尺寸为宽2.4m、高2.5m，需在此提示某一面墙上预留洞口（宽2.6m、高2.8m，在砌体隔墙是增设构造柱及过梁等），该预留洞口需在MRI设备运输完成后进行封闭（含磁屏蔽及内装施工），在今后更换新设备时再打开此预留洞口。其他机柜搬运通道门的最小尺寸为宽1.2m、高2.1m（图4-5）。

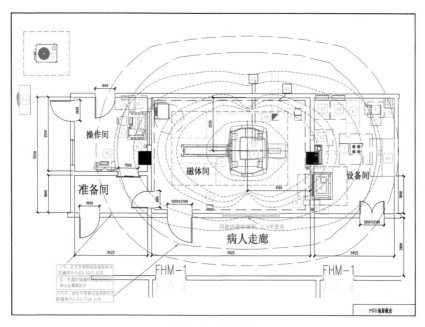

图4-5 MRI室

3. PET

1）设备简介

PET，全称为：正电子发射型计算机断层显像，它是将某种物质，一般是生物生命代谢中必需的物质，如：葡萄糖、蛋白质、核酸、脂肪酸，标记上短寿命的放射性核素，注入人体后，根据人体不同组织的代谢状态不同，来反映生命代谢活动的情况，从而达到诊断的目的。

一些短寿命的物质，在衰变过程中释放出正电子，一个正电子在行进十分之几毫米到几毫米后遇到一个电子后发生湮灭，从而产生方向相反（180°）的一对能量为 511KeV 的光子（Based on Pair Production）。这对光子，通过高度灵敏的照相机捕捉，并经计算机进行散射和随机信息的校正。经过对不同的正电子进行相同的分析处理，我们可以得到在生物体内聚集情况的三维图像。

2）施工技术要求

（1）机房空间需求及运输通道

①机房有监察室和控制室组成，其尺寸需求见表 4-4 所列。

机房尺寸　　　　　　　　　　　　表 4-4

分项	尺寸需求（m）
扫描件推荐最小净尺寸（长 × 宽 × 高）	6.75 × 4.2 × 2.8
病人及设备出入门最小净尺寸（宽 × 高）	1.2 × 2.1
与设备出入口门相邻的最小走廊宽度	2.5
观察窗参考尺寸（宽 × 高）	1.5 × 0.9
窗底边距地面	0.8
操作间推荐净尺寸（长 × 宽 × 高）	3.0 × 4.2 × 2.8
操作间门最小净尺寸（宽 × 高）	0.9 × 2.0

②运输通道需求见表 4-5 所列。

运输通道　　　　　　　　　　　　表 4-5

系统部件名称	带箱尺寸（cm）	带箱重量（kg）	拆掉包装后最小尺寸需求（cm）					重量（kg）
			门宽	电梯宽	电梯长	走廊宽	高度	
CT 机架	230 × 150 × 281	2100	140	140	281	250	200	1960
NM 机架	222 × 152 × 221	2600	140	140	221	250	200	2500
扫描床	115 × 95 × 300	690	100	100	300	250	—	650

（2）系统电源需求

①系统电源采用符合国家规范的供电制式。电压 380V，最大偏差范围 ±10%，不超过 10V。频率 50Hz，最大偏差不超过 ±3Hz。

②系统设备最大功率为 90kVA，功率因数 0.85；设备最大瞬间峰值电流为 152A、连续电流 30A，推荐使用最小过电流保护器的额定电流为 110A。

③设备需求专线回路供电。三相导线标明相序后与 PE 线一并引入配电柜。进线电缆需采用

多股铜芯线，介入柜内额定电流为 110A 的断路器。配电柜需具备防开盖锁定功能，配电柜紧急断点按钮需安装在操作间中操作台旁的墙上，便于操作人员在发生紧急情况时切断系统电源。

④变压器到配电柜质检的供电电缆截面应保证输出端到设备配电柜的压降小于 2%。

⑤空调、照明及电源插座用电需与本系统用电分开，根据所需设备的负荷单独供电。扫描件及操作间均要有带地线的 220V 电源插座，以便维修。

⑥电缆沟尺寸通长为（宽 × 深）20cm × 20cm，操作间分别和扫描件、设备间之间需要预留 20cm × 20cm 的电缆窗墙孔。

（3）保护工作接地

设备需求设备专用 PE 线，接地电阻小于 2Ω。

①若电源供电制式为 TN-S，可从接地母排引出 GE 设备专用绝缘的 PE 线，同时须在医疗设备附近设置一接地电阻小于 2Ω 的重复接地极，并将此接地极与 GE 设备配电柜内的 PE 端子相连。

②若电源供电制式为 TN-C，将其制式改为 TN-C-S，在设备配电柜前一级配电柜将 PEN 线分成与 PEN 线等截面的 PE 线和 N 线，同时需在该设备附近设置一接地电阻小于 2Ω 的重复接地极，并将此接地极与设备配电柜内的 PE 端子相连接。

③若电源供电制式为 TT，则需在设备附近设置接地电阻＜ 2Ω 的接地极。

（4）扫描件承重需求

扫描机架的重量为 2100kg，CT 扫描机架的重量为 1850kg，扫描床自重为 450kg。机架和床均用地脚螺栓固定于地面。准直器推车的重量为 250kg，PDU 的重量为 350kg；螺栓固定位置处地下有 166mm 水泥层，且无钢筋等物影响螺栓固定；地面平整度要求每延长 1.5m 水平误差小于 5mm。

（5）震动需求

震动会影响 PET 的图像质量，故场地震动不得超过表 4-6 所列限制要求。

震动要求   表 4-6

振动频率范围（Hz）	≤ 10	≤ 12.5	≤ 16	≤ 80
震动有效值（rms）（mm/s²）	2.5	3.1	5	25

（6）温湿度要求

PET 机房温湿度要求见表 4-7 所列，扫描件的推荐温度为 22℃，因 NM 的晶体探测器对湿度要求非常严格，故需在扫描间配备专用的抽湿设备。

温湿度要求   表 4-7

房间	温度（℃）	温度变化率（℃/h）	湿度（%）	湿度变化率（%/h）	散热量（km）
扫描间	18~26	≤ 3	30 ~ 60	≤ 5	9.2
操作间	18~26	≤ 3	30 ~ 60	≤ 5	2.7

（7）电磁干扰需求

扫描机架、扫描床和控制台需处于静磁场 1 高斯（Gs）、交流磁场 0.01 高斯（Gs）以外的地方，不要设置于变压器、大容量配电房、高压线、大功率电机等附近，以避免产生强交流磁场影响设备的工作性能。

（8）辐射防护需求

放射源辐射防护需根据当地卫生监督部门的需求并遵从相关法规，设备 CT 部分的参考曝光条件为：140kV、380mA。其扫描室防护门上方设置 X 射线警示灯，需和医疗设备联动。

（9）空气质量需求

确保安装场地满足国家标准《工业过程测量和控制装置的工作条件　第 4 部分：腐蚀和侵蚀影响》GB/T 17214.4—2005 中的 1 级工业清洁空气需求。

（10）照明需求

在各房间配备足够的照明设施，建议在扫描间和操作间配备两路照明系统，即恒定的荧光照明和可调的白炽照明系统，以满足病人的舒适感和方便操作人员对病人和屏幕的观察。

4　DSA

1）设备简介

DSA，介入融通疗法，它是血管造影的影像通过数字化处理，把不需要的组织影像删除掉，只保留血管影像，这种技术叫作数字减影技术，其特点是图像清晰，分辨率高，对观察血管病变，血管狭窄的定位测量，诊断及介入治疗提供了真实的立体图像，为各种介入治疗提供了必备条件。主要适用于全身血管性疾病及肿瘤的检查及治疗。应用 DSA 进行介入治疗为心血管疾病的诊断和治疗开辟了一个新的领域。主要应用于冠心病、心律失常、瓣膜病和先天性心脏病的诊断和治疗。

2）施工技术要求

（1）运输通道需求：该类设备未开箱的最大单件包装箱尺寸为 263cm×118cm×207cm（长 × 宽 × 高），质量为 1175 kg；拆除包装后带有运输支架的最大单件部件尺寸为 247cm×100cm×190cm（长 × 宽 × 高），质量为 910 kg。因此，从室外至机房应有平坦的运输通道，通道门高至少 210cm，在通道宽度为 230cm 时，门宽至少为 150cm；如果安装在二层及以上楼层时，垂直运输电梯净尺寸为 110cm×200cm×250cm（宽 × 高 × 长）。

（2）设备承重需求：检查室内部件在地板上的总重量为 850kg，在天顶上的总重量为 1500kg。

（3）电磁干扰需求：所有设备所在位置的静磁场环境需小于 0.1 mT。

（4）网络需求：远程服务需 ADSL 端口 1 个；网络端口数量（用于打印、图像备份和传输）：两用一备；网络端口位于控制室观察室窗下距地面 30cm；使用 1000Mbit（RJ45）自适应以太网、六类屏蔽网。

（5）施工和装修需求：

①顶棚吊架需求：按厂家提供机房图完成 C 臂轨道、监视器轨道的顶棚吊架及顶棚出线口吊架；吊架钢结构底部到最终完成地面的高度为 2900（+10~0）mm；吊架钢结构需求水平其底部最高点到最低点的水平偏差小 ≤ 2mm。顶棚吊架钢结构由设计单位设计。

②检查床基座底板的安装和面需求：检查床基座铁板由厂家提供，医院在机房建设时参照机房图的需求，完成底板基础的施工和基座铁板的安装，铁板铺设需求水平偏差不大于 2mm。

③电缆沟 / 槽的需求：所有顶棚线槽、墙面及墙内线槽、电缆沟 / 槽按照设计施工；所有线槽宜使用金属材料，并可靠接地；所有线槽均需有可打开的外盖；天顶到墙面线槽，需做圆弧或斜坡转接。

④照明需求：在显示器附近区域的灯光应使用带电阻调光器的白炽灯。一般的日常照明建议使用平面安装或嵌入式的荧光灯。

⑤装修材料需求：由于此类设备多用于介入手术治疗，故检查室需参考手术室装修需求。室内地面不宜使用木质地板，建议铺设 2~3mm 厚的橡胶地板。

⑥其他技术需求：控制室内需提供长 × 宽 × 高为 2.0m × 0.9m × 0.75m 的控制台，用来安放控制及图像处理终端；由于在检查室内还有可能使用其他辅助设备，在内墙上均匀设置 10 个以上普通电源插座；出于日常清洁和维修保养需要的考虑，在设备机房、控制室、暗室内，也需要安装普通电源插座；在进行放射防护卫生评价时，射线参数为：X 线球管的最大管电流为 1250mA，最大管电压 125kV。

5. 核磁共振

1）设备简介

核磁共振（Nuclear Magnetic Resonance，NMR）是处于静磁场中的原子核在另一交变磁场作用下发生的物理现象。通常人们所说的核磁共振指的是利用核磁共振现象获取分子结构、人体内部结构信息的技术，即磁共振成像。并不是所有原子核都能产生这种现象，原子核能产生核磁共振现象是因为具有核自旋。原子核自旋产生磁矩，当核磁矩处于静止外磁场中时产生进动核和能级分裂。在交变磁场作用下，自旋核会吸收特定频率的电磁波，从较低的能级跃迁到较高能级。这种过程就是核磁共振。

核磁共振是一种物理现象，作为一种分析手段广泛应用于物理、化学生物等领域，到 1973 年才将它用于医学临床检测。

2）施工技术要求

（1）环境要求

因为核磁检查是利用人体内氢原子被射频脉冲激发释放发出电信号的原理，而这个电信号非常微弱，易受到外界干扰，因此机房对环境的要求就非常高。通长离磁体中心点一定范围内不得有电梯、汽车等大型运动金属物。尽量远离发电机、泵站、停车场、大型电机等震动源。

由于 MR 磁体的强磁场性，故应限制带心脏起搏器、生物刺激器等植入金属物体的病人进入磁场强度大于 5G 的区域，以免引起人身伤害。

（2）土建要求

考虑到磁体自重很大，应先做好受力分析，以确保安全。磁体基座单独浇筑成块，3m 水平差应保持在 3mm 以内。磁体间、操作间、设备间墙体为 240mm 砖混结构，墙体需密封到顶，防止设备工作时的噪声对操作人员的影响。操作间、设备间的墙面需保持平整度和光洁度，地面平整度误差小于 5mm。干燥后要做 SBS 防潮处理。

（3）电源要求

电源要复核国建规范的三相五线制的供电要求，电压 380V，最大偏差不超过 10%，频率 50Hz，不得超过 ±3%Hz。15T 核磁最大瞬间功率 544kVA，平均功率 29kVA，要求专线供电，配置独立变压器，容量为 75kVA。

为防范突然停电和网络波动给设备带来不可估量的损害，所以需专门配备稳压电源和 UPS。接地系统要求采用设备专用 PE 线，接地电阻小于 2Ω。在接地电阻符合要求的前提下，需做好与激光相机、工作站等设备有线缆连接的等电位连接。进入磁体间的电源加装了电源滤波器、磁体间内使用直流照明，避免交流电产生的交变磁场，导致成像质量下降。配电柜的紧急按钮安装在操作台旁的墙面上，以备在发生紧急情况时操作人员能迅速切断系统电源。

（4）屏蔽要求

机房屏蔽是必须做好的一项重要工作，系统中发射器与接收器组成的射频单元是重要的组成部分，发射器工作时产生处于电磁波谱的米波段的 RF 脉冲，对邻近的无线电设备进行干扰。另一方面，线圈接受的为纳瓦级的共振信号功率，易受干扰。所以磁体室必须安装有效地 RF 屏蔽。

屏蔽工程上所有的金属材料（含辅助材料），需采用对磁场、电场和平面波都具有良好的屏蔽效能，同时又具有一定刚性的非导电材料（多采用铜、铝或不锈钢等），严禁使用磁性材料。观察窗口上加装了一层铜网，一层不锈钢网的双层网状屏蔽体。凡进入磁体室的电源线、信号线均经过滤板进出，送、回风口等通过相应的波导管。屏蔽工程完工后请专业机构的技术人员按国家标准进行检测，验收合格。

6. 直线加速器

1）设备简介

医用电子直线加速器是利用具有一定能量的高能电子与大功率微波电场相互作用，从而获得更高的能量，并将电子直接引出，打击重金属靶，产生韧致辐射，发射 X 射线，做 X 线治疗。

一个最简单的电子直线加速器至少要包括，一个加速场所（加速管），一个大功率微波源和波导系统，控制系统，射线均整和防护系统。

2）施工技术要求

（1）机房尺寸及运输通道需求

一般情况下，根据辐射防护的需求，机房内净宽（主防护墙之间）为 6.0~7.5 m，前后副防护墙之间净宽为 7.5~8.5m，机房内净高为 3.6~4.2m，迷道净宽为 2.0~2.1m，在迷道外靠副防护墙设置控制室（宽度为 3.0~4.2m），迷道门洞宽度与其净宽一致机房主防护墙厚度为 2.5~2.9m。副防护墙厚度为 1.2~1.6m。

若直线加速器机房位于地下室，建议在地上建筑之外设置吊装孔，其平面尺寸为 4.5m×2.5m；设备带包装箱运输时所有通道高度不小 2.6m，宽度不小于 2.2m；从拆箱场地到机房之间的通道高度不小于 2.2m，宽度不小于 2m；运输通道地面必须满足点承重 600kg 的要求。

（2）设备射线防护参数

①X 线参数：最大 X 线能量 15MV；最大剂量率 600cGy/min；最大射野尺寸为 40cm×40cm。

②电子线参数：最大常规电子线剂量率 400cGy/min；最大射野尺寸为 20cm×20cm。

（3）电源需求

①直线加速器及精确治疗床系统电源需求：额定功率：30kW；线制为三相五线制（三相动力电、零线、接地线、不带漏电保护）；额定相间电压为 380~420V；电源频率为 50Hz 或 60Hz；电流强度为每相最大浪涌电流为 60A；电压波动范围 <±6%。三相动力电必须连接到一个隔离器或空气开关上，电源应尽量从主电源变压器直接供电；提供独立设备工作接地，接地电阻小于 1Ω。紧急开关（共 6 个）串联回路电阻需确保不超过 1Ω；加速器主机电源不可增加漏电保护装置。

②真空泵系统电源需求：额定功率为 2kW，线制为单相三线制，额定电压为 240V，电源频率为 50Hz；电流强度：最大的浪涌电流为 10A。

③XVI 电源需求：额定功率为 32kW，线制为三相四线制，额定相间电压 380~420V，电源频率为 50Hz，电流强度为最大浪涌电流 63A。

④水冷机房电源需求：额定功率为 10kW；线制为三相五线制；额定相间电压为 380~420V；电源频率为 50Hz；电流强度为每相最大浪涌电流为 30A。

（4）室内环境需求

①用户隔断板后侧区域（机架区）：在用户隔断板后侧，机架和接口柜的散热在正常治疗时接近 5kW，最大的平均散热为 4.3kW。空调系统应能使温度保持在 22~24℃之内，并保证不超过 26℃，每天 24h 内相对湿度小于 700%。

②病人治疗区：为去除异味并使病人及操作人员感觉舒适，需保持室内通风在 10~12 次/h，室温为 22~24℃，相对湿度同样在任何时间（包括夜晚和周末）也不可超过 70%。

（5）机房设计及施工注意事项

①机房内供电电缆、空调用穿墙管等管线不能占用设备所需的电缆沟，需预留在其他位置；不能采用砖砌电缆沟壁，需支模浇筑混凝土；固定机器的螺栓孔位置是固定的，为避免孔位落在电缆沟上，地坑及机架基础范围内的电缆沟位置尺寸需严格按照厂家提供的基础图进行施工，位置误差必须小于 10mm，地坑深度需控制在 235~237mm 之间，机架基础水平误差必须小于 2mm。

②地坑及机架基础的混凝土地面需求：地坑及机架基础部分混凝土地面厚度不小于 250mm，该厚度范围内的混凝土一次性浇筑；地坑及机架基础部分混凝土强度不小于 30MPa；地坑及机架基础部分混凝土密度不小于 2.35t/m³；地坑及机架基础部分使用混凝土中水泥含量不小于 275kg/m³；使用前最短养护时间不少于 28d；基础平面对角水平误差不大于 2mm；确保工程质量，保证混凝土地面无空洞、无裂缝、无气泡、无其余建筑材料。

③确保工字钢梁位置在等中心轴线正上方，左右偏差需小于 20mm，工字梁下方的顶棚高要预留 600~800mm 宽滑车通道，工字梁下方不得有横穿的管道。

④水冷机标准配置为分体式水冷机，需要在水冷机房与室外之间预留直径 100mm 的管路（空调穿墙管相同）。可选购一体式水冷机，则需要确保水冷机房内散热量 15kW 的需求，也可采用 85m³/min 的通风量或采用空调降温。

⑤治疗室内需确保通风系统正常工作，需符合环境评估报告的要求，注意送风和排风管道设置。

7. 牙椅

1）设备简介

牙椅是供口腔手术及口腔疾病的检查和治疗用。目前多采用电动式牙科椅，通长整机箱底板固定于地面，并通过支架将底板与牙科椅的上部联结，牙科椅的动作受控于椅背上的控制开关，治疗机主要由高速手机、低速手机（气动式或电机式）、三用喷枪，吸唾器、自动给水器、器具盘、无影灯、X 光观片灯、洁牙机、光固化机（通常为选配）、痰盆及气、水、电控制部分组成，其工作原理是：控制开关启动电动机运转并带动传动机构工作，使牙科椅相应部件产生移动。根据治疗需要，操纵控制开关按钮，牙科椅可完成上升、下降、俯、仰体位和复位等动作。

2）施工技术要求

气、水、电是牙科综合治疗椅必备的三要素，所以在安装前必须将气、水的管路布好（最好是从地下走），在水路中最好安装初次水过滤器，以免影响机内水滤芯的寿命，气泵不要离治疗椅太近，以免打气时的噪声影响患者治疗。如果设备较多，建议采取中央供气，这样不仅能节省开支，减少故障，又能保障供气质量。

（1）水源需要需求

①所有管、线敷设在地箱开口区域 180×180mm 范围内。

②压缩空气和自来水管接头为 4/8″ 内丝接头。

③下水管和负压管材质为 PVC，管径为内径 ϕ36.5mm，外径 ϕ40mm，所有弯头为 45°。

④内窥镜线管材质为 PVC 从牙椅底座敷设至电脑主机旁。外径为 ϕ50mm，所有弯头为 45°。

⑤电源线为 3×1.5mm²，火、零、地线接入配电箱 10A 空气开关，牙椅端预留长 700mm。

⑥负压控制线为 2×1 mm²，红、黑二色，一端接入负压吸引机，牙椅端预留长700mm。

⑦管、线走向"横平竖直"，避开地钉位置。

（2）电源、气源、负压需求

电源：220V、50Hz 交流电。气源：中央气泵供气。负压：负压泵抽吸。

8. 钴 60 治疗设备

1）设备简介

（1）钴 60 治疗设备：治疗时，启动电磁阀通电，将气源接通，利用气动机构将钴源筒推出 300mm，停留在放射口处，进行照射，当定时照射结束时，钴源筒便主动退回，将钴源稳定，可靠地停放在贮藏位置。

治疗过程中当突然发生断电时，钴源筒能自动返回原位，以确保治疗安全。

（2）伽马射线立体定位治疗系统（γ）：是一个布满直准器的半球形头盔，头盔内能射出 201 条钴 60 高剂量的离子射线（γ），借助 CT 和磁共振等现代影像技术精确地定位于颅内某一部位（靶点），定位极准确，误差常小于 0.5mm；每条伽马射线剂量梯度极大，对组织几乎没有损伤。但 201 条射线从不同位置聚集在一起可致死性地摧毁靶点组织。

伽马刀具有无创伤、不需要全麻、不开颅、不出血和无颅内感染等优点。

2）施工技术要求

（1）钴 60 治疗机机房设计基本和直线加速器机房设计类似，但由于钴 60 治疗是1.33MeV 的 γ 射线，能量明显低于加速器的 X 射线，主屏蔽墙厚度约为 130cm，副屏蔽墙厚度约为 65cm。钴 60 治疗机对环境的需求与加速器基本相同，不需要水冷机等辅助房间，对电源需求较低。

钴 60 治疗设备机房由治疗室、控制室、准备室三部分组成，其中准备室可根据情况而定平面布置以控制室为中心，治疗室、准备室分列左、右边综合医院单独设计后装机建筑时，应尽可能缩短其与 X 光室、肿瘤患者病房之间的距离。

①机房地面需求：治疗室地面要求能承受荷载 7.5kg/cm²。

②机房净尺寸：治疗室需净尺寸（长 × 宽 × 高）一般为 5.4m × 6.0m × 2.8m；控制室需净尺寸（长 × 宽 × 高）一般为 7.20m × 3.30m × 2.8m。

③出入口需求：治疗室和控制室之间采用一次转折迷道布置；内入口做成门洞形式，不能直通到顶棚，门洞高 2000mm；迷道外防护门采用钢架结构外包铅板（铅板厚度按防护评价计算确定）。

④电源需求：电源需求是 220VAC ± 10%，50Hz、最大功率 500W；治疗室内应有2~3 个单相三极电源插座，以便于空调等电气设备供电；控制室穿墙孔下安装 2~3 个单相三极电源插座；电缆沟尺寸为（宽 × 深）0.25m × 0.15m。工作接地电阻小于 4Ω。

⑤室内温湿度需求：治疗室内温度范围一般为 15~35℃，相对湿度范围一般为30%~70%。

⑥室内照明与通风需求：治疗室采用封闭式结构时，室内采用人工照明，照明开关应在内入口和外入口处各设一个；控制室、准备室内应安装照明灯。控制室向外界的两面墙上应开窗户。

⑦防护需求：治疗室根据周围环境情况可采用封闭式屏蔽墙结构或半封闭式屏蔽墙结构。

（2）伽马射线立体治疗系统机房设备类似于钴 -60 治疗机机房设计。但由于伽马刀治疗系统自身有部分射线防护效果，所以治疗室屏蔽墙较钴 -60 治疗室需求更低。伽马刀机房主要包括定位室、治疗规划室、控制室、伽马刀治疗室。

①机房尺寸：治疗室标准净尺寸一般为 7.5m×5.5m×3.0m（长 × 宽 × 高），机房门洞最小净尺寸一般为 2.0m×2.0m（宽 × 高），定位室、规划室、控制室参考尺寸一般为 4.2m×3.6m（长 × 宽）。

②运输通道：运输通道宽度＞ 2.4m，高度＞ 2.2m，并需要布置拖运地桩。

③电源需求：设置配电间（或配电箱），主机设备供电须设 220V 稳压电源，并配有双路电源供电。γ 刀机房动力电负荷为 5kW。各房间设 220V、15A 电源插座 4 个。控制室操作台位置安装欧洲标准插座一个。控制室内沿靠操作台距墙边 100mm 设电缆沟，其尺寸为（宽 × 深）20cm × 25cm。控制室与治疗规划室之间通过通信网络线连接，从治疗规划室预埋一根 ϕ20mm 线管至控制室电缆沟处，用于布置数据网络线。保护工作接地电阻成 1Ω。

④通风及温湿度需求。温湿度：机房内夏季温度为 26~27℃、相对湿度为 45%~50%，冬季温度为 23~24℃、相对湿度为 40%~50%。机房内每小时换气 4 次，总风压不小于 60Pa。

⑤防护需求：机房辐射区四周墙体防护厚度及防护门铅板厚度根据防护评价报告确定。

9. 无影灯

1）设备简介

手术无影灯用来照明手术部位，以最佳地观察处于切口和体腔中不同深度的小的、对比度低的物体。由于施手术者的头、手和器械均可能对手术部位造成干扰阴影，因而手术无影灯就应设计得能尽量消除阴影，并能将色彩失真降到最低程度。此外，无影灯还须能长时间地持续工作，而不散发出过量的热，因为过热会使手术者不适，也会使处在外科手术区域中的组织干燥。

手术无影灯一般由单个或多个灯头组成，系定在悬臂上，能做垂直或循环移动，悬臂通常连接在固定的结合器上，并能围着它旋转（图 4-6）。无影灯采用可消毒的手柄或设消毒的箍（曲轨）进行灵活定位，并具有自动刹车和停止功能以操纵其定位，在手术部位的上面和周围，保持相宜的空间。无影灯的固定装置可安置在顶棚或墙壁上的固定点上，也可安置在顶棚的轨道上。

2）施工技术要求

手术无影灯是医院进行手术的必备照明设施，为使灯光能对准照射部位，经常要用较大的力量进行上推、下拉、扭转等操作，灯的受力关系比较复杂。因此，它的安装质量如何，直接影响设备的安全使用及功能的发挥。如何根据手术不同的建筑构造，高质量地完成无影灯的安装，使之能经长时间的使用不出现结构性的故障，应引起足够重视。

（1）目前用作手术室建筑屋顶面的结构大致有两大类：一类是屋面为现浇混凝土，这种屋面结构已经在规定位置预留了

图4-6 手术无影灯

手术无影灯的安装点，使得工程变得简单，可以在不破坏屋顶面混凝土结构的情况下安装需要的手术无影灯。为了更好地适应无影灯的承重特点，屋顶横梁与法兰盘连接处可采用10号槽钢，槽钢的槽口应处于水平方向，作为一种两端固定的简支梁结构，如果以负荷的重量计算，槽钢本身的强度不会出现问题。这种安装方式的关键点在于两端的横梁支撑件的选择和固定，因为两端的支撑要承担手术无影灯的安装构件，并已通过安全计算（即在建筑施工图纸中预先设计无影灯的安装）此类情况经校对图纸、了解现场施工情况后，若无疑问，可直接进行无影灯的安装。

（2）另一类是屋顶面直接承载无影灯及水平横梁的全部重量，以及使用中产生的全部外力，这种屋面结构可选用15号角钢或1/0不等边角钢，分别用穿墙螺栓或膨胀螺栓固定在圈梁侧面。固定手术无影灯的螺栓基本不承受拉力，不会被拉出而所能承受的剪切力远超过负荷的形式构造。

如屋面虽为现浇钢筋混凝土，但未预埋手术无影灯安装构件，或屋顶面为预制水泥空心盖板以及其他构造时，则不适合直接安装手术无影灯。施工人员需在安装无影灯之前先根据手术室的土建结构及室内的宽高尺寸，再制订合理可靠的安装方案，水平横梁可用螺栓固定在两端支撑的平面上，以防止其水平方向的移动。水平横梁应采用无扭曲变形，优质钢厂生产的槽钢，其长度不要过短，不可为省料而采用短料接长的方法。

（3）手术室顶部的预埋系统和楼板接触部分一定要打穿楼层，用至少 ϕ18mm以上的螺丝杆，联结预埋铁板A和预埋铁板B，并配上相应的垫片螺丝，然后浇注水泥，将铁板A覆盖，并做好防漏措施。

（4）对于手术室中心位置有横梁，一定要打穿横梁至少两个 ϕ20mm以上的孔，且孔位置在横梁底端上方至少200mm，两孔间距不小于300mm，再用铁杆穿孔，焊接，并用螺丝把预埋件牢牢拧紧。

（5）坚决杜绝膨胀螺丝来固定预埋件，特定的环境和特定的情况下及时进行沟通和

联系！

（6）预埋件的承重要求大于 800kg，当灯臂臂展 2m 时，单灯需承受 500N·M 预埋件不可晃动，双灯需承受 800N·M 不晃动，三灯臂可承受 1200N·M 不晃动。

（7）预埋系统要保证正常使用 10 年以上不可出现晃动等安全因素。

（8）电源线的安装：无影灯的供电电压为交流 220V，并有黄绿接地线（N+L+PE），线径 2.5mm，三根线为一组，一个灯臂需要一组线，例如，将安装三灯臂的无影灯房间，需要 3 组交流接入电源；电源线通过室内控制面板或墙壁开关连接至预埋件底盘处，并在底盘处留有 1m 左右的余量。

第 **5** 章

医院功能单元
施工技术

5.1 医院功能单元划分

医院主要功能单元划分见表 5-1。

表 5-1

医院功能单位划分表

分类	门诊、急诊	预防、保健管理	临床科室	医技科室	医疗管理
各功能单元	分诊、挂号、收费、各诊室、急诊、急救、输液、留院观察等	儿童保健、妇女保健等	内科、外科、眼科、耳鼻喉科、儿科、妇产科、手术部、麻醉科、重症监护科（ICU 和 CCU 等）、介入治疗、放射治疗、理疗科等	药剂科、检验科、医学影像科（放射科、核医学、超声科）、病理科、中心供应、输血科等	病案管理、统计管理、住院管理、门诊管理、感染控制管理等

5.2 医院主要功能单元施工技术

5.2.1 临床重点科室

1. 洁净手术部

1）科室简介

洁净手术部是由洁净手术室、洁净辅助用房和非洁净辅助用房组成的自成体系的功能区域（图 5-1）。洁净手术室是采取一定的空气洁净措施，对手术室的空气进行除菌、温湿度

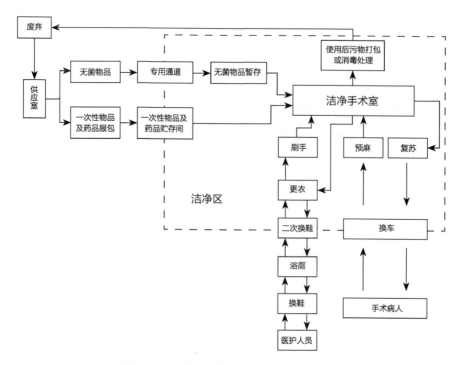

图 5-1 洁净手术部人、物净化流程示意图

调节、新风调节等系列处理，过滤掉空气中的尘粒，同时也除掉微生物粒子，使手术室保持在洁净、温湿度适宜状态，最终达到一定空气洁净度级别的手术室（图 5-2）。

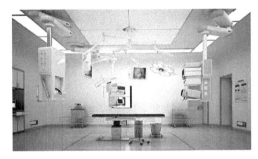

图 5-2 洁净手术室

洁净手术部用房分为四级，并以空气洁净度级别作为必要保障条件。在空态或静态条件下，细菌浓度（沉降菌法浓度或浮游菌法浓度）和空气洁净度级别都必须符合划级标准。

2）装饰及施工要求

（1）总体要求

①洁净室建筑装饰工程施工应在主体结构、屋面防水工程和外围护结构验收完成后进行。

②洁净室建筑装饰施工应与其他工种制订明确的施工协作计划和施工程序。

③洁净室的建筑装饰材料除应满足隔热、隔声、防振、防虫、防腐、防火、防静电等要求外，尚应保证洁净室的气密性和装饰表面不产尘、不吸尘、不积尘，并应易清洗。常见装饰材料的要求见表 5-2 所列。

常见装饰材料要求　　　　　　　　　　　表 5-2

项目	要求	材料举例	使用部位		
			顶棚	墙面	地面
发尘性	材料本身发尘量少	金属板材、聚酯类表面装修材料、涂料	√	√	√
耐磨性	磨损量少	水磨石地面、半硬质塑料板		√	√
耐水性	受水浸不变形、不变质，可用水清	铝合金板材	√	√	√
耐腐蚀性	按不同介质选用对应材料	树脂类耐腐蚀材料	√	√	√
防霉性	不受温度、湿度变化而霉变	防霉涂料	√	√	√
防静电	电阻值低、不易带电，带电后可迅速衰减	防静电塑料贴面板，嵌金属丝水磨石	√	√	√
耐湿性	不易吸水变质，材料不易老化	涂料	√	√	
光滑性	表面光滑，不易附着灰尘	涂料、金属、塑料贴面板	√	√	√

④洁净室不应使用木材和石膏板作为表面装饰材料。隐蔽使用的木材应经充分干燥并作防潮防腐和防火处理，石膏板应为防水石膏板。

⑤洁净室建筑装饰工程施工应实行施工现场封闭清洁管理，在洁净施工区内进行粉尘作业时，应采取有效防止粉尘扩散的措施。

⑥洁净室建筑装饰施工现场的环境温度不宜低于 5℃。当在低于 5℃ 的环境温度下施工时，应采取保证施工质量的措施。对有特殊要求的装饰工程，应按设计要求的温度施工。

（2）墙面施工

洁净手术部内墙面应使用不易开裂、阻燃、易清洗和耐碰撞的材料。墙面必须平整、防潮防霉。Ⅰ、Ⅱ级洁净室墙面可用整体或装配式壁板；Ⅲ、Ⅳ级洁净室墙面也可用大块瓷砖或涂料，缝隙均应抹平。

洁净手术部内墙面下部的踢脚必须与墙面齐平或凹于墙面，踢脚必须与地面成一整体，踢脚与地面交界处的阴角必须做成 $R \geqslant 40mm$ 的圆角，其他墙体交界处的阴角宜做成 $R \geqslant 30mm$ 的圆角，通道两侧及转角处墙上应设防撞板。

①金属墙面

如电解钢板、彩钢板、镀铝锌板、不锈钢板等，装配式金属夹心板的钢板名义厚度不应小于 0.5mm，金属墙面的保温材料（或夹心材料）一定要用不燃材料，目前常用的有石膏板、岩棉板等。

②非金属墙面

如瓷砖、涂料、硅酸钙板、钢化玻璃等，后者由于能带来其他功能，当前很受院方重视。装配式墙面与顶棚结构是重要发展方向

（3）地面施工

①地面应为整体材料，以浅色为宜。

②地面采用 PVC 卷材时，要注意其防火及抗静电性能，满足相关标准。橡胶地板，在耐磨性、导热性、绝缘性、耐污性等方面均优于 PVC 卷材，且可无缝拼接，水磨石地面一般在表面涂以环氧树脂漆。涂涂料的水泥地面，是最经济的，在低级别手术室完全可以采用，此外还有自流平、瓷砖等地面。

（4）顶棚施工

①顶棚上不应开检修孔。

②顶棚的吊挂件不得作为管线或设备的吊架，管线和设备的吊架不得吊挂顶棚。

③轻质顶棚内部的检修马道应与主体结构连接，不得直接铺在顶棚龙骨上，不得在顶棚龙骨上行走和支撑重物。

④顶棚饰面板板面缝隙允许偏差不应大于 0.5mm，并应用密封胶密封。

⑤顶棚内悬挂的有振源的设备，其吊挂方式应满足建筑结构和减振消声的相关规范要求。

（5）门窗施工

①当单扇门宽度大于 600mm 时，门扇和门框的铰链不应少于 3 副，门窗框与墙体固定片间距不应大于 600mm。

②双层玻璃窗的单面镀膜玻璃应设于双层窗最外层，双层或单层玻璃窗的镀膜玻璃，其膜面均应朝向室内。窗帘或百叶，不得安装在室内。

3）机电安装要求

（1）电

①电源

A. 洁净手术部要独立的两路电源供电，这里两路电源是指来自两个不同供电站的不低

于 10kV 电源，如果本地没有两个供电站供电，医院内必须有备用发电机组。

B．由于发电机投入使用需要一定的准备时间，所以有生命支持电气设备的洁净手术室必须设置应急电源。自动恢复供电时间应符合下列要求：

a．生命支持电气设备应能实现在线切换。

b．非治疗场所和设备应小于或等于 15s。

c．应急电源工作时间不应小于 30min。

C．心外科手术室为防止手术过程中触及心脏的设备漏电致人死亡的危险，心脏外科手术室用电系统必须设置隔离变压器。

D．由于新仪器新设备的不断出现和使用，手术室用电量也在逐渐增加，所以手术室配电总负荷除要仔细考量外，非治疗用电总负荷不应小于 3kVA，治疗用电总负荷不应小于 6kVA。

E．由于新仪器新设备的使用，对手术室电源的纯洁度、纯洁性有了新的要求，手术室进线电源的电压总谐波畸变率不应大于 2.6%，电流总谐波畸变率不应大于 15%。

F．电源应加装电涌保护器。

G．进入控制室或辅助房屋的电缆管线宜沿房屋四周的地沟内铺设，并应以"U"或"Z"字迷路形式穿越屏蔽体。

②配电及照明

A．手术部内配电应能分区控制，室内布线不应采用环形布置。B．和生命有关的配电回路要用 IT 系统。

C．每间手术室的治疗用电插座箱最少设 3 个，每箱内有不少于 3 个插座。非治疗用电插座箱至少设 1 个，箱内插座不少于 3 个。插座箱要嵌入墙内，非治疗地面插座应有防水功能。插座箱上应设接地端子，其接地电阻不应大于 1Ω。

D．总配电箱应设在非洁净区内，手术室内的配电箱箱门不应开向手术室。

E．手术室照明灯具应为嵌入式安装，照度均匀度不应低于 0.7。

F．手术室应有紧急照明。

G．屏蔽室内不得安装和使用荧光灯及其他电子照明设备。

（2）水

①给水

A．水质要求：符合国家饮用水标准。

B．两路供水进口，供水管道处于连续正压状态下，管道均应暗装，并采取防结露措施。

C．热水储存时，温度不低于 60℃，循环时不低于 50℃。

D．刷手池龙头按每间手术室不多于 2 个设置。

E．给水管与卫生器具及设备的连接必须有空气隔断，严禁直接相连。

F．给水管道应使用不锈钢管、铜管或无毒给水塑料管。

②排水

A．洁净手术部洁净区不设地漏，其他区域可设钟罩式地漏。

B．排水横管管径选用比设计值大一级。

（3）净化空调

①洁净手术室应与辅助用房分开设置净化空调系统，Ⅰ、Ⅱ级洁净手术室应每间采用独立净化空调系统，Ⅲ、Ⅳ级洁净手术室可2~3间合用1个系统，新风可采用集中系统，各手术室应设独立排风系统。

②Ⅲ级以上（含Ⅲ级）洁净手术室应采用局部集中送风的方式，即把送风口直接集中布置在手术台的上方。

③净化空调系统空气过滤的设置，应符合下列要求：

A．至少设置三级空气过滤。

B．第一级应设置在新风口或紧靠新风口处，并符合规范规定。

C．第二级应设置在系统的正压段。

D．第三级应设置在系统的末端或紧靠末端的静压箱附近，不得设在空调箱内。

④洁净用房内严禁采用普通的风机盘管机组或空调器，准洁净手术室和Ⅲ、Ⅳ级洁净辅助用房，可采用带亚高效过滤器或高效过滤器的净化风机盘管机组，或立柜式净化空调器。

⑤新风口的设置应符合下列要求：

A．应采用防雨性能良好的新风口，并在新风口处采取有效的防雨措施。

B．新风口进风速度应不大于3m/s。

C．新风口应设置在高于地面5m，水平方向距排气口3m以上，并在排气口上风侧的无污染源干扰的清净区域。

⑥手术室排风系统的设置应符合下列要求：

A．手术室排风系统和辅助用房排风系统应分开设置。

B．各手术室的排风管可单独设置，也可并联，并应和送风系统连锁。

C．排风管上应设对≥1μm大气尘计数效率不低于80%的高中效过滤器和止回阀。

D．排风管出口不得设在技术夹层内，应直接通向室外。

E．每间手术室的排风量不宜低于200m³/h。

F．手术室空调管路应短、直、顺，尽量减少管件，应采用气流性能良好、涡流区小的管件和静压箱。管路系统不应使用软管。

（4）气流组织

①Ⅰ-Ⅱ级洁净手术室内集中布置于手术台上方的送风口，应使包括手术台的一定区域处于洁净气流形成的主流区内，送风口面积应不低于表5-3列出的数值，并不应超过其1.2倍。

②Ⅳ级手术室设分散送风口。

设4个风口为宜，过滤器可以减薄或减少，每个过滤器风量不超过其额度风量70%，且不低于0.13m/s。

手术室等级所对应的送风口面积　　　　　　　　　　　表 5-3

手术室等级	送风口面积
Ⅰ	
Ⅱ	
Ⅲ	

③低于 100 级的洁净区，当集中布置送风口时，送风口内末级高效过滤器可以集中布置，也可以分散布置，但在送风面上必须设置均流层（图 5-3）。

④洁净手术部所有洁净室，应采用双侧下部回风，在双侧距离不超过 3m 时，可在其中一侧下部回风，但不应采用四角或四侧回风。洁净走廊和清洁走廊可采用上回风。

⑤下部回风口洞口上边高度不应超过地面之上 0.5m，洞口下边离地面不应低于 0.1m，Ⅰ级洁净手术室的回风口宜连续布置，室内回风口气流速度不应大于 16m/s，走廊回风口气流速度不应大于 3m/s。

⑥洁净手术室均应采用室内回风，不设余压阀向走廊回风。

⑦洁净手术室必须设上部排风口，其位置宜在病人头侧的顶部。排风口进风速度应不大于 2m/s。

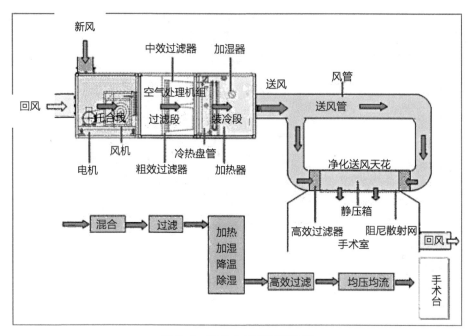

图 5-3 净化空气处理示意图

⑧Ⅰ、Ⅱ级洁净手术室内不应另外加设空气净化机组。

（5）气体配管及终端

①配管

A. 洁净手术部的气体配管可选用脱氧铜管或不锈钢管，负压吸引和废气排放输送导管道，可采用镀锌钢管或PVC管，镀锌管施工中，应采用丝扣对接。

B. 洁净手术部医用气体管道安装应单独做支吊架，不允许与其他管道共架敷设，其与燃气管、腐蚀性气体管的距离应大于1.5且有隔离措施，其与电线管道平行距离应大于0.5m，交叉距离应大于0.3m，如空间无法保证，应做绝缘防护处理。

C. 洁净手术部医用气体输送管道的安装支吊架间距应满足表5-4的规定。铜管、不锈钢管道与支吊架接触处，应做绝缘处理以防静电腐蚀。

管道公称直径所对应的支吊架间距　　　　　　　　　　　　　　　　　表5-4

管道公称直径（mm）	4~8	8~12	12~20	20~25	≥ 25
支吊架间距（m）	1.0	1.5	2.0	2.5	3.0

D. 凡进入洁净手术室的各种医用气体管道必须做接地，接地电阻不应大于4Ω，中心供给站的高压汇流管、切换装置、减压出口、低压输送管路和二次减压出口处都应做导静电接地，其接地电阻不应大于100Ω。

E. 配套安装后要用无污染和无油空气或氮气以≥20m/s的速度吹除，用白布做成检验标准，最后还要用粒子计数器检查洁净度。

②终端

A．不同种类气体终端接头不得有互换性，应选用插拔式自封快速接头。

B．手术室应用两套气体终端，一套为悬吊式，设置在手术台病人头部右侧麻醉吊塔上，另一套为暗装壁式安在靠近麻醉机的墙上，距地高度为 1.0~1.2m。

（6）消防

①设计

A．洁净手术部建筑的耐火等级不应低于二级。这是强制要求。

B．慎重进行防火分区。

C．手术部所在高层大于 24m 时，每个防火分区内应设避难间，具体做法按相关消防国标执行。

②设置

A．所有材料均要考虑耐火极限要求。

B．手术室内不宜布置洒水喷头，不应设消火栓（手术部需设置）。

C．手术部应按国家相关标准配置气体灭火器。

D．手术部设火灾自动报警系统。

E．洁净区内排烟口应采用板式排烟口。

4）施工及验收

（1）洁净手术部（室）的施工，应以净化空调工程为核心，其他工种积极配合，洁净手术室施工应按图 5-4 进行，其他辅助用房可参照此程序。

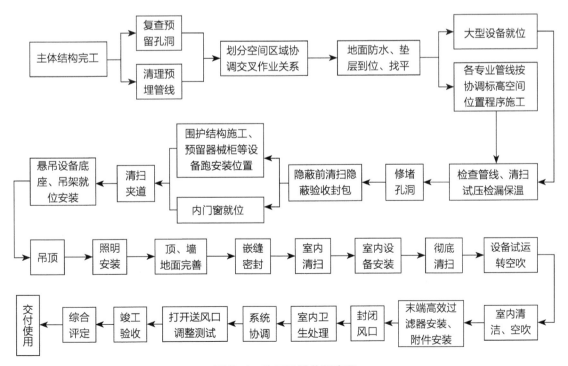

图 5-4　施工及验收示意图

（2）医院的洁净手术部（室）应独立验收，各道施工程序均要进行记录，验收合格后方可进行下道工序。施工过程中要对每道工序制订具体施工组织设计。

（3）净化空调工程验收，分竣工验收和综合性能全面评定两个阶段。

（4）验收的内容包括建设与设计文件、施工文件、施工记录、监理质检文件和综合性能的评定文件等。

（5）洁净手术部的其他设施，应按设备说明书、合同书，由建设方对设备提供方和安装方分别进行验收。

（6）竣工验收和综合性能全面评定的必测项目应符合表 5-5 的规定，其中风速风量和静压差应先测，细菌浓度应最后检测。

竣工验收及综合性能全面评定

表 5-5

竣工验收	综合性能全面评定
通风机的风量及转数 系统和房间风量及其平衡 系统和房间静压及其调整 自动调节系统联合运行 高效过滤器检漏 洁净度级别	Ⅰ级洁净手术室手术区和Ⅰ级洁净辅助用房局部区的工作面的截面风速。 其他各级洁净手术室和洁净辅助用房的换气次数。 静压差。 所有集中送风口高效过滤器抽查检漏，Ⅰ级洁净用房抽查比例应大于 50%，其他洁净用房应大于 20%。 洁净度级别。 温湿度、噪声、照度、新风量、细菌浓度

（7）竣工验收和综合性能全面评定时的工程检测应以空态或静态为准。任何检验结果都必须注明状态。

（8）竣工验收的检测可由建设单位及施工方完成。综合性能全面评定的检测，必须由卫生部门授权的专业工程质量检验机构或取得国家实验室认可资质条件的第三方完成。

2. 重症加强护理病房 ICU

1）科室简介

ICU 即重症加强护理病房（Intensive Care Unit），又被称为深切治疗部，是随着医疗护理专业的发展、新型医疗设备的诞生和医院管理体制的改进而出现的一种集现代化医疗护理技术为一体的医疗组织管理形式（图 5-5）。

ICU 设有中心监护站，直接观察所有监护的病床。每个病床占面积较宽，床位间用玻璃或布帘相隔。ICU 配有床边监护仪、中心监护仪、多功能呼吸治疗机、麻醉机、心电图机、除颤仪、起搏器、输液泵、微量注

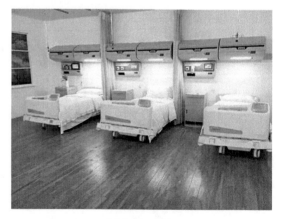

图 5-5 ICU

射器、气管插管及气管切开所需急救器材
（图5-6）。

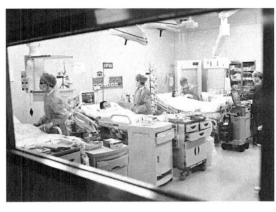

图5-6　ICU

ICU 把危重病人集中起来，在人力、物力和技术上给予最佳保障，以期得到良好的救治效果，主要收治对象是：

（1）严重创伤、大手术后及必须对生命指标进行连续严密监测和支持者。

（2）需要心肺复苏的患者。

（3）脏器（包括心、脑、肺、肝、肾）功能衰竭或多脏器衰竭者。

（4）重症休克、败血症及中毒病人。

（5）脏器移植前后需监护和加强治疗者。病情好转后，又转回普通病房。

此外，重症医学及急诊学中还有小儿重症监护病房（PICU）、新生儿重症监护病房（NICU）、内科重症监护病房（MICU）、心血管重症监护病房（CCU）、心脏外科重症监护病房（CICU）、急诊重症监护病房（EICU）、神经外科重症监护（NSICU）。

ICU 开放式病床每床的占地面积为 15~18m²，每个 ICU 最少配备一个单间病房，面积为 18~25 m²，每个 ICU 中的正压和负压隔离病房的设立，可以根据患者专科来源和卫生行政部门的要求决定，通常配备负压隔离病房 1~2 间。

ICU 的基本辅助用房包括医师办公室、主任办公室、工作人员休息室、中央工作站、治疗室、配药室、仪器室、更衣室、清洁室、污废物处理室、值班室、盥洗室等。有条件的 ICU 可配置其他辅助用房，包括示教室、家属接待室、实验室、营养准备室等。辅助用房面积与房面积之比应达到 1.5:1 以上。

ICU 的整体布局应该使放置病床的医疗区域、医疗辅助用房区域、污物处理区域和医务人员生活辅助用房区域等有相对的独立性，以减少彼此之间的互相干扰并有利于感染的控制。

ICU 应具备良好的通风、采光条件，有条件者最好装配气流方向从上到下的空气净化系统，能独立控制室内的温度和湿度。医疗区域内的温度应维持在 24 ± 1.5℃左右。每个单间的空气调节系统应该独立控制。安装足够的感应式洗手设施和手部消毒装置，单间每床 1套，开放式病床至少每 2 床 1 套。

2）装饰及施工要求

①应遵循不产尘、不积尘、耐腐蚀、防潮防霉、容易清洁和符合防火要求的总原则。

②地面宜采用 PVC 卷材等块料面层，要求抗静电、抗菌、防霉、耐磨、耐腐蚀、防滑、防垢。

③内墙面应使用不易开裂、阻燃、易清洗和耐碰撞的材料，与室内空气直接接触的外露材料不得使用木材和石膏。

④顶棚宜采用优质铝扣板，相关辅助用房、办公区域内的走廊及辅助用房顶面可采用优

质抗菌防霉乳胶涂料。

3）机电设备安装及施工要求

（1）电源

①每个ICU的电源应是独立的支线，主电源应有应急后备电源，以备突然断电使用。ICU内每个插座应有各自的断路开关，保证工作人员在紧急情况下能迅速接触。

②床头插座距离地面0.9m。床旁和床尾插座应接近地面，以防电线绊倒。

（2）水源

①每个ICU应有单独的阀门，以备水管破裂时用。

②水槽大小应使水不飞溅为度，水龙头应有以肘、膝、足或自动控制的开关。位置应在两张病床间，或进入病房处。水槽的设计是院内感染控制的关键内容。

③如果病房内设卫生间，应有便盆清洗设备，包括冷热水和足控喷头。

（3）氧气、压缩空气、负压吸引装置

①采用中心供氧和压缩空气，氧气和压缩空气标准参照相关规定。

②每个床位最少需要2个氧气接口；必须有1个压缩空气接口。

③每个ICU和医院总工程室应有可视的和可听的高、低压报警设备。

④所有区域必须设置手动阀门并明示位置，以备火灾、泄漏、修理时关闭。

⑤每个床位最少3个负压吸引接口，终端负压最少达290mmHg。当负压低于194mmHg应有可视报警。

（4）照明

①通常的头顶照明和环境光线应能满足日常护理操作，也应为患者创造良好柔和的休息环境。

②最好把光线调节装置放在该病室外，以利于夜间尽量少打扰患者。日间全部照明亮度应小于30fc，夜间持续照明小于6.5fc，短时照明小于19fc。

③紧急时和操作时应用的单独的照明灯应置于顶棚上，照明应大于150fc。

④应设计床头阅读灯，但不能干扰监护设备和床的移动。照明小于30fc。

（5）环境控制系统

①在任何时间都要保持适当和安全的空气质量。

②最少需要每房间每小时6次完全的空气交换，包括每小时2次与室外的空气交换。

③中央空调系统和气体交换系统的空气必须经过适当的过滤。

④空调和暖气设计的目的是使患者舒适，每个病房的温度是可单独调控的。

（6）生理监测功能的设计

①每个病床应有的监测能力包括显示和分析1个或多个心电导联、最少2个压力监测、直接或间接动脉血氧监测。这些参数应能以数字和模拟两种形式提供可视波形、数字频率、高/低和平均值。每种监护设备必须有纸上记录功能。

②报警设置应良好设定，可视可听，且不能立即清除。

③监护设备放置处的承重能力，以后可能增加的设备，以及承重结构的持久力都应考

虑，相应的空间设计和电力负荷都要考虑。

（7）计算机化设计

①计算机化患者资料管理越来越流行，提供无纸化数据管理。床旁终端使工作人员可以在床旁获得尽可能丰富的资料，包括医嘱命令、自动记录监护数值、实验室数据、X线、各种报告等，并可以减少错误发生。

②应具有数据可移动功能（传送到办公室、其他科室等）。

（8）语音通信系统

①所有 ICU 应具有内部通信设备，提供中心护士站与病房、会议室、员工休息室等地点的语音联络。探访等待区域、辅助区域也应包括在该系统。必要时关键部门如血库、药房、实验室也应包括在内。

②某些通信可以增加可视方式以减少噪声。

③除了标准电话系统，每个ICU应有内部与外部应急通信方法，以备常规系统失灵（如停电）。

3. 妇产科

1）科室简介

妇产科住院人群是以产妇及新生儿为主，是一组特殊的人群，产房是产妇进行分娩的重要场所，也是保证母婴安全的重要物质基础。

2）总体建筑要求

（1）区域划分

①按功能划分

A. 医疗区。包括分娩室、待产室、治疗室等。

B. 辅助区。包括无菌物品存放间、洗手池、办公室、产妇接收区、污物间、卫生间等（图 5-7）。

②按清洁程度划分

A. 缓冲区。分娩区与外界之间的地带，面积不小于 8 m^2，内设更衣室、换鞋处。

B. 污染区。内设卫生间、污物处理间及污物通道。

C. 清洁区。内设刷手间、器械室、待产室、办公室。

D. 无菌区。内设分娩室（可含无菌敷料柜）。

③按卫生管理要求划分

A. 非限制区。包括换鞋更衣及车

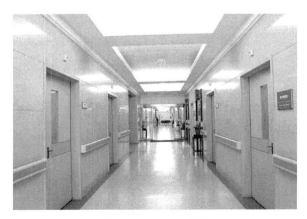

图 5-7　妇产科楼道

辆转换处、更衣区、卫生间、值班、休息室等。

B．半限制区。包括办公室（桌）、待产室、隔离待产室、工作人员休息室、库房、治疗室、杂物室、储备室、敷料准备室、器械室、洁具间等。

C．限制区。包括分娩室（正常分娩、隔离分娩、家庭温馨分娩）、刷手间、洗手间及无菌物品存放室等。

（2）产房

产房应独立设置，与产科病房和新生儿室相邻近，环境清洁、无污染源，设有污物通道，总面积不少于 150 m²。

分娩室面积不少于 20 m²/ 床 / 每室。设污物传递窗，通向清洁走道的门为弹簧门或自动启闭门。有调温、控湿设备，温度保持在 24~26℃，湿度以 50%~60% 为宜，新生儿微环境温度在 30~32℃。

分娩床与待产床床位比不低于 1：3，至少设 1 张隔离待产床，待产床每床使用面积不少于 6 m²。

3）装修要求

总体要求光线充足，有照明电路及布局合理的电源插座和应急电源等，门窗严密、防鼠防蝇并能通风、装有纱窗换气，墙面、顶棚使用便于清洁和消毒的材质，缝隙均应抹平地面平整、防滑、耐磨、易清洗、不易起尘；设污物传递窗，通向清洁走道的门为弹簧门或自动启闭门；有调温、控湿设备，温度保持在 24~26℃，湿度以 50%~60% 为宜，新生儿微环境温度在 30~32℃。

4）安装配套要求

（1）产妇接收处

设车辆转换处、办公桌、检查床。入室处备有专用的口罩、帽子、隔离衣及鞋等。进入门口处备有洗手和手消毒液的设置，并装有纱门。

（2）待产室

要设产妇卫生间，内有浴室、坐式厕所，厕内配信号灯、洗手池和防产妇跌倒的设施。

（3）准备室

应设工作台、推车、物品架或柜。

（4）洗手室

设在分娩室之间（两室间用可视玻璃相隔），通常在内走廊内凹设置，应能容纳 2~3 人同时洗手。

洗手池的位置必须使医护人员在洗手时能观察临产产妇的动态。刷手间安装感应式水龙头以及感应式干手器，便于工作人员无菌操作。

（5）无菌物品存放间

设有物品架和柜贮藏已灭菌的产包及各种器械与敷料，有除湿设备。

（6）普通分娩室

应保持空气流通，光线充足，环境安静，地面、墙壁、顶棚应便于清洁和消毒。产房应有调温、控湿设备，温度保持在 24~26℃，湿度以 50%~60% 为宜，新生儿抢救台温度在 30~32℃。各房间应设足够的电源接口、上下水道，便于使用。

（7）隔离分娩室

入室处备有专用的口罩、帽子、隔离衣及鞋等。进入门口处备有洗手和手消毒液的设置，并装有纱门。

（8）家化分娩室

房内设施布置得家居化、温馨化，柔软宽大的产床，清洁舒适、易于消毒的沙发和有手扶靠背的坐椅，便于产妇采取坐、卧、跪等自由任意的体位。

4. 直线加速器室

1）科室介绍

医用电子直线加速器是利用微波电场对电子进行加速，产生 X 辐射和（或）电子辐射束等高能射线，用于人类医学实践中的远距离外照射放射治疗活动的大型医疗设备，广泛应用于各种肿瘤的治疗，特别是对深部肿瘤的治疗（图 5-8）。因设备系统的特殊性及复杂性，生产厂家较少，我国市场上直线加速器基本被英国医科达、美国瓦里安、德国西门子三大厂家垄断。

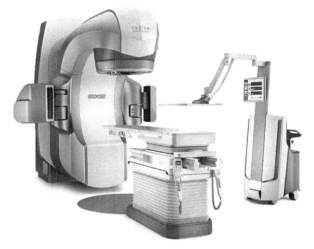

图 5-8　直线加速器室

2）机房一般配置

（1）放射防护

放射防护的结构设计和射线泄漏率的控制，必须由有资质的专业人员进行计算、检验和执行，所有的辐射检测结果必须取得相关管理部门的认可。根据设备防护要求的不同，一般有防辐射混凝土和铅板防护两种方法，机房混凝土维护结构截面尺寸一般都比较大，通常防护墙体厚度在 0.8~1.2m 之间，顶板厚度 1.2~1.5m 之间，属于超过一定规模危险性较大的分部分项施工范畴，需编制专项施工方案，并进行专家论证。

①防辐射混凝土是用增加混凝土容重的方法来提高对射线的屏蔽能力，为了提高混凝土的容重，防辐射混凝土一般都采用重集料，如重晶石、赤铁矿等。一般要求表观密度大于 3400kg/m³，强度达到 C30，水泥采用强度等级为 42.5 级的硅酸盐水泥、矾土泥或钡水泥等。

②铅板在射线照射耐久性好，工程成本高，目前前除了受场地所限的改造项目外已较少使用。

③防辐射大体积混凝土结构设计的难点在于满足混凝土结构强度的同时，最大限度地减少混凝土裂缝的宽度和数量。为了防止混凝土墙体温差裂缝和收缩裂缝的产生，设计中会在

混凝土墙中增配构造筋提高抗裂性能。

④结构裂缝主要有模板支撑体系不稳产生变形或局部沉降、混凝土和易性不好离析分层、构件收缩不均匀而产生裂缝等。为保证混凝土楼板底部的模板支撑体系能够满足强度、刚度和稳定性的要求，在混凝土楼板的设计中采用混凝土分段叠合构件设计，即将结构顶板分为上下两层，先浇筑下层的顶板，等下层顶板达到一定强度后，再浇筑上层的楼板，就是先浇的下部构件部分作为后浇的上部构件的支撑，一方面可以减小部分可能的垂直贯通缝长度，另一方面也减小了模板支撑的难度。

（2）通风系统

为减少治疗室外的辐射，通风管在进出治疗室时，应穿过迷路门上方的通道。为使有人的区域尽量减少辐射，通风管布置的越高越好。在风道设计上，应尽量减少穿墙通道的面积，并且与防护墙或顶棚成45°角折线形式进入。治疗室外风道的周围应留出空间，以便在以后进行辐射检测不合格时，可增设屏蔽层。

（3）防火

加速器现场的防火系统应与医院整体防火系统为一体。室内感应探测器建议使用热感、光电感应或温感。严禁使用离子型感应器。

（4）电气保护

应符合当地主管部门的规定，同时应为加速器提供一台稳压器和一个欠电压释放器（UVR）。紧急停机开关、门连锁机构和警告灯必须依据当地主管部门的规定进行综合设计。

（5）可视通信系统

在治疗室和控制室之间设置一套双向对讲系统，治疗室内一般安装2个摄像机探头，监视器安装在控制室内，并在相应的位置提供电源和视频信号线。典型加速器治疗室立体投影及平面布局图如图5-9所示。

3）设备安装要求

因直线加速器具有强电离辐射性及特殊环境要求，直线加速器室一般位于地下室，混凝土围护结构、屏蔽系统及机电系统等均需经特殊专项设计及审核，是医院项目施工的重点。

（1）吊环

机房顶板一般需设置吊环，用于设备安装。确保工字梁位置在等中心轴线正上方，左右偏差必须小于20mm，工字梁下方的顶棚需要预留600~800mm滑车通道（图5-10）。

（2）地板装修

地平面层应在设备被搬运到底座，设备的大件组装完毕后，再进行施工，通常在设备搬运完2~3周之后进行。加速器的电了部件对局部静电非常敏感。在治疗室内接近设备附近区域或控制设备周围覆盖地毯或其他材料时，在相对湿度为20%时，静电不应超过2kV。

（3）治疗室中子门及迷路

治疗室入口门的屏蔽层厚度及形式，取决于迷宫的长度及加速器的能量。一般说来，低能加速器要求采用夹有铅芯的木门，并用人工启闭。双能量的加速器通常要求采用具有铅及硼化聚乙烯夹芯的钢门，并为电动启闭。加速器治疗室门的屏蔽层的具体要求，取决于迷宫

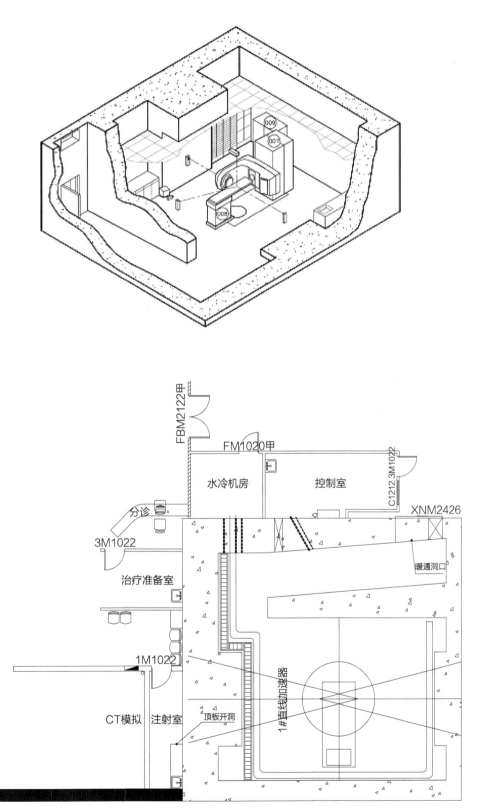

图 5-9　直线加速器室平面布置图

及屏蔽体的形状。由于这些门没有门闩机构，因此室内空气压力与周围相比，应是正压，屏蔽门上应做出标记。

（4）设备的转运安装

整个搬运线路上的净空尺寸及结构强度需经设计院及厂家共同核算确认，净高一般不小于2.2m，结构强度一般≥8kN/m²。

在设备底座就位并找平之后，由用户将凹陷处用混凝土浇灌满，地坑及机架基础部分混凝土强度不小于30MPa，混凝土密度不小于2.35t/m³，混凝土中水泥含量不小于275kg/m³，应有7d的养护时间，基层平整度一般需控制在2mm以内（图5-11）。

图5-10　吊环示意图

图5-11　底座安装

（5）冷却水系统安装要求

治疗室内设置有冷水及热水的水槽及设下水道，在室内不应设置地漏，以防冒水，水管不得直接通过加速器设备及控制台上方。治疗室到水冷机之间水平距离应≤40m，垂直距离应≤10m；水冷机室内机与室外机之间水平距离应≤15m，垂直距离应≤10m。

冷却水可以用直通式系统（自来水供水，排出废水）或闭路循环系统来满足。如果使用闭路循环系统，则要用自来水作为备用。在下列情况下，应取得专业人员的建议，以便进行适当的水处理：

①当水中不溶物少于100mg/L，而且实际pH值小于6.5或大于9.6时。

②当水中不溶物在100mg/L到300mg/L，而且实际pH值小于8.2或大于11.2时。

③当水中总不溶物少于100mg/L，而且实际pH值小于10.0或大于13.0时。

④当氯化物或硫酸盐成分过高时，冷却水的最大乙二醇含量为 30%。

（6）通风与空调系统

直线加速器在特定的条件下，会产生可被检测出来的臭氧，根据房间的尺寸及空气循环效率的不同，每小时应进行 4~6 次的换气。在通风设计中，宜采用新风系统，而非循环系统。通风系统工作环境一般为相对湿度 15%~80%，无冷凝水（即不结露），温度范围 16~27℃。

（7）电源及电气安装要求

①电源要求

电网电压变化范围包括开机时每相负载从零至 60A 满负荷时在内，电压波动范围一般不超过 ±6%，如果变化超过这个范围，必须使用电源稳压器。三相电必须连接到一个隔离器或空气开关上，电源应尽量从医院主电源变压器直接供电，这将使电压干扰减少到最小，另外医院应为加速器提供独立接地，接地电阻小于 1Ω。加速器主机电源不可增加漏电保护装置，紧急开关串联回路电阻 ≤ 1Ω。

②电缆沟及典型电缆连接

在治疗室、控制室、调制器柜之间需做电缆沟，位置误差一般需小于 1cm。电缆沟必须有效接地，沟上需覆盖活动盖板，沟内需保持清洁、干燥、无异物，并提前做好灭鼠工作。所有穿墙电缆沟必须垂直于射线方向（图 5-12、图 5-13）。

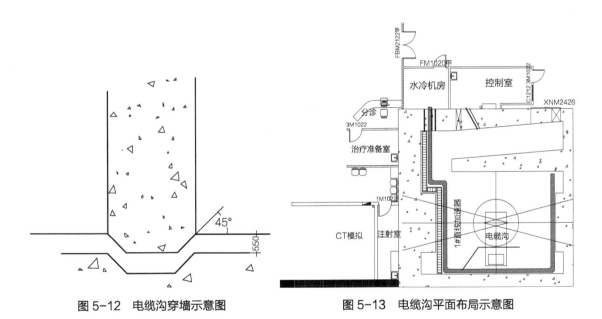

图 5-12　电缆沟穿墙示意图　　　　　　图 5-13　电缆沟平面布局示意图

4）验收要求

（1）验收总体要求总体验收分为机房验收、辐射防护验收、机器及配套设备验收，详见表 5-6~ 表 5-8。

机房建设验收的主要内容、指标、方法及条件 表 5-6

项目	验收主要内容	验收主要指标	验收方法及条件	验收部门
机房建设	机房建设质量	按预评价报告要求	按预评价报告	基建部门工程部门卫生行政部门放疗物理专家审计监理部门
	消防	按预评价报告要求	按预评价报告	
	环境温度	15~35℃	《医用电气设备 第2部分：能量为 1MeV 至 50MeV 电子加速器安全专用要求》GB 9706.5—2008	
	地线	接地电阻 ≤ 0.1Ω	GB 9706.5—2008	
	对地漏电流	≤ 10mA	GB 9706.5—2008	
	外科漏电流	≤ 0.5mA	GB 9706.5—2008	
	电压波动	≤ 5%	GB 9706.5—2008	
	通风排气	臭氧 ≤ 0.003mg/m³	《电子加速器放射治疗放射防护要求》GBZ 126—2011	

辐射防护验收的主要内容、指标、方法及条件 表 5-7

项目	验收主要内容	验收主要指标	验收方法及条件	验收部门
机房	机房外环境漏射线	≤ 1.0~2.5μSv/h	《电离辐射防护与辐射源安全基本标准》GB 18871—2002	卫生行政部门放疗物理专家厂家工程师
	机房防护门漏射线	≤ 2.5μSv/h	《电离辐射防护与辐射源安全基本标准》GB 18871—2002	
机器辐射	机头漏射线	≤ 0.5%	《电子加速器放射治疗放射防护要求》GBZ 126—2011	
	机器中子辐射泄漏	≤ 0.05%	《电子加速器放射治疗放射防护要求》GBZ 126—2011	
	最大有用线束外 2m 半径范围内泄漏射线	≤ 0.2%	《电子加速器放射治疗放射防护要求》GBZ 126—2011	
	机器 X 射线泄漏	≤ 0.1%	具体以厂家设备说明为准	
连锁	放射剂量安全软、硬件连锁、时间、安全紧急保护开关	紧急保护开关的功能正确	具体以厂家设备说明为准	

机器及配套设备验收的主要内容、指标、方法及条件 表 5-8

项目	验收主要内容	验收主要指标	验收方法及条件	验收部门
机械	准直器角度刻度误差	≤ 2.0mm	具体以厂家设备说明为准	卫生行政部门放疗物理专家厂家工程师设备科
	准直器角度刻度误差	≤ 1°	0°/90°/180°/270°	
	机架机械等中心	≤ 2.0mm	具体以厂家设备说明为准	
	机架角度刻度误差	≤ 1°	0°/90°/180°/270°	
	床旋转等中心	≤ 2.0mm	具体以厂家设备说明为准	
	床上下运动	≤ 2.0mm	具体以厂家设备说明为准	
	床水平运动	≤ 2.0mm	具体以厂家设备说明为准	

续表

项目	验收主要内容	验收主要指标	验收方法及条件	验收部门
机械	床面负重下垂	≤ 2.0mm	具体以厂家设备说明为准	卫生行政部门放疗物理专家厂家工程师设备科
	光野中心	1.0mm	中心旋转直径	
	光野刻度误差	1.0mm	X/Y 方向刻度	
	光距离刻度误差	1.0mm	FAD 60~120cm	
	旁激光灯与等中心误差	≤ 2.0mm	偏差数值	
	纵激光灯与等中心误差	≤ 2.0mm	偏差数值	
射线性能	X 线能量	≤ 2%	具体以厂家设备说明为准	
	X 线野中心	1.0mm	中心旋转直径	
	灯光野与射线野的一致性	≤ 2.0mm	具体以厂家设备说明为准	
	X 线野中心与机械中心重合度	1.0mm	偏差数值	
	照射野平坦度	≤ 106%	具体以厂家设备说明为准	
	线束对称性	≤ 103%	具体以厂家设备说明为准	
	半影	按厂标	具体以厂家设备说明为准	
	电子线能量	≤ 2.0mm	具体以厂家设备说明为准	
	电子线束平坦度	≤ 103%	具体以厂家设备说明为准	
	电子线射野对称性	≤ 3%	具体以厂家设备说明为准	
	重复性	≤ 0.7%	具体以厂家设备说明为准	

5. 数字减影血管造影 DSA

1）科室简介

DSA 基本原理为将注入造影剂前后拍摄的两帧射线图像经数字化输入图像计算机，通过技术处理获得清晰的纯血管影像，同时实时地显现血管影。DSA 具有对比分辨度高、检查时间短、患者吸收 X 射线剂量低等优点，广泛应用于介入放射治疗、血管系统的检查诊断等诸多临床领域（图 5-14）。

2）土建装饰要求

（1）DSA 操作区宜为Ⅲ级洁净房，洁净走廊比操作间低一级，对相邻房间保持 +8P 的正压，辅助用房采用一般空调即可。介入治疗室、无菌敷料室均应不低于Ⅳ级洁净空气设计，温度在 22~26℃，相对湿度 40%~60%，噪声 ≤ 55dB（A）。

（2）室内装修材料均需满足洁净用房要求，满足隔热、隔声、防振、防虫、防腐、防火、防静电等要求外，尚应保证洁净室的气密性和装饰表面不产尘、不吸尘、不积尘，并应易清洗。

（3）手术间维护墙体需满足射线防护

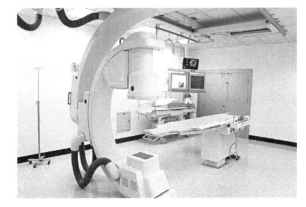

图 5-14　数字减影血管造影 DSA

要求。根据《医用 X 射线诊断放射防护要求》GBZ 130—2013，介入 X 线设备机房屏蔽防护铅当量厚度应不小于 2mm，实际工作中，一般采用 3mm 厚度的铅当量。

防护门结构牢固，防护层纯度不小于 99.998% 的国标 1 号纯铅板或射线防护板。防护门表面不锈钢装饰，电动防护门系统需门机或门灯连锁，具有电气保护装置。铅玻璃透光率 ≥ 95% 且无气泡、无杂质。防护涂料粘结牢固、不脱落、不裂痕。

（4）根据设备尺寸预留运输通道，一般结构楼板需满足 0.8~1.0t/m² 的承载力要求。电缆沟槽及其他孔洞预留、管线预埋需提前完成。

（5）悬挂式 C 臂和显示器吊架均需安装吊轨，C 臂的滑动对固定架的水平度要求很高，一般要求相邻定位孔之间垂直误差小于 1.0mm，水平度误差 ≤ 1mm/m。

3）安装水电要求

（1）DSA 机器安装前一般需要机房水电安装到位、装修完成，并且宽带或直拨电话线开通。

（2）设备功率较大，一般需使用过电流保护器，专线供电。配电柜紧急断电按钮需安装在操作间中操作台旁的墙上，便于操作人员在发生紧急情况时切断系统电源。

（3）本系统设备要求专用电缆槽，且必须做到表面平整，防水防油，远离发热源，避免温度剧烈变化。金属电缆槽必须接地。电缆沟尺寸通常为（宽 × 深）0.3m×0.2m。

（4）高压电缆与信号电缆在同一电缆槽时，两者之间必须做金属屏蔽隔离，380V 供电电缆与设备系统视频电缆的间距必须大于 0.6m。扫描间及操作间均要有带地线的 220V 电源插座，以便维修（图 5-15）。

（5）需设置专用 PE 线（保护接地线），接地电阻小于 2Ω，且必须采用与供电电缆等截面的多股铜芯线。

（6）机房周边磁场需满足相关规范及设备说明书，必要时需进行专项电磁屏蔽施工。

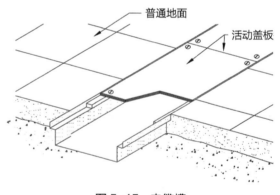

图 5-15　电缆槽

4）验收要求

验收时，应由放射科介入医生、技师、心内科医生共同参与验收，确保功能完整，除了硬件配置以外，各种功能由设备厂家应用工程师与操作技师、医生共同逐项演示确认。放射设备的验收还涉及射线剂量检定，应由第三方检测机构现场检测，确保设备性能以及射线防护等各个指标符合临床和有关部门的规定。

6. 高压氧舱

1）科室简介

高压氧舱是进行高压氧疗法的专用医疗设备，通常由舱体、供排气（氧）系统、空调系统和控制系统等组成（图 5-16）。按加压的介质不同，分为空气加压舱和纯氧加压舱两种，

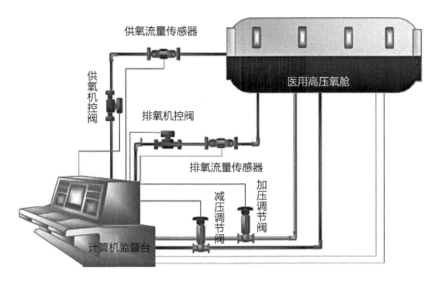

图 5-16　高压氧舱工作流程

空气加压最高工作压力不大于 0.3MPa，氧气加压最高工作压力不大于 0.2MPa。空气加压根据舱内治疗人数不同分为单人氧舱和多人氧舱，氧气加压舱进舱人数为 1 人，通常分为成人医用氧舱和婴幼儿（含新生儿）医用氧舱。临床主要用于厌氧菌感染、CO 中毒、气栓病、减压病、缺血缺氧性脑病、脑外伤、脑血管疾病等的治疗。

2）土建装饰装修要求

（1）舱体及其附属件安装应牢固与地栓连接，底座牢固并有抗地震能力，基础平整度一般不大于 ±3mm。

（2）应为一、二级耐火等级的建筑。室内的装饰材料应选用不燃烧材料或经过阻燃处理的材料，并同其他建筑用防火墙分隔，不宜设置在地下室内。

（3）空气采集口应高于地面 4m 以上，气体排出口应高于地面 3m，两出口应相距 5~10m。

（4）空压机房应有隔声及减声材料装饰。

3）机电安装要求

（1）舱体由金属材制成的圆柱形筒体，有观察窗、递物筒、电气接口和气体接口等，观察窗的透光直径应不小 150mm，观察窗的透明材料应选用浇铸型有机玻璃板材。

（2）多人氧舱用于治疗的舱室应配有不小于 300mm 的递物筒。递物筒上应配置压力表，压力表的量程应与控制台上的舱室压力表一致，且精度不低于 1.6 级。采用快开式外开门的递物筒应设有连通阀及安全连锁装置。其锁定压力应不大于 0.2MPa，复位压力应不大于 0.1MPa。

（3）氧舱可用于治疗的每一舱室应设置不少于 2 只弹簧式安全阀，不用于治疗的过渡舱至少应设置 1 只弹簧式安全阀。

（4）供排气系统应能储备足量的压缩空气。满足所有舱室加压到最高压力一次 + 过渡舱加压到最高压力一次＋可能发生的额外工期所需要的量。

氧舱的储气罐应该分为2组，每组量相等。空压机出气口或空气冷却器出口压缩空气温度不超过37℃，可设置一组。系统提供的气体必须符合净化指标。进入氧舱的压缩空气应设置消声器，供气时舱内噪声≤65dB（A）。

（5）氧气管路及其附件应采用耐氧材料制造，并须经过脱脂处理，管子应接地，压力高于0.8MPa的管路段不能使用球阀。

（6）氧舱进舱电压不应高于24V，进舱导线不得有中间接头，导线应敷入保护套管内，管口处设防磨塞，舱内导线与舱内电器的接点应焊接并裹以绝缘材料。

（7）若配置生物电插座时，生物电插座各插针（连线柱）之间、各插针体（连线柱）、各插针体与舱体间的绝缘电阻不小于100Ω。

（8）照明系统须采用冷光源、外照明的方式进行，所有舱照度＞60lx，照度不均匀度≤60%。

（9）应配置应急电源装置UPS，当正常供电网路断电时，该电源能自动投入使用，保持应急呼叫、应急照明及通信对讲和测氧仪正常工作时间不低于30min。

（10）空调系统的电机应设置在舱外。舱内温度值应控制在18~26℃范围内，温度变化率应不大于3℃/min。空调系统电机应配备相应的短路及过载保护装置，保护装置应能正确动作。

（11）氧舱出入口处应在显著位置标注"严禁烟火"等醒目标记。在舱内发生火灾时，应能从舱内和舱外任意一侧开启向舱内均匀喷水，喷水强度为50L/（$m^2 \cdot min$），水灭火装置的供水能力应能满足同时向舱室供水至少1min的水量，喷水动作的响应时间则不大于3s（图5-17）。水灭火装置的供水管路及阀件应选用耐腐蚀的铜材或不锈钢材料，配套容器内部应做防锈涂层处理。氧气房应独立分布一单间并留有消防通道。

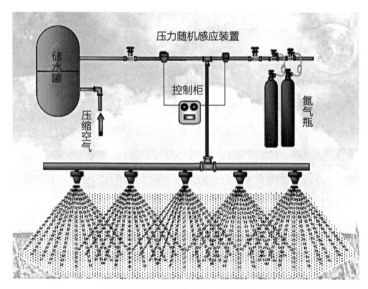

图5-17 高压氧舱示意图

（12）不同功能的管道用颜色加以区分，如供气管道—绿色、减压管道—黑色、氧气管道—蓝色、排氧管道—灰色、水喷淋消防管道—红色等。

4）验收要求

（1）氧舱的调试验收氧舱安装完毕后，需对其进行全面调试，以检测舱体供排气系统、供氧系统、空调系统、电气系统、消防系统、计算机系统等是否符合设计要求。

（2）调试结束，即可进行验收工作，会同厂家、医院职能管理部门、技术监督局进行氧舱的全面检验资料移交。氧舱使用证、压力容器登记卡、生产厂家的资质证明、所有设备的合格证、说明书、设计图纸、压力容器（压力表、安全阀）检验报告、从业人员上岗证等资料均应由专人妥善保管。

5.2.2　医技重点科室

1. 静脉用药集中调配中心

1）概述

静脉用药集中调配中心，是指在符合国际标准、依据药物特性设计的操作环境下，经过药师审核的处方，由受过专门培训的药学技术人员严格按照标准操作程序进行全静脉营养、细胞毒性药物和抗生素等静脉药物的混合调配，为临床提供优质的产品和药学服务的机构（图5-18）。其提升了静脉输液成品质量，促进临床静脉用药安全、有效、经济、适当。

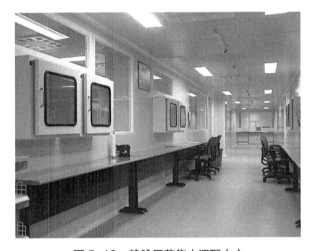

图 5-18　静脉用药集中调配中心

静脉用药集中调配中心的意义：通过审核处方与用药医嘱，发挥药师专业技术特长，提高输液质量，提升合理用药水平；改善了职业暴露，保护医务人员免受危害药物伤害，有利于保护环境、防止危害药物的污染；便于药品管理，减少浪费，可防止药物过期浪费，降低医院成本；明确了药师与护理人员的专业分工与合作，把护士从日常繁杂的输液工作中解脱出来，护士有更多的时间用于临床护理，提高护理质量，保证静脉药物的调配质量和静脉用药安全；药物集中调配，节省了人力资源。

2）选址与建设规模

（1）选址

静脉用药调配中心应当设于人员流动少的安静区域，且便于与医护人员沟通和成品的运送。设置地点应远离各种污染源，禁止设置于地下室或半地下室，周围的环境、路面、植被等不会对静脉用药调配过程造成污染。洁净区采风口应当设置在周围 30m 内环境清洁、无污染地区，离地面高度不低于 3m。

（2）建设规模

静脉用药调配中心总体规模和面积应当与工作量相适应。一般以平均日配制量约（袋数）和医院实际开放总床位数为参考指标。规划使用面积一般最少 200m²，每增加 100 张床位，相应增加 10 m² 使用面积。

3）区域划分、主要功能用房及平面布局

（1）区域划分

静脉用药调配中心分为洁净区、辅助工作区、生活区，各区域相对独立。

①洁净区。含一次更衣、二次更衣及调配操作间，具体为：

A. 百级洁净区：层流工作台、生物安全柜。

B. 万级洁净区：二次更衣室、普通药品调配间、危害药品调配间。

C. 十万级洁净区：一次更衣室、洁净清洗间。

D. 控制区：审方打印区、摆药区、成品核对包装区。

E. 普通区域：普通更衣室、办公室、会议室、二级药库、配送等待区、空调机房、物料间等。

②辅助工作区。包括与之相适应的药品与物料贮存、审方打印、摆药准备、成品核查、包装和普通更衣等功能室。

③生活区。包括休息室、淋浴室及卫生间。

（2）主要功能用房

包括药品库房、排药间、准备间、更衣室、普通药物配制间、抗生素配制间、细胞毒性药物配制间、营养药物配制间、成品间、药品周转库、物料间、机房、洁具间、办公室等。各区（室）的面积应根据实际工作量进行确定。

（3）平面布局

平面布局要顺应药品调配的操作流程，减少迂回、往返、倒流与交叉，避免人流物流的混杂。保证洁净区、辅助工作区和生活区的划分，不同区域之间的人流和物流应按照工序合理走向，不同洁净级别区域间应有缓冲间、双扉互锁传递窗等防止交叉污染的设施。一般应按生活区、辅助工作区和洁净区依次递进布置。静脉用药调配中心的配置间可以考虑设计独立的污物出口。抗生素类药物及危害毒性药物（包括抗肿瘤药物、免疫抑制剂等）的配制和肠道外营养及普通药物的配制应分开，抗生素类药物配置与危害毒性药物配置也应分开。药品库房应靠近摆药间设置，便于大量的药物运送。

4）静脉用药集中调配中心建设的相关规范要求

（1）装修要求

①表面装修

静脉用药调配中心室内应当有足够的照明度，墙壁颜色应当适合人的视觉；顶棚、墙壁、地面应当平整、光洁、防滑，便于清洁，不得有脱落物；洁净区房间内顶棚、墙壁、地面不得有裂缝，能耐受清洗和消毒，交界处应当成弧形，接口严密；所使用的建筑材料应当符合环保要求。

②温湿度要求

静脉用药调配中心洁净区应当设有温度、湿度、气压等监测设备和通风换气设施，保持静脉用药调配室温度 18~26℃，相对湿度 40%~65%，保持一定量新风的送入。药品、物料贮存库及周围的环境和设施应当能确保各类药品质量与安全储存，应当分设冷藏、阴凉和常温区域，库房相对湿度 40%~65%。

③各功能室的洁净级别

A．一次更衣室、洁具间：十万级。

B．二次更衣室、加药混合调配操作间：万级。

C．层流操作台：百级。

其他功能室应当作为控制区域加强管理。洁净区应当持续送入新风，并维持正压差；抗生素类、危害药品静脉用药调配的洁净区和二次更衣室之间应当呈 5~10Pa 负压差。

（2）安装配套要求

危害药物的洁净区应采用独立全排风空调洁净系统，抗生素类药物配制区建议采用半排风空调洁净系统。抗生素类药物和危害药物（包括抗肿瘤药物、免疫抑制剂等）的配置，需要在负压 100 级生物安全柜中进行。

在净化工程设计时要考虑生物安全柜的排风形式、排风量及风口压差等相关差数及其平衡调节。要预先设定生物安全柜具体尺寸和摆放位置，并计算安全柜离出风口的距离和排风机的排风量。

静脉用药调配中心应当根据药物性质分别建立不同的送、排（回）风系统。排风口应当处于采风口下风方向，其距离不得小于 3m 或者设置于建筑物的不同侧面。

静脉用药调配中心内安装的水池位置应当适宜，不得对静脉用药调配造成污染，不设地漏；室内应当设置有防止尘埃和鼠、昆虫等进入的设施；淋浴室及卫生间应当在中心外单独设置，不得设置在静脉用药调配中心内。

（3）设备配置原则

①仪器设备认证

静脉用药调配中心应当有相应的仪器和设备，保证静脉用药调配操作、成品质量和供应服务管理。仪器和设备须经国家法定部门认证合格。

②仪器设备的选型与安装

静脉用药调配中心仪器和设备的选型与安装，应当符合易于清洗、消毒和便于操作、维修和保养。衡量器具准确，定期进行校正。维修和保养应当有专门记录并存档。

③生物安全柜和层流洁净台

静脉用药调配中心应当配置百级生物安全柜，供抗生素类和危害药品静脉用药调配使用；设置营养药品调配间，配备百级水平层流洁净台，供肠外营养液和普通输液静脉用药调配使用。

2. 消毒供应中心

1）概述

消毒供应中心是医院内各种无菌物品的供应单位，它担负着医疗器材的清洗、包装、消毒和供应工作（图5-19）。现代医院供应品种繁多，涉及科室广，使用周转快，每项工作均关系到医疗、教学、科研的质量。如果消毒不彻底会引起全院性的感染，供应物品不完善可影响诊断与治疗，因此做好供应室工作是十分重要的，也是医院工作不可缺少的组成部分。布局合理，符合供应流程，职责分明，制度完善等手段，是确保供应质量的前提。

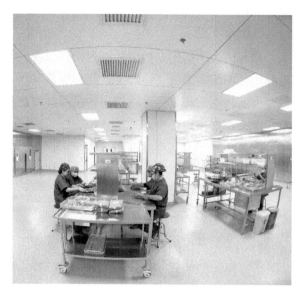

图5-19 消毒供应中心

2）选址、布局与建设规模

（1）选址、布局

①供应室应建在相对独立、四周环境清洁、无污染源、接近临床科室、方便供应、相对独立的区域。宜接近手术室、产房和临床科室，或与手术室有物品直接传递的专用通道，不宜建在地下室或半地下室。

②严格区分污染区、生活区、清洁区、无菌区，可采用由"污"到"净"的流水作业方式布局，工作间通风良好，墙壁、地面光滑，有下水道。

③污染物与清洁物品、无菌物品严格分开（包括下送车及工作人员，专车专管）。

（2）建设规模

消毒供应中心所需建造的实际面积，首先应符合本医疗机构的自身特点。并综合考虑地域发展及医院具体情况，如医院性质、科室设置、实际收治人数、手术量、门诊量等因素。应做到既能确保医院正常工作的有序进行，并能最大限度地满足所用设备及所属人员的基本使用需求。最小面积不得小于200m²。

依据实际应用与建造实例，建议较为合理的各区所占总面积的比例为：工作区域60%~65%，辅助区域25%~30%，仓储10%，去污区占工作区域面积的比例为25%~30%，视其清洗操作的自动化程度来具体实施。

检查包装及灭菌区占工作区域面积的比例为40%~45%。因为消毒供应中心大部分工作内容是在这个区域内完成的，又基本上是手工操作，所需人员较多，工作设备与器具较多。所以拥有足够的摆放与活动面积，是保障工作流程和质量的前提。

无菌物品存放区占工作区域面积的比例为25%~35%。考虑所占面积比例跨度比较大的原因是，很多手术部都有自己的无菌物品缓冲二级库，意在便于及时快速地为其提供相应的服务。在这种情况下，消毒供应中心的无菌物品存储任务就会变得比较小，不需要很大的使用面积。

3）消毒供应中心的相关规范

（1）温度、湿度、换气次数的要求

在新的《医院消毒供应中心管理规范》中，明确对三个区域的温度、湿度、换气次数做了规定，详见表 5-9。

工作区域温度、相对湿度及机械通风换气次数要求　　　　　表 5-9

工作区域	温度（℃）	湿度（%）	换气次数（次/h）
去污区	16~21	30~60	10
检查、包装及灭菌区	20~23	30~60	10
无菌物品存放区	低于 24	低于 70	4~10

（2）各区域气流组织的要求

①去污区

因去污区属于污染区，因此需保证该区域整体处于相对负压的状态。内部总的气流方向因是上送下回，因为在去污区内部对空气、气流的控制，主要是为防范水蒸气及气溶胶在空气中的上升与悬浮，在去污区内部制造自上而下的空气流向，可以有效地防止因水蒸气和气溶胶的上升与悬浮，对内部工作人员造成的吸入性伤害。特别是应在危险物品处理区和手工清洗区上部加设出风口，使新鲜洁净的空气由上向下输送，并将有害的水蒸气和气溶胶随气流带走，使其达不到与附近的操作人员接触的高度。在有条件的情况下，建议可以在接近于操作面的水平方向，采用正压水平风幕或负压水平风幕，用以实现双向对有害气体的气流导向控制，达到对操作人员的保护。

②检查、包装及灭菌区

在检查、包装及灭菌区，也应该有不同的气压和空气流向的考虑。在有洁净度要求和存在空气污染的环境中，采用自上而下的空气流向方式是非常必要的，意在最大限度地减少因空气回流带起的飞絮与尘埃对清洁物品造成的二次污染。特别是在相对独立的敷料制作间，应制造相对检查包装及灭菌区内环境的相对负压，用以防止飞絮飞入工作区域内对器械产生污染。如有独立的低温灭菌间，也应该考虑将该区域调整为相对检查包装及灭菌区内环境的相对负压，用来防止因要害气体残留或操作不当对外界工作环境的污染和对工作人员的伤害。

③无菌物品存放区

无菌物品存放区除做到规范中所要求的规定之外，建议也采用自上而下的空气流向方式，并保持相对微正压，使外界不洁净的空气无法进入该区域，从而达到提供良好、稳定的无菌物品存放环境的目的。

（3）照明要求

新版规范中对工作区域的照明补偿有非常详细的规定，详见表 5-10。

工作区域照度要求　　　　　　　　　　　　表 5-10

工作面 / 功能	最低照度（lx）	平均照度（lx）	最高照度（lx）
普通检查	500	750	1000
精细检查	1000	1500	2000
清洗池	500	750	1000
普通工作区域	200	300	500
无菌物品存放区域	200	300	500

建议整个工作区域选用无闪烁冷光源，不仅可以节省能源，而且可以避免局部的温度变化和光污染。顶部照明补偿系统，建议选用亮度良好并且适合的白炽灯光源，最好是带有漫反射遮光罩，减少因亮度过大给工作人员造成的视觉盲点，并可以使照度均匀分布。

4）建筑设计

（1）平面布局

①工作区域

A. 去污区：消毒供应中心内对重复使用的诊疗器械、器具和物品，进行回收、分类、清洗、消毒（包括运送器具的清洗消毒等）的区域，为污染区域。

B. 检查包装及灭菌区：消毒供应中心内对去污后的诊疗器械、器具和物品，进行检查、装配、包装及灭菌（包括敷料制作等）的区域，为清洁区域。

消毒供应中心：消毒供应中心内存放、保管、发放无菌物品的区域，为清洁区域。

②辅助区域

A. 办公区：包括护士长办公室、办公室、会议室、资料室、值班室。

B. 生活区：包括更衣室、休息室、卫浴室、会客间。

③仓储区域

A. 一次性物品库房：包括货架式存放区、堆砌式存放区、特殊物品存放区。

B. 缓冲区：包括拆分区、传送区。

④布局原则

A. 去污区、检查包装及灭菌区和无菌物品存放区之间应设实际屏障。

B. 去污区与检查包装及灭菌区之间应设物品传递窗；并分别设人员出入缓冲间（带）。

C. 缓冲间（带）应设洗手设施，采用非手触式水龙头开关。无菌物品存放区内不应设洗手池。

D. 检查包装及灭菌区设专用洁具间的应采用封闭式设计。

E. 工作区域的顶棚、墙壁应无裂隙，不落尘，便于清洗和消毒；地面与墙面踢脚及所有阴角均应为弧形设计；电源插座应采用防水安全型；地面应防滑、易清洗、耐腐蚀；地漏应采用防返溢式；污水应集中至医院污水处理系统。

（2）设备配置

①空调配置

消毒供应中心对温度的控制较为严格，且是一个需要避免造成交叉感染的重点部门，所以消毒供应中心的空调和公共中央空调不可共用排风与送风管道。因此其空调系统不可与公共中央空调并用，建议选用独立的空调系统。

②设备、设施

A．清洗消毒设备及设施：医院应根据消毒供应中心的规模、任务及工作量，合理配置清洗消毒设备及配套设施。设备设施应符合国家相关规定。

应配有污物回收器具、分类台、手工清洗池、压力水枪、压力气枪、超声清洗装置、干燥设备及相应清洗用品等。

应配备机械清洗消毒设备。

B．检查、包装设备：应配有器械检查台、包装台、器械柜、敷料柜、包装材料切割机、医用热封机、清洁物品装载设备及带光源放大镜、压力气枪、绝缘检测仪等。

C．灭菌设备及设施：应配有压力蒸汽灭菌器、无菌物品装、卸载设备等。根据需要配备灭菌蒸汽发生器、干热灭菌和低温灭菌及相应的监测设备。各类灭菌设备应符合国家相关标准，并设有配套的辅助设备。

D．应配有水处理设备。

E．储存、发放设施：应配备无菌物品存放设施及运送器具等。

F．宜在环氧乙烷、过氧化氢低温等离子、低温甲醛蒸汽灭菌等工作区域配置相应环境有害气体浓度超标报警器。

G．防护用品：根据工作岗位的不同需要，应配备相应的个人防护用品，包括圆帽、口罩、隔离衣或防水围裙、手套、专用鞋、护目镜、面罩等。去污区应配置洗眼装置。

5）施工规范要求

（1）安装部分

①电力系统

大型设备、有特殊要求的设备使用独立带保护的电源，采用双电源回路，保证其在运行过程中处于不间断状态。维修灯采用防爆灯具，整个功能区域内的电源采用防水安全型插座。

②给水排水系统

消毒供应中心使用的水种类较多，所以在各个部位不同管道的材质尤为重要。

冷、热水管路由室内预留总管接出，采用不锈钢管和 PPR 管焊接。灭菌器等设备排水管，设立单独的排放管路，建议采用耐高温的镀锌钢管。

去污区内的手工清洗工作站，建议每个清洗槽均应配备冷水、热水、反渗透水、酸碱性氧化电位水专用管道，以及压力水枪、压力水枪装置。

③通风空调系统

采用独立系统空调，空调水管及风管要保证无泄漏，且做好保温处理，否则易形成冷凝水，进而影响整体环境。

④蒸汽系统

消毒供应中心对器械进行高温消毒主要采用高温高压蒸汽，蒸汽形成的冷凝水温度仍然较高，需经降温后方可排入主体排水系统中。

蒸汽管道按照相关规范必须设置安全阀和压力表，安全阀和压力表的日常巡视检修工作尤为重要，因此其应安装在相关工作人员易于观察和操作的位置。

（2）装修部分

①墙面

墙面宜采用50mm系列净化彩钢板，面层钢板厚度应达到0.426mm，并具有耐生锈、耐擦洗、防火、隔声保温等基本特性。原材料均应符合国家标准的原厂生产加工的成品。在所有接缝处，应采用抗老化的耐火胶密封拼缝，使墙面、顶棚处于气密状态。建议施工中使用岩棉板或酚醛泡沫板。

②地面

地面材质可采用2mm厚PVC卷材地板或橡胶地板，并要求耐磨等级为P级。好处是防碘酒侵蚀、血迹可擦洗、防火防静电、耐磨等特性。对于施工方面也具有接缝少、易施工、颜色选择多等优势。卷材地板不耐水、不耐碾压，所以在去污区等区域宜采用防滑砖或耐磨环氧地坪漆。用户可根据各区域的使用要求分区域对地面材质进行选择。

③设备内、外装扣板

灭菌器和全自动清洗机等屏障设备的隔断材料，建议采用与设备面板不一致的不锈钢板。

④阴、阳角的处理

建议工作区域的各功能区内，所有90°阴、阳角采用彩钢板专用铝合金型材形成过渡。此材料大致分为喷塑或电泳两种，喷塑的防静电且与板材颜色相近，较为美观；电泳的有耐酸碱、抗污染、延缓铝型材老化、不易褪色等特点，在施工选用时应区分对待，加以选择。

⑤顶棚

消毒供应中心顶棚内部存在很多设备和管线，考虑到日后的维修和检查，应选用易拆卸顶棚材料。建议此部门材料采用50mm系列彩钢板。

⑥门窗

建议门采用与墙体同质材料，并配备电泳铝型材制作。在设计门尺寸大小时，应充分考虑工作人员、运输设备、运转推车等的使用宽度和距离。建议窗体采用专用铝合金窗料制作。

3. X光室

1）概述

医院中的X光室将X射线应用于医学诊断和治疗，医学上应用的X射线波长约在

0.001~0.1nm 之间，主要依据 X 射线的穿透作用、差别吸收、感光作用和荧光作用（图 5-20）。由于 X 射线穿过人体时，受到不同程度的吸收，如骨骼吸收的 X 射线量比肌肉吸收的量要多，那么通过人体后的 X 射线量就不一样，这样便携带了人体各部密度分布的信息，在荧光屏上或摄影胶片上引起的荧光作用或感光作用的强弱就有较大差别，因而在荧光屏上或摄影胶片上（经过显影、定影）将显示出不同密度的阴

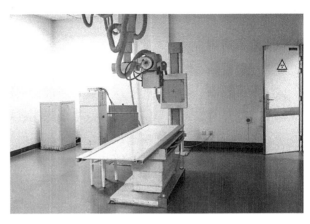

图 5-20　X 光室

影。根据阴影浓淡的对比，结合临床表现、化验结果和病理诊断，即可判断人体某一部分是否正常。于是，X 射线诊断技术便成了世界上最早应用的非创伤性的内脏检查技术。

X 射线应用于治疗，主要依据其生物效应，应用不同能量的 X 射线对人体病灶部分的细胞组织进行照射时，即可使被照射的细胞组织受到破坏或抑制，从而达到对某些疾病，特别是肿瘤的治疗目的。

2）X 射线的危害和防护

（1）危害

电离辐射对人体的损伤非常广泛，而且难以预测。射线对机体的影响，由于受多种因素的影响所引起的临床反应亦多种多样。射线对人体的损伤显现在受照者本身时称躯体（本体）效应。如影响到受照者后代则称遗传效应。按对受照者损伤的范围不同又可分全身效应（如急、慢性放射病）、单一组织的效应（如皮肤损伤、眼晶体损伤等）和胎内照射的效应（如胎儿畸形等）。若从 X 射线作用于机体后产生效应的时间考虑，尚可分近期和远期效应。

辐射损伤是一定量的电离辐射作用于机体后，受照机体所引起的病理反应。急性放射损伤是由于一次或短时间内受大剂量照射所致，主要发生于事故性照射。在慢性小剂量连续照射的情况下，值得重视的是慢性放射损伤，主要由于 X 射线职业人员平日不注意防护，较长时间接受超允许剂量所引起的。

长期接受 X 射线会对人体造成很多伤害，如：自主神经功能紊乱、造血功能低下、晶状体浑浊，精子生成障碍，甚至诱发肿瘤等。X 射线损伤是医护人员 最常见的放射损伤。遭受损伤的细胞、组织、器官还可以引起机体继发性损伤，使机体产生一系列生物化学的变化、代谢的紊乱、功能的失调以及病理形态等方面的改变，损伤严重可导致机体死亡。X 射线辐射可能引起的临床症状有乏力、头昏、头痛、耳鸣、睡眠障碍、记忆力减退、多汗、心悸等；其次为消化道症状如腹痛腹胀；少数人牙痛，牙龈易出血，但无明显的皮肤出血点及瘀斑；部分人易感冒、腰痛、关节酸痛等。X 射线辐射能对胎儿造成严重的影响，胎儿宫内有害效应可分为致死效应、致畸效应、致严重智力低下和致癌。

（2）防护

①在不影响诊疗效果的前提下，工作人员和病人所受的放射量尽可能保持最低量，可通过缩短照射时间、增加距离和利用辐射屏蔽来实现。

②剂量限制：被照射的工作人员必须进行剂量检测。计量仪可精确显示工作人员接触的放射量，并每月检查计量仪记录值，特别应注意没有绝对安全的照射剂量。

③在临床中尽量不使用胸透检查等电离辐射检查。尽可能运用其他无害手段进行诊断。

④我国卫生部 2002 年 1 月 3 日发布的《国家放射工作卫生防护管理办法》明确规定："（用放射射线）进行诊断、治疗时，应当按照操作规程，严格控制受照剂量，对临近照野的敏感器官和组织应当进行屏蔽防护。对孕妇和儿童进行医疗照射时，应当告知对健康的影响。"但是现在各大医院对于此项规定均视而不见，持忽视态度。对患者的健康不负责任。对于术中需进行 C 形臂检查以及床旁照射的手术，工作人员应穿铅衣、戴铅皮手套、佩戴护目镜和含铅围脖。

⑤尽量缩短 X 射线的曝光时间。接触光束时间越长，接受放射的剂量就越大。要求 X 射线工作人员技术熟练，避免重复性照射，尽量减少接触时间。

⑥在放射源和工作人员之间放置一种能有效吸收射线的屏蔽材料，从而减弱或消除射线对人体的危害。屏蔽防护有一定的防护作用，但对高能量射线来说防护屏蔽作用较少，如铅围裙只能在放射诊断时使用，对高能量防护作用较弱。

3）建筑设计

平面布局：

机房应有足够的使用面积。新建 X 射线机房，一般 100mA 以下的不小于 24m²；200mA 以上的不小于 36m²；双管头的宜不小于 36m²。多管头 X 射线机房面积可酌情扩大。

拍片室包括：机房、操作间、暗室（三者可在一起）。

（1）暗室

基本要求：暗室最好与操作间或机房还有个交换片的通道，或者位于操作间或机房内部。门口要有迷路（要拐个弯，防光线直射）。房间设有暗室灯（小于 15w），四周可以完全黑暗化封闭。房间内需要排风系统，设计时注意避光要求，可以设计为弯曲风道。

内部结构：暗室分为干燥区与潮湿区。

潮湿区：要有上、下水，铺墙砖、地砖，地面有排水通道。如果是手动洗片，要有显、定、水洗箱或槽预留位置；如果自动洗片，需要上下水周围预留洗片机位置。

干燥区：与潮湿区保持一定距离，但要相邻。设置平台，无上下水。

（2）机房

墙体要求：摄影机房内的墙壁应有适量的铅当量的防护厚度。红砖墙体厚度 ≥ 240mm，墙体外增设 1.5mm 铅板。外部采用防辐射型涂料进行射线防护。

门窗要求：机房的门、窗必须合理设置，并有其所在墙壁相同的防护厚度。采用手动推拉防护门（内部结构为钢架结构、外部为特种防氧化铅板）。门四周要求具有防尘软垫。机房门外要有电离辐射标志，并安设醒目的工作指示灯。

观察窗要求：走廊侧墙体设置观察窗，与 X 射线机机床相对，下缘距地面约 1.2m。装有防辐射铅玻璃，设 3.5mm 铅当量防护，面积 800mm×600mm，四周配铝合金框。

（3）操作间

位于观察窗外（如机房观察窗外的走廊），但是与机房之间要有电缆沟（用于过线）。

4）X 射线相关防护要求

（1）X 射线设备防护性能的通用要求

①除乳腺摄影用 X 射线设备外，X 射线源组件中遮挡 X 射线束部件的等效滤过应符合如下规定：

A．在正常使用中不可拆卸的滤过部件，应不小于 0.5mmAl。

B．应用工具才能拆卸的滤片和固有滤过（不可拆卸的）的总滤过，应不小于 1.5mmAl。

②除牙科摄影和乳腺摄影用 X 射线设备外，投向患者 X 射线束中的物质所形成的等效总滤过，应不小于 2.5mmAl。标称 X 射线管电压不超过 70kV 的牙科 X 射线设备，其总滤过应不小于 1.5mmAl。标称 X 射线管电压不超过 50kV 的乳腺摄影专用 X 射线设备，其总滤过应不小于 0.03mmMo。

（2）摄影用 X 射线设备防护性能的专用要求

① 200mA 及以上的摄影用 X 射线设备应有可安装附加滤过板的装置，并配备不同规格的附加滤过板。

② X 射线设备应有能调节有用线束照射野的限束装置，并应提供可标示照射野的灯光野指示装置。

③ X 射线设备有用线束的半值层、灯光照射野中心与 X 射线照射野中心的偏离应符合规定。

（3）透视用 X 射线设备防护性能的专用要求

①透视用 X 射线设备的焦皮距应不小于 30cm。

②透视曝光开关应为常断式开关，并配有透视限时装置。

在立位和卧位透视防护区测试平面上的空气比释动能率应分别不超过 $50\mu Gy/h$ 和 $150\mu Gy/h$。

③透视用 X 射线设备受检者入射体表空气比释动能率、荧光屏的灵敏度、透视的照射野尺寸及中心对准应符合规定。

④用于介入放射学、近台同室操作（非普通荧光屏透视）用 X 射线透视设备不受上述第二条限制。

（4）牙科摄影用 X 射线设备防护性能的专用要求

①牙科 X 射线设备的 X 射线管电压应满足如下要求：

A．对于管电压固定的牙科机，管电压应不低于 60kV；对于管电压可调的牙科机，调节范围应满足 55kV 至最高管电压，如采用分档调节，相邻档管电压增量应不超过 5kV；

B．对于全景机管电压调节范围应满足 60kV 至最高管电压，如采用分档调节，相邻档

管电压增量应不超过 5kV;

C. X 射线管电压值的偏差应在 ±10% 范围内。

②牙科 X 射线设备曝光时间指示的偏离应在 -（10% 读数 +1ms）~（10% 读数 + 1ms）范围内。

③牙科全景体层摄影的 X 射线设备，应有限束装置，防止 X 射线束超出 X 射线影像接收器平面或胶片的宽度。

④口内片牙科摄影的 X 射线源组件应配备集光筒，并使 X 射线束限制在集光筒出口平面的最大几何尺寸（直径/对角线）不超过 60mm 范围内。

⑤牙科摄影装置应配置限制焦皮距的部件，并符合表 5-11 的规定。

各部件最短焦皮距   表 5-11

应用类型		最短焦皮距（cm）
标称 X 射线管电压 60kV 及以下的牙科摄影		10
标称 X 射线管电压 60kV 及以上的牙科摄影		20
口外片牙科摄影		6
牙科全景体层摄影		15
口腔 CT	坐位扫描/站位扫描	15
	卧位扫描	20

（5）乳腺摄影 X 射线设备防护性能的专用要求

①标称 X 射线管电压不超过 50kV 的乳腺摄影专用 X 射线设备，其半值层、光野/照射野的一致性指标应符合《乳腺 X 射线屏片摄影系统质量控制检测规范》WS 518—2017 的规定。

②用于几何放大乳腺摄影的 X 射线设备，应配备能阻止使用焦皮距小于 20cm 的装置。

（6）移动式和携带式 X 射线设备防护性能的专用要求

①X 射线设备应配备能阻止使用焦皮距小于 20cm 的装置。

②手术期间透视用、焦点至影像接收器距离固定且影像接收面不超过 $300cm^2$ 的 X 射线设备，应有线束限制装置，并将影像接收器平面上的 X 射线野减小到 $125cm^2$ 以下。

③连接曝光开关的电缆长度应不小于 3m，或配置遥控曝光开关。

（7）介入放射学、近台同室操作（非普通荧光屏透视）用 X 射线设备防护性能的专用要求

①透视曝光开关应为常断式开关，并配有透视限时装置。

②在机房内应具备工作人员在不变换操作位置情况下能成功切换透视和摄影功能的控制键。

③X 射线设备应配备能阻止使用焦皮距小于 20cm 的装置。

④X 射线设备的受检者入射体表空气比释动能率应符合规定。

⑤在透视防护区测试平面上的空气比释动能率应不大于 $400\mu\,\mathrm{Gy/h}$。

5）X 射线设备机房防护设施的技术要求

（1）X 射线设备机房（照射室）应充分考虑邻室（含楼上和楼下）及周围场所的人员防护与安全。

（2）每台 X 射线机（不含移动式和携带式床旁摄影机与车载 X 射线机）应设有单独的机房，机房应满足使用设备的空间要求。对新建、改建和扩建的 X 射线机房，其最小有效使用面积、最小单边长度应不小于表 5-12 要求。

<table>
<tr><td colspan="3">X 射线设备机房（照射室）使用面积及单边长度　　　　　表 5-12</td></tr>
<tr><th>设备类型</th><th>机房内最小有效使用面积（m²）</th><th>机房内最小单边长度（m）</th></tr>
<tr><td>CT 机</td><td>30</td><td>4.5</td></tr>
<tr><td>双管头或多管头 X 射线机</td><td>30</td><td>4.5</td></tr>
<tr><td>单管头 X 射线机</td><td>20</td><td>3.5</td></tr>
<tr><td>透视专用机、碎石定位机、口腔 CT 卧位扫描</td><td>15</td><td>3</td></tr>
<tr><td>乳腺机、全身骨密度仪</td><td>10</td><td>2.5</td></tr>
<tr><td>牙科全景机、局部骨密度仪、口腔 CT 坐位扫描 / 站位扫描</td><td>5</td><td>2</td></tr>
<tr><td>口内牙片机</td><td>3</td><td>1.5</td></tr>
</table>

（3）X 射线设备机房屏蔽防护应满足如下要求：

①不同类型 X 射线设备机房的屏蔽防护应满足表 5-13 要求。

<table>
<tr><td colspan="3">不同类型 X 射线设备机房的屏蔽防护铅当量厚度要求　　　　表 5-13</td></tr>
<tr><th>机房类型</th><th>有用线束方向铅当量（mm）</th><th>非有用线束方向铅当量（mm）</th></tr>
<tr><td>标称 125kV 以上的摄影机房</td><td>3</td><td>2</td></tr>
<tr><td>标称 125kV 及以下的摄影机房、口腔 CT、牙科全景机房（有头颅摄影）</td><td>2</td><td>1</td></tr>
<tr><td>透视机房、全身骨密度仪机房、口内牙片机房、牙科全景机房（无头颅摄影）、乳腺机房</td><td>1</td><td>1</td></tr>
<tr><td>介入 X 射线设备机房</td><td>2</td><td>2</td></tr>
<tr><td>CT 机房</td><td colspan="2">2（一般工作量）
2.5（较大工作量）</td></tr>
</table>

②应合理设置机房的门、窗和管线口位置，机房的门和窗应有其所在墙壁相同的防护厚度。设于多层建筑中的机房（不含顶层）顶棚、地板（不含下方无建筑物的）应满足相应照射方向的屏蔽厚度要求。

③带有自屏蔽防护或距 X 射线设备表面 1m 处辐射剂量水平不大于 $2.5\mu\,\mathrm{Gy/h}$ 时，可不

使用带有屏蔽防护的机房。

（4）机房应设有观察窗或摄像监控装置，其设置的位置应便于观察到患者和受检者状态。

（5）机房内布局要合理，应避免有用线束直接照射门、窗和管线口位置；不得堆放与该设备诊断工作无关的杂物；机房应设置动力排风装置，并保持良好的通风。

（6）机房门外应有电离辐射警告标志、放射防护注意事项、醒目的工作状态指示灯，灯箱处应设警示语句；机房门应有闭门装置，且工作状态指示灯和与机房相通的门能有效联动。

4. CT室

1）概述

CT，即电子计算机断层扫描，它是利用精确准直的X射线束、γ射线、超声波等，与灵敏度极高的探测器一同围绕人体的某一部位做一个接一个的断面扫描，具有扫描时间快、图像清晰等特点，可用于多种疾病的检查（图5-21）根据所采用的射线不同，可分为：X射线CT（X-CT）、超声CT（UCT）以及γ射线CT（γ-CT）等。

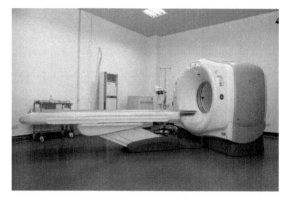

图5-21　CT室

CT的工作程序：它根据人体不同组织对X射线的吸收与透过率的不同，应用灵敏度极高的仪器对人体进行测量，然后将测量所获取的数据输入电子计算机，电子计算机对数据进行处理后，就可摄下人体被检查部位的断面或立体的图像，发现体内任何部位的细小病变。

2）CT室平面布局和地面做法

CT室主要分为CT扫描室、控制室、更衣室等，图5-22为工程实际中CT室的平面布置图实例。

CT设备在安装前应先确认其位置，并做设备地面基础，在制作地面装饰时预留出线孔，并做电缆沟，使电缆线可通过电缆沟、出线孔与设备相连。图5-23、图5-24为工程实际中电缆沟和设备基础大样图。

3）防辐射土建设计

CT室和X光室一样，都需进行防辐射

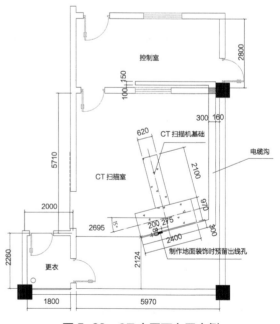

图5-22　CT室平面布置实例

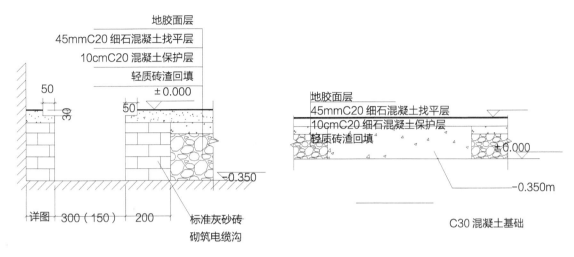

图 5-23　电缆沟实例　　　　　　　　图 5-24　设备基础剖面图实例

土建设计。CT 机在工作中，会产生 X 射线，因此，本节主要从防 X 射线来谈防辐射设计。

（1）X 射线防护的三大原则

①时间防护

不论何种照射，人体受照累计剂量的大小与受照时间成正比。接触射线时间越长，放射危害越严重。缩短从事放射性工作的时间，可以减少受照剂量。

②距离防护

某处的辐射剂量率与此处与放射源之间的距离的平方成反比，与放射源的距离越大，该处的剂量率越小，所以在工作中要尽量远离放射源。

③材料防护

就是在人与放射源之间设置一道防护屏障。因为射线穿过原子序数大的物质时会被吸收很多，这样一来，到达人体部分的辐射剂量就减弱了。

（2）X 射线防护的主要方法

由于 X 射线的穿透性是有选择的，在建筑施工过程中可以利用它的这个性质将它限制在一定的区域内。不同的材料对 X 射线的吸收阻断效果不同，常用的建筑材料有：钢筋混凝土、硫酸钡和铅板。

①铅板法

铅是吸收 X 射线最好的材料，因此在医院建设过程中，铅板防护法是使用最多的方法。计算所需的防护厚度时是按照铅当量来计算的，1mm 厚的铅板就是 1 个铅当量。它的优点是：房间布局可以根据需要调整；可以根据计算明确铅板厚度。缺点是：铅板较重，使用过程中可能会有下坠。

②钢筋混凝土法

80mm 厚的钢筋混凝土相当于 1 个铅当量（一般以 100mm 计算），它的优点是：施工工艺成熟，施工质量能可靠保证，耐久性能好。缺点是：房间的布局一旦固定便不能调整，钢筋混凝土中的孔洞是薄弱点，可能泄露 X 射线。

③硫酸钡法

10mm 厚硫酸钡相当于 1 个铅当量，它的优点是：施工简便，可以在结构完成之后再行施工。缺点是：使用过程中会开裂，顶板不便施工。

④组合使用法

以上三种防护方法各有优缺点，因此在施工过程中经常会组合使用上面三种材料。

顶板：现在顶板一般都为现浇钢筋混凝土，它的耐久性很好，可以利用钢筋混凝土板做防护层。如果钢筋混凝土层厚度不能满足防护要求，可以在本层顶棚挂铅板或者在上层楼板上垫层内施工硫酸钡。墙面：可以根据需要调整隔墙位置，然后在隔墙上铺贴铅板作防护层。

地面：一般为现浇钢筋混凝土板，如果地面混凝土不够厚，可以利用垫层进行硫酸钡施工，这样既可以起到防护的作用，还能降低它的开裂风险。

⑤其他

为了人员的通行和医生观察操纵设备的需要，还要设置门和窗，在防护施工中会用到铅防护门和铅防护窗。此外还有个人防护用品，如铅衣、铅围脖等。

（3）X 射线防护施工中需要注意的问题

①净使用面积

X 射线强度与设备的管电压、管电流有关，还与传播距离有关，随着传播距离的增加，射线的强度会减弱，因此控制 X 射线源与要防护的物体之间的距离可以降低 X 射线的危害。

规范中是通过控制最小面积来增加 X 射线的传播距离的。规范规定：新建 X 射线机房，单管头 200mA X 射线机机房应不小于 24m，双管头的宜不小于 36m。在实际施工时，建筑隔墙完成后还有防护层和装修面层的施工，全部施工完成后，使用面积就不满足规范要求了，个别房间不得不通过更改隔墙位置来增大设备间面积，造成了个别房间的局部返工。因此在设计阶段需要计算好防护层和装修面层的厚度。

另外，在使用方便的情况下，设备的摆放最好尽可能地靠近机房中央。如果设备过于靠近一面墙体，对于这面墙体来说，射线所走路线相对较短，射线强度也就会相对大一些。

②铅板厚度

X 射线管一般装在有限束装置的 X 射线套管内，根据主要照射的方向可以分为立位透视和卧位透视，立位透视 X 射线管主要朝向一面墙照射，卧位透视 X 射线管主要朝向下面墙照射。X 射线朝向的方向即为主射线方向，由于 X 射线管的限束装置的存在，主射线方向一般能被固定。主射线方向以外的其余方向为散射线方向，散射线方向的辐射强度会减小很多。

根据主射线和散射线的不同以及投资的多少，可以选择主射线方向防护较强，其余方向适当减少，摄影机房中有用射线朝向的墙壁应有 2mm 铅当量的防护厚度，其他侧墙壁应有 1mm 铅当量的防护厚度。为了加强对非放射工作人员的保护，如果射线机房紧邻办公室等长期有固定人员办公的房间，建议在已确定的防护厚度上适当增加防护标准。

③六面防护

X 射线放射源除了主射线方向会有射线外，在其他向也会有散射线，为了防止散射线对周围人产生影响，X 射线房间的六面均须做防护处理。

因为现在建筑楼板基本使用钢筋混凝土，80mm 厚钢筋混凝土相当于 1mm 铅当量，因此有些地方可能会省去地面及顶板的铅板防护，但顶棚内一般会有很多的管线穿出穿入，存在薄弱环节。可采用四面墙体和顶棚使用铅板防护，地面采用硫酸钡垫层防护的方法。顶棚内铅板在顶棚装修面层之上，大部分管线在铅板层上，墙体铅板施工至顶棚铅板层并有搭接，顶棚内管线大部分不穿过墙体铅板防护层，施工起来安全性更高，虽然增加了顶棚的铅板层，但墙体顶棚上的部分铅板可以节省。

④铅板防坠

铅板比较重，因此铅板层需要单独设立龙骨支撑。另外铅板在金属中算是比较软的，如果直接固定铅板，铅板在使用中可能会出现下坠情况，从而造成 X 射线泄露。在施工过程中，可在龙骨上先固定一层五合板作为基层，将铅板与五合板粘在一起，然后用钉子固定在龙骨上，再将钉子部位出现的泄露点用铅板盖上，如图 5-25 所示。

⑤迷路

由于灯具、插座等电线线管需要从外部穿进防护房间里，从而破坏了防护层，为了保证防护层的整体性，需要制作迷路。迷路在防护工程中的应用非常广泛。

由于 X 射线具有直线传播性，遇到障碍会穿透或者被吸收，利用它的直线传播特性制作迷路就可以保证防护层的完整性。例如在电线管的后面加铺一块铅板，加铺的铅板的面积要比电线管穿过的洞大，而且能保证在传播方向上射线穿过前面的洞后，会被后面的铅板完全挡住，如图 5-26 所示。

⑥变形缝

变形缝是在建筑物中因昼夜温差、不均匀沉降以及地震作用可能发生结构破坏变形的敏感部位或其他必要的部位，预先设缝将整个建筑物沿全高断开，使断开后建筑物的各部分成为独立的单元或者是划分为简单规则的独立单元，并使各单元之间的缝达到一定的宽度，以适应变形的需要。

铅防护房间应尽量避免穿过变形缝，因为变形缝两面可能会产生不同的变形，从而使得铅防护层变形甚至开裂。

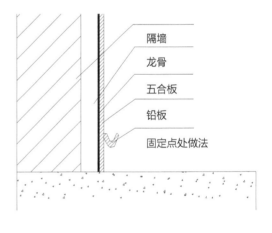

图 5-25　铅板防坠示意图

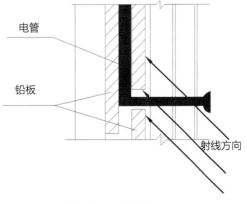

图 5-26　迷路示意图

一般建筑的变形缝做法比较成熟，有图集可供选用，但防护房间的防护变形缝做法却没有。变形缝处两侧结构断开，但中间的铅板层不能断开；如果铅板层不断开，建筑物在温度变化或者地震作用下会产生变形，可能会拉断铅板，而且铅板断开后不易被发现。为了解决这个问题，可采取以下施工做法：沿变形缝两边都单独立龙骨（墙、顶板龙骨），两边龙骨断开，然后每边铺贴铅板时都留一部分铅板在变形缝处，让每边留出的铅板能搭接在一起，搭接长度不小于100mm，铅防护层施工完成后再按照建筑图集伸缩缝施工面层。

⑦设备机房及周边相关要求

根据防护规范要求：

机房门外要有电离辐射标志，并安设醒目的工作指示灯。

机房门口指示灯不是长期亮着，应该是在内部需要做放射检查时再亮，因此门口指示灯应加控制系统，一般是在控制室的门上加装行程开关，当控制室门关闭时，机房门外的灯就会亮。患者出入有时不会随手关门，因此在患者出入的大门上需要安装闭门器。

根据设备要求：X射线设备众多，每种设备对周边的要求也不相同，一般线缆接入控制室有两种走法，其中一种是走地面，为了房间美观及保护线缆，一般地而需要留置线缆的地沟；有些设备移动要求有天轨，在顶棚内需要布置滑轨，有滑轨的房间其顶棚排布就需要特别注意，灯、风口、烟感、喷淋等部不能影响设备。

目前X射线机器品牌及型号众多，每种型号的要求多少都会不同，因此机房要根据设备的具体要求设置。

5. 核磁共振

1）概述

核磁共振成像检查已经成为一种常见的影像检查方式，核磁共振成像作为一种新型的影像检查技术，不会对人体健康有影响，但六类人群不适宜进行核磁共振检查即：安装心脏起搏器的人、有或疑有眼球内金属异物的人、动脉瘤银夹结扎术的人、体内金属异物存留或金属假体的人、有生命危险的危重病人、幽闭恐惧症患者等。不能把监护仪器、抢救器材等带进核磁共振检查室。另外，怀孕不到3个月的孕妇，最好也不要做核磁共振检查。

核磁共振分为超导型、常导型和永磁型三种类型，机身磁场容量为0.3~3.0T不等，常用的为超导型和永磁型两种。

核磁防护分为磁屏蔽防护和射频屏蔽防护，磁屏蔽防护是防止核磁本身对外界的干扰影响，一般用碳钢板做屏蔽，钢板厚度依核磁容量大小经计算确定。因大多数机型均带有自身屏蔽防护，故核磁扫描机房可不做磁屏蔽防护（图5-27）。射频屏蔽防护是为防止外部其他电波对核磁设备本身的干扰和影响，一般采用铜屏蔽将扫描机房内六面封闭式包裹。常用的防护材料有铜箔和铜皮两种，厚度由设备厂商工程师经计算确定。

2）核磁共振室的选址和工作用房

（1）核磁共振室的选址

核磁共振室一般隶属影像诊断科（放射科）管理，因其设备的特殊性，故对核磁共振设备所在位置的周边环境及室内条件有其独特的要求，机房及其附属房在选址布局时应注意如下问题：

①宜与其他影像诊断设备布局在同一层内，便于管理。

②可位于影像诊断科的尽端或自成一区，且邻近建筑物外墙，便于设备安装和室外机的安装。

③距磁体 7.5m 内不得有电梯，汽车通过等大型运动金属体，不宜邻变配电室、空调冷冻机房、水泵房等运行设备。

④建筑物外就近留有不小于 50m² 的室外设备安装场地。

⑤当机房位于地下室时应留有设备吊装天井。

⑥当设备安装需经由室内通道时，通道底板结构荷载应满足要求，设备就位前可暂不安装通道门。

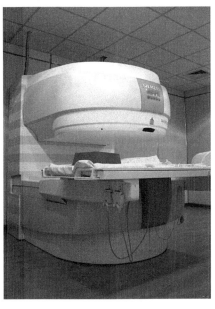

图 5-27 核磁共振室

⑦核磁共振机房墙体应预留安装洞，尺寸不小于 3000mm×2500mm。

（2）核磁共振室的主要工作用房

核磁共振室的主要工作用房有：核磁共振室扫描机房、控制室、计算机房、激光打印室、预约登记处（护士站）、处置室、患者更衣通过间等。

①核磁共振室扫描间

核磁共振室扫描间是患者上机检查的房间，需做全铜屏蔽防护处理，房间尺寸依设备机型大小而定，一般推荐房间净尺寸为长 8.5m、宽 7.0m、高 4.2m，门宽 1.6m、高 2.2m。因设备底部需做铜屏蔽防护和基础，故扫描间需做结构降板处理，一般降板高度为 0.3～0.4m。

②控制室

控制室是操控扫描机和患者的房间，通过含有铜玻璃的观察窗和对讲器与患者联系，观察窗尺寸为 1600mm×1100mm，距地 800mm，控制室净尺寸不小于 7m×3.6m。

③计算机房

计算机房是核磁共振的执行中枢，为恒温恒湿房间，采用架空抗静电地板，通风采用下送风，上回风方式，面积一般不小于 25m²。计算机房与扫描机房之间有线缆连通，且需做抗静电地板，故也需做降板处理。

④激光打印室

激光打印室是打印核磁共振室影像胶片的房间，可设在控制室内，面积为 5~6m²，有遮光设施。

⑤预约登记室（护士站）

预约登记室为接待患者与做检查的地方，面积一般不小于 15m²。

⑥处置室

处置室是为患者检查前做一般性处置的地方，面积不小于 $12\ m^2$。

⑦更衣通过间

更衣通过间是患者更衣和进入扫描间的通道，更衣间面积不小于 $4m^2$，通道尺寸依需要而定。

⑧候诊厅

候诊厅是患者等候检查期间休息的空间，应按上午最大检查量：$1\sim1.5\ m^2$/ 人计算等候空间，建议不小于 $50\ m^2$。

⑨医师、技师、护士办公、生活用房

核磁共振室与影像诊断科同区布置时，医师、技师、护士办公、生活用房可全科统筹布局；分区布置时应设：主任办公室、医师办公阅片室、技师办公维修室、护士学习室、休息用餐室、库房、值班室、男女更衣室、男女厕浴室等用房（图 5-28）。

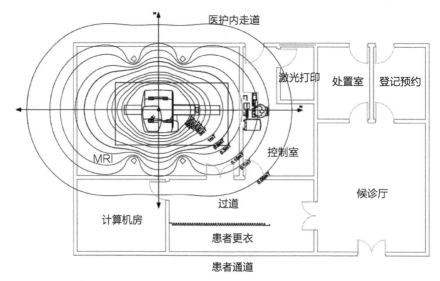

图 5-28 核磁共振室平面布置示意图

3）核磁共振室施工准备注意事项

（1）核磁共振室施工组织流程（图 5-29）

（2）设计管理

①委托屏蔽施工单位做屏蔽防护设计。

②委托建筑设计单位做核磁共振室的给水排水、电气、弱电、暖通空调等专业设计。

③委托室内装修工程设计单位做室内装修工程设计。

备注：屏蔽设计要经核磁共振厂商场地工程师签字认可，设计深度应达到编制工程量清单、招标控制价、现场施工的依据深度。

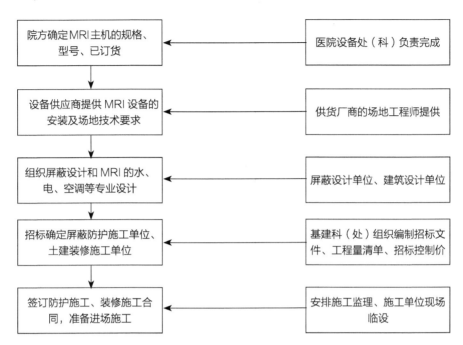

图 5-29 核磁共振施工组织流程图

（3）各专业要求

①核磁共振室的主机必须独立供电，建设安装专用变压器，其他用电设施需另敷设电缆，必须与核磁共振主机分开。

②主、副配电柜必须具备防开盖锁定功能，确保电气安全作业。

③按设计要求使用专用接地线。

④磁体间所有照明及插座必须经电源滤波器进入。

⑤磁体间安装紧急排风系统，并确定失超管的位置。

⑥核磁共振系统必须配备专用机房空调（双压缩机组）。

第 **6** 章

总承包管理

6.1 总承包管理概述

医院项目总承包管理包括报批报建、设计、采购、施工、调试、验收和试运行全过程的质量、安全、成本、效益及进度等全方位的策划、组织实施、控制与收尾等。

医院建设中总承包管理的核心目标是将设计、采购、施工各环节进行融合，统筹各方资源，进行一体化管理，充分利用内部协调机制来实现工程项目各项目标，从而降低建设成本，提高工程实施效率。

医院项目总承包管理重点工作是：短时间快速启动并完成各项报建工作、全面识别设计需求和有效的设计管理、精准招采以及全专业建造接口协调。

6.2 总承包组织管理

6.2.1 总承包管理组织架构

医院项目体量大、设计复杂、分包单位多以及专业性强、整体建设系统性强且精细化程度要求高，项目协调管理工作量大且复杂，对总承包项目的整体管理有着很高的要求。根据医院项目的建设特点，采用合适的管理组织架构（图 6-1、表 6-1）。

某医院项目岗位及管理人员人数设置表　　　　　　　　表 6-1

部门	设置岗位	职责梳理	人员配备（人）
项目班子	项目经理 / 书记	负责项目全面管理，项目整体绩效、风险和党群管理第一责任人	1
	项目副经理	负责分管项目策划、计划、总承包管理和商务合约管理，对项目进度、成本的综合控制以及项目合约控制负责；在项目经理不在时，代行项目经理职权	1
	建造总监	负责项目施工总承包全面协调（施工总体）管理，对工程施工的成本、工期、质量、安全、履约等全面负责	1
	技术总监	负责项目施工技术、设计协调和深化设计全面管理	1
	行政总监 /副书记	负责项目信息沟通、公共关系、行政后勤等事务的全面管理，以及党群管理的具体工作	1
	HSE 总监	负责项目安全、职业健康、环境保护的全面监督管理	1
	质量总监	负责项目质量全面管理，对工程质量的监督工作全面负责	1
	商务总监	负责项目商务全面管理	1
计划部	计划工程师	项目工期计划执行情况的监管人，负责项目总体及各区段进度的监控和分析工作	1~2
	策划工程师	项目总体策划、建造过程策划、各个专业策划等全过程、全专业、全员参与的策划管理	1
	总承包管理工程师	项目总承包管理协调工作，为动态组织管理提供保障	1

续表

部门	设置岗位	职责梳理	人员配备（人）
建造部（生产协调组）	建造工程师	负责某一个专业或区段的施工（总包）全面管理，对本建造管理组所管理的施工工作负总责	2~4
	生产协调工程师	负责项目生产现场总平面管理及其他生产资源协调	1
	测量工程师	负责项目责任范围内的测量管理工作	1
	设备管理工程师	负责项目现场（总包责任范围内）施工、运输设备及临水临电设施的总体管理	1
	物资管理工程师	负责项目现场物资成本管理工作，或主管物资收发工作	1
	劳务管理工程师	负责项目劳务分包商的协调管理工作	1
设计技术部	内业技术工程师	负责图纸审查，设计变更管理，技术管理，创优报优和科技研发管理工作	1~2
	设计管理工程师	负责项目协调和设计监督管理工作	1~3
	综合信息工程师	负责项目文件、资料管理，及信息系统、信息安全管理	1
质量部	质量工程师	负责项目施工质量监管，组织对分包商质量管理的整体监督，力求达成总包质量目标，并对接业主、监理、政府相关部门的质量监管	2~3
	检测试验工程师	负责项目材料、半成品和成品的检验试验工作	1
安全部	安全工程师	负责项目施工安全，组织安全教育培训、现场安全管理监督检查，组织分包商现场安全管理状况的监督和统计，策划安全应急响应并组织准备，并对接业主、监理及政府相关部门的安全监管	2~3
	环保工程师	负责项目环保监管，策划环境应急响应并组织准备，并对接业主、监理、政府相关部门的环境监管	1
商务合约部	采购工程师	在项目授权范围内组织开展项目采购工作，并组织监督分包商采购和物资管理工作	1~2
	合约工程师	负责项目合约管理，组织各类分包、采购合同的结算和付款申请，组织向业主报量和申请工程款，并做好商务策划、履约控制和签证索赔工作	1~2
	成本控制工程师	监督项目工程成本严格按预算进行控制	1~2
综合管理部	行政后勤管理员	负责项目党群、行政、劳资、后勤、宣传、安保等综合事务的管理	1
	报批报建工程师	负责项目报批报建管理	1
其他岗位	钢筋翻样工程师	负责对现场钢筋翻样进行配料等技术指导	1
	项目财务岗	负责项目资金管理	1
	项目法律顾问	负责项目全面风险管理、合同文书管理及法律咨询等工作	1

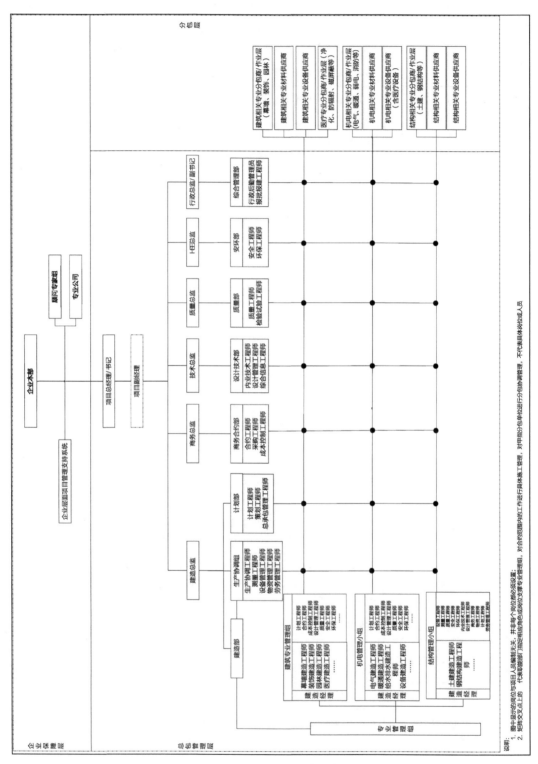

图 6-1 某医院类项目总承包管理组织架构图

1. 医院项目不同阶段的动态调整

1）项目初期阶段

（1）选择类似于直线职能式组织结构

在医院项目初期阶段，一般设计图纸变化、技术和安全等问题比较突出，此时项目组织架构应"弱化运行主体，强化职能部门"，集中有限的资源，解决项目初期存在的突出和共性问题，类似于直线职能式组织结构形式。

（2）职能式组织结构的特点

各级管理机构和人员实行高度的专业化分工，各自履行一定的管理职能，因此，每一个职能部门所开展的业务活动将为整个组织服务。

职能式组织结构实行纵向垂直式领导制，领导班子对其直属下级有发号施令的权力，对非直属下属则只是业务上的指导、监督和服务作用。

职能式组织结构中，项目经理管理权力高度集中。由于各个职能部门和人员都只负责某一个方面的职能工作，唯有项目经理才能纵观全局，所以，生产经营的决策权必然集中于最高领导层，主要是经理身上。

（3）采用职能式组织结构的原因

职能式组织结构通过将专业技能紧密联系的业务活动归类组合到一个单位内部，可以更有效地开发和使用技能，提高工作的效率。

由于专业人员属于同一部门，有利于知识和经验的交流，一个项目就能从该部门所存在的一切知识与技术中获得支持，这极为有助于项目的技术问题得到创造性的解决。

企业内人员的流动性是不可避免的，在这种情况下，要保持项目技术和管理经验的连续性，职能部门就是最可靠的基础。

然而由于职能式组织结构过度强调职能部门目标的完成而忽略了整个项目目标，造成跨部门的交流和合作难度较大；同时由于许多工作是由多个部门协调共同完成的，职能式组织结构容易造成责任划分不明确。对于沟通协调和相互配合阶段较多的情况，要慎重选择组织结构方式。

在项目初期阶段，项目职能部门任务、问题集中，部门之间的沟通协调工作相对较少，采用职能式组织结构可以最大限度地发挥其优势，并减小其劣势的影响。

2）项目中期阶段

（1）选择矩阵式组织结构形式

在医院项目运行中期，一般在各个区段或专业都有各自特点，而且可能进展状况不同，加之时间紧迫，现场工作需要及时有效地处理，集中的管理已不利于此阶段工作开展。因此，项目应渐渐强化针对区段或专业的组织管理，弱化职能部门的直接管理，将职能部门资源和职责转移到区段或专业，统一归属区段或专业负责人领导和考核。此时组织架构转变为扁平化矩阵式组织结构模式，整个体系处于"强化运行主体，弱化职能部门"状态。

（2）矩阵式组织结构的特点

矩阵式组织结构具有双道命令系统，两道系统的权力平衡是这一组织结构的关键。但在现实中无法存在绝对的平衡，因而在实际工作中就会存在两条相互结合的划分职权的路线——职能与区段或专业组，并形成两种深化演化形式：职能式矩阵和区段或专业组矩阵。前者是以职能部门主管为主要决策人，后者则是以区段或专业负责人为主。这种组织结构最突出的特点就是打破了单一指令系统的概念，而使管理矩阵中的员工同时拥有两个上级。

（3）采用矩阵式组织结构的原因

职能式组织结构同时具备区段或专业组结构与职能式组织结构的优点，因为职能式职能划分与区段或专业组职能划分的优缺点正好为互补型。

矩阵式组织结构加强了横向联系，专业设备和人员得到了充分利用，实现了人力资源的弹性共享，缩短了职能部门间沟通链条。

矩阵式组织结构具有较大的机动性，促进各种专业人员互相帮助，互相激发，相得益彰。

然而矩阵式组织结构成员位置不固定，有临时观念，有时责任心不够强；人员受双重领导，有时不易分清责任，需要花费很多时间用于协调，从而降低人员的积极性。

在项目中期阶段，项目职能部门业务总量有所减轻，业务规律性更强，部门之间的沟通协调工作相对较多，区段或专业组工作难度集中，采用矩阵式组织结构综合考虑可以最大限度地发挥其优势，做到人力资源的充分利用。

3）项目收尾阶段

（1）重新选择职能式组织结构形式

当项目进入收尾阶段，由于试运行、设施设备移交、合同结算、竣工资料整理、剩余物资处理等的集中和整体管理需要，项目结构模式应重新调整为"弱化运行主体，强化职能部门"的类直线职能式组织形式。

（2）采用职能式组织结构形式的原因

项目进入收尾阶段时，职能部门的工作和问题再次集中，区段或专业组任务基本完成，即将撤销，职能部门间协调配合工作相比职能工作比例下降，采用类直线职能式组织结构形式能更好地发挥其优势，提高工作效率，有利于项目总体目标的实现。

2. 项目同一阶段的动态调整

1）项目中期阶段性设立专业或区段组

在施工过程中，对一些专业性较强，工期较短，体量较小，协调难度小的专业项目，矩阵式组织架构不可能做到每个专业均在职能部门设置对应的专项对接人，否则人力资源需求过大。对这样的专业可设置临时专业组，由职能部门主管选派部门人员兼职，专业内容结束人员即可撤销。

施工过程中，工程关键线路随着不同施工阶段的递进发展，不断在变化和调整，可能原来的非关键工作因为某些原因成为关键工作，影响项目整体目标的实现。对这样的工作，可成立临时区段组，由职能部门主管选派部门人员专门负责，并随着区段组集中攻坚任务的完成而撤销。

2）项目中期专业或区段组与职能部门之间的组织协调

尽管项目中期项目组织结构处于"强化运行主体、弱化职能部门"状态，但是矩阵式组织结构"纵向定规，横向执行"的基本原则没有改变，职能部门对专业或区段组的监管作用没有改变。

区段或专业任务的集中攻坚不能放弃项目实施原则，项目实施原则由职能部门制定和监管。职能部门工作人员除了要实施好区段或专业组的工作任务外，还要坚持其负责监管的项目实施原则，从而做到项目健康平稳运行。区段或专业组负责人一方面要充分利用和发挥职能部门选派人员的业务功能，还要接受其专业意见，并接受职能部门的监督和考核。

6.2.2 分包方人员管理计划

1. 分包方人员管理思路

（1）对主体劳务分包人员，重点针对劳动力分阶段数量、劳动力保证措施、安全行为进行管理。

（2）对总包负责范围内的专业分包商、设备租赁商，重点针对组织结构，管理人员资质、数量，现场实施人员的资质（针对特殊工种）、数量，以及所有人员的安全行为进行管理。

（3）对非总包负责范围内的专业分包商、设备租赁商，重点针对安全行为进行管理，同时对招标人根据现场实际情况提出合理化管理建议。

（4）对材料供应商重点针对进场人员的安全行为进行管理。

2. 分包方人员管理具体计划

对总包负责范围内的专业分包商、设备租赁商，进场前必须提供针对项目特点的、科学的组织架构，及管理人员、现场施工或操作人员配备计划，总包结合项目实际情况进行审核并提供合理建议，经批准后，分包商团队方可正式进场。

分包商进场后，必须在3个工作日内，根据进场前提供的组织结构和人员配备计划，提供分包项目部管理人员资质证书，有特殊工种的，必须在7个工作日内提供特殊工种操作人员的资质证书。提供管理人员资质证书的同时，应提供相关通信录以便总包职能部门对接。

施工过程中，分包商应保证管理人员、特殊工种操作人员的一一对应，总包不定期检查，发现问题及时以函件的形式要求分包商进行整改，整改不力时按照相关合同条款予以处罚。施工操作人员的数量应符合进场前提供现场实施人员数量的要求，并满足现场实际进度要求，总包不定期检查，发现问题要求整改，若整改不力则根据相关合同条款予以处罚。

当因某些因素导致专业进度不能满足总计划要求时，总包应组织分包进行分析，如因操作人员数量问题导致，则应对其劳动力数量进行重点监控，直到达到预期进度目标及进度履约能力为止。

6.3 总承包进度管理

6.3.1 医院进度管理的总体思路

1. 医院项目进度管理概述

进度计划管理是工程各参与方工作开展的主线。总承包方计划管理在工程计划管理相关方中起到主导作用。总承包计划管理需要将业主、设计院以及工程相关方计划进行分析、整合、协调、预控。通过总承包计划管理，将与工程相关的所有参与方集成在一起，实现项目全生命周期、全业务板块、全专业的计划管理。总承包方需要在管理过程中发挥总包协调能力，主动控制，高效推动项目的履约。

医院项目的建设是一项很复杂、长期的工程，整体项目应做好规划与计划工作。实践证明，设计管理和招标管理是项目管理的两条主线，对实现建设目标起到了关键作用。另外多专业协同工作以及专业间的穿插施工也是整个工程进度得以保证的关键。因此医院工程进度管理的核心是设计进度管理、招标计划管理以及多专业协调管理。

医院项目进度管理的主要活动有：制定项目进度管理目标、建立项目进度管理模型、进度的分析调整、进度管理评价等。

2. 计划管理体系

为满足项目总承包管理需要，结合本项目自身特点，项目计划管理采用"三级四线"管理体系。"三级"指一、二、三级计划的层级管理体系，"四线"指报批报建、设计（含深化设计）、招采、建造计划的主线管理体系，并配以辅助性时间计划、资源配置计，确保计划体系的完整性、科学性、严密性（图6-2）。

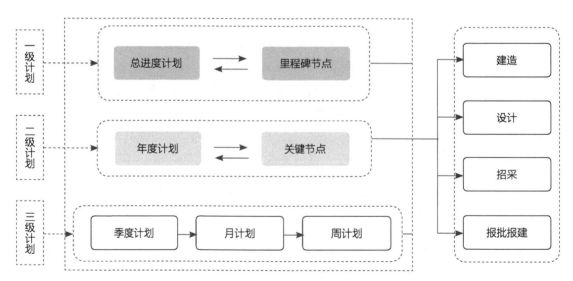

图6-2 "三级四线"计划管理体系

1）"三级"计划管理体系

（1）一级计划

一级计划为项目总计划和里程碑节点，总承包商基于合同约定的工期条款和《项目策划书》编制一级总体控制计划。一级总体控制计划表述各专业工程的阶段目标、确定本工程总工期、阶段控制节点工期、所有指定分包专业分包工期、关注主要资源的规划及需求平衡等，是业主、设计、监理及总承包高层管理人员进行工程总体部署的依据，主要实现对各专业工程计划进行实时监控、动态关联。

（2）二级计划

二级计划为项目年度计划和关键节点，其基于一级项目总计划和里程碑节点分解编制，形成细化的该专业或阶段施工的具体实施步骤，以达到满足一级总控计划的要求，便于业主、监理和总承包管理人员对该专业工程进度的控制。

（3）三级计划

三级计划为项目季度 / 月 / 周计划，其基于二级计划逐级分解制订，明确各专业工程的具体施工计划，供各分包单位基层管理人员具体控制每个分项工程在各个流水段的工序工期。三级计划表述当季度、当月、当周的施工计划，总承包商随工程例会发布并检查总结完成情况。

2）"四线"计划管理体系

（1）报批报建计划

报批报建计划为按照政府部门报批报建程序和规定，根据各类审核环节的主要条件和需求，向当地建设行政主管部门报审的项目各类批准文件的计划。

（2）设计计划

设计（含深化设计）计划为项目可行性研究、方案设计（含概念方案设计）、初步设计、施工图设计与施工详图深化设计计划。

（3）招采计划

招采计划为项目设计资源（含 BIM 服务、技术服务等）、劳务资源、物资设备资源、专业分包资源等各类招标采购计划。

（4）建造计划

建造计划为项目实体施工计划、辅助设施安装计划、各类工序穿插计划、作业面移交计划、资源需求与调配计划。

结合医院工程特点，整体计划线路可由四线扩展至八线：常规报建验收计划线路、医疗专项报建验收计划线路、常规深化设计计划线路、医疗专项深化设计计划线路、建造计划线路、常规招采计划线路、医疗专项设备招采计划线路、医疗科室招采计划线路。现以某工程综合楼项目为例，通过项目地铁计划图来展示各计划线路的整体安排思路（图 6-3）。

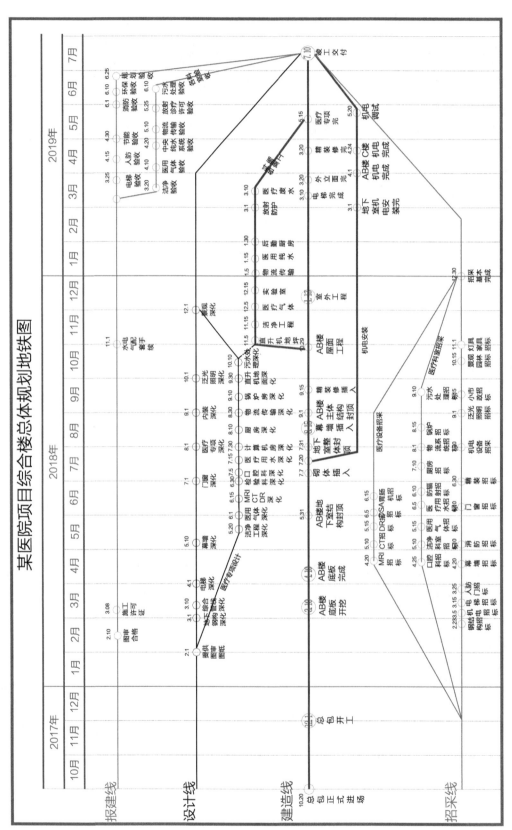

图6-3 某医院工程总体规划地铁图

3　医院工程相关方职责

项目依据本身计划管理特点，搭建清晰、明确的计划体系，并明确各级计划管理方的权责界面，通过 PDCA 的管理方法，确保项目计划管理科学严谨（图 6-4）。

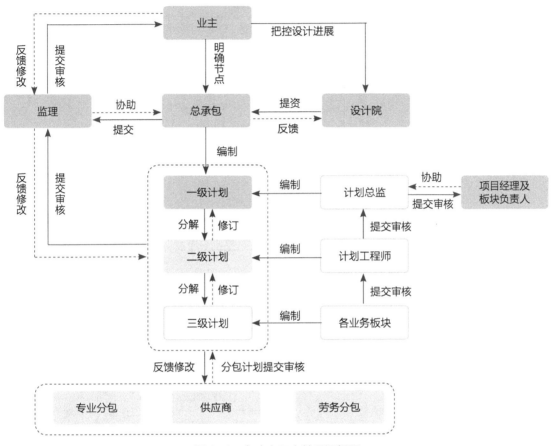

图 6-4　参建方职责关系逻辑图

各参建方职责权限见表 6-2 所列。

表 6-2

参建方职责权限

序号	参建方	职责
1	业主	（1）审核项目一级、二级计划； （2）按照流程时间节点要求对影响项目进度的重大方案等影响因素做出决策； （3）按照流程时间节点要求对影响项目进度的变更做出决策； （4）按照计划要求为总包提供协助和配合； （5）按照合同及进度拨付应付款项
2	监理	（1）协助业主完成一级、二级计划及其各板块总控计划的审核审批工作； （2）按照要求完成三级计划及其各板块计划的审批及监督其执行情况； （3）按照计划要求完成方案、资料的审核审批；

序号	参建方	职责
2	监理	（4）按照计划要求完成相应的决策和配合工作； （5）按照计划要求完成工程款的审批； （6）按照计划要求组织和参与各项验收工作
3	设计院	（1）按照业主节点要求确定设计进度； （2）协助业主完成一级计划审核工作； （3）根据总包单位一级计划，落实设计进展
4	总承包单位	（1）负责各级计划编制工作； （2）负责收集各专业分包进度计划，并审核并入各级进度计划； （3）负责各级计划的跟踪调整、分析考核工作； （4）各业务板块负责三级计划的编制并提交审核； （5）负责各级计划资源需求平衡及合理性分析
5	分供商	（1）负责制订分包商进度计划并报总包部审核； （2）按照进度计划监控各自计划执行情况； （3）向总承包单位提交施工进度报告、分析报告等； （4）进度需要调整时，采取措施，根据影响程度选择不同的处理流程

4. 计划管理的界面与责权

计划管理的界面与责权见表 6-3 所列。

计划管理的界面与责权　　　　表 6-3

计划工作	总承包单位		分包	监理	业主
	计划部	各业务部门			
一级计划编制、调整	●			▲	★
二级计划编制、调整	★	●		▲	★
三级计划编制、调整	■	▲	●	★	
计划的更新	●	●	●	▲	★
计划的异动处理	●	●	●	▲	★

注：●发起及执行；▲监督与审查；★审核与批准；■备案。

5. 进度计划管理总体流程

项目进度计划管理应基于项目计划管理体系，明确各参建方职责后，在项目层面展开管理应用，其主要管理活动有：项目进度计划的编制、进度计划的整合、进度计划的监控与调整、进度计划的考核与总结。具体管理流程如图 6-5 所示。

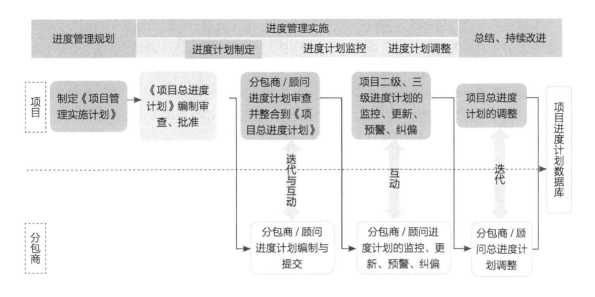

图 6-5　进度管理总体流程图

6. 进度计划的编制与审核

1）一级计划的编制与审核

各业务板块审核分包商总进度计划，纳入各业务板块进度计划中，并按照建造、设计、招采、报批报建四条进度主线汇总形成初步工程总进度计划，进行业务时间关联关系链接。

利用梳理的各业务与施工插入时间关联关系表和业主工期综合节点中采购、深化设计、报批报建时间要求进行核对，并进行局部修正调整。

集中评审通过，形成实体计划为主，关联三条业务线的工程总进度计划和资源配置计划。

（1）建造板块的编制（表 6-4）

根据合同工期、付款节点、业主及工程相关方需配合事宜等确定整体施工部署。

根据整体施工部署和初步合约规划确定各区域专业施工穿插的关系，编制关联关系表。

在整体施工部署的基础上考虑在各区段各专业工序关系，确定流水施工段，各专业根据总体施工部署和各区段流水施工段编制专业施工计划和资源配置。

汇总形成初步工程施工计划，并梳理各专业在各区域施工的穿插时间。

基于"工期固定、资源均衡"的原则，优化分区分段和施工计划，形成项目指导性的施工总控计划。

各专业根据施工计划和各区段工程量、流水关系和工序关系计算相关的人、材、机资源配置，形成指导性的施工资源配置计划。

梳理各施工阶段的关键节点、各专业施工关联时间节点。用于采购、深化设计、报批报建计划的编制。

根据合约规划，估算各合约包采购、深化设计、报批报建三条线的完成段时间与各区域专业施工插入时间的关联关系，形成三条业务线与专业施工插入节点的时间关联关系表；依此关联关系表三条业务线分别编制主要业务工作项的计划。

项目建造板块作为四大主线之首，其计划编制需综合考虑报建、设计出图、招标采购配合情况，确保项目建造进展出正负零之前拿到施工许可证，避免未批先建的处罚风险等。

建造计划   表6-4

序号	建造节点	节点时间	报批报建配合完成时间	设计出图配合完成时间	招标采购配合完成时间
1	正负零				
2	验收				

（2）招采板块的编制（表6-5）

采购计划确定各主要采购项的完成时间及业主及工程相关方需配合事宜。

采购项包含：总包自行招标的分包、业主提供材料设备、业主指定专业分包。

项目招采计划要根据建造计划合理前置，提前进行合约规划及界面划分，确保建造计划顺利开展。例如景观园林招标，应设计标前置，让各分包提供设计参数等，以便于项目确定招采单位范围，再根据项目实际建造进展进行最终招标。

招采计划   表6-5

序号	招采分类	单位名称	合同内容	合同额(万元)	付款比例	采购方式	合同签订时间
1	报批报建						
2							
3	设计、检测、咨询						
4							
5	专业分包						
6							
7							

（3）设计及深化设计板块的编制（表6-6）

深化设计计划确定各专业深化设计的完成时间业主及工程相关方需配合事宜。

深化设计项包含：总包自行招标的分包、业主指定专业分包。

项目设计板块进度编制应以建造进度为依据，提前梳理设计明细，明确出图节点，根据招采进度，合理安排设计出图计划，以便为建造、招采提供图纸依据，为设计标前置提供技术条件。

设计及深划设计计划　　　　　　　　　　　　　　　　　　　　表 6-6

设计内容	设计费用	设计周期	拟定出图日期
施工图设计			
医疗专项设计			
精装设计			
园林景观设计			
幕墙			
机电			
智能化			
电梯			
变配电			
泛光			
市政配套			
标识标牌			
绿建设计			
指标校核费用			

（4）报批报建板块的编制（表 6-7）

确定各项报批报建完成的时间，业主及工程相关方需配合事宜。

报批报建项包含：项目从前期施工许可证到最终竣工备案过程的所有工作项。

项目报批报建进度控制，要以服务建造为基础，尽量满足建造进展需求，为生产提供法律法规层面的保障，避免未批先建风险。

报批报建计划　　　　　　　　　　　　　　　　　　　　表 6-7

序号	分类	事项	开始时间	结束时间	情况说明
1	规划许可证	总平审查			
		指标校核			
		网上公示			
		各部门审核			
		人防审核			
		规划许可证资料审批			
		业主配套费费缴纳			
		规划许可证			
2	施工许可证	农民工工资保证金			
		中标通知书			

续表

序号	分类	事项	开始时间	结束时间	情况说明
2	施工许可证	施工许可证相关手续			
		消防图纸审查			
		资料审查			

2）二级计划的编制与审核

（1）建造计划的编制

施工进度计划（确定各施工区段专业工作面移交计划和资源配置计划）、方案报审计划、施工样板计划、质量管理计划、调试进度计划、安全管理计划、工程收尾及交付计划、业主及工程相关方需配合事宜计划等。

（2）招采计划的编制

总包自行招标的分包采购全过程计划、业主提供材料设备加工、运输计划、业主指定专业分包采购合同签订、加工、运输计划、业主及工程相关方需配合事宜计划等。

（3）设计及深化设计计划的编制

设计及深化设计进度计划（各专业设计及深化设计的关键节点及与其他专业关联的时间反应）、封样计划及效果样品计划（对分包商的样品及效果样板制作主要环节的时间确定）、业主及工程相关方需配合事宜计划等。

（4）报批报建计划的编制

确定各项报批报建全过程流程的时间计划、业主及工程相关方需配合事宜计划等。

3）三级计划的编制与审核（图6-6）

（1）建造计划的编制

各专业分包商施工计划（确定各功能区专业施工工序，同时响应专业的关键工序及工作面移交时间）、资源配套计划（与计划相匹配的资源、其他配套计划）、业主与总包及工程相关方配合及协助计划。

（2）招采计划的编制

分包自行招标的物资及分包采购全过程、业主提供材料设备商的加工、运输进场、业主指定专业分包的物资采购、加工、运输、业主、总包及工程相关方配合及协助计划。

（3）设计及深化设计计划的编制

设计及深化设计进度计划（设计及深化设计的出图计划，对主要关键节点和与其他专业深化设计关联的时间响应）、封样计划及效果样品计划（专业设计的物资样品选样、送样、定样计划及效果样板制作时间安排，响应下达的主要环节的时间要求）、业主、总包及工程相关方配合及协助计划。

（4）报批报建计划的编制

各项报批报建的资料提交计划、业主与总包及工程相关方配合及协助计划。

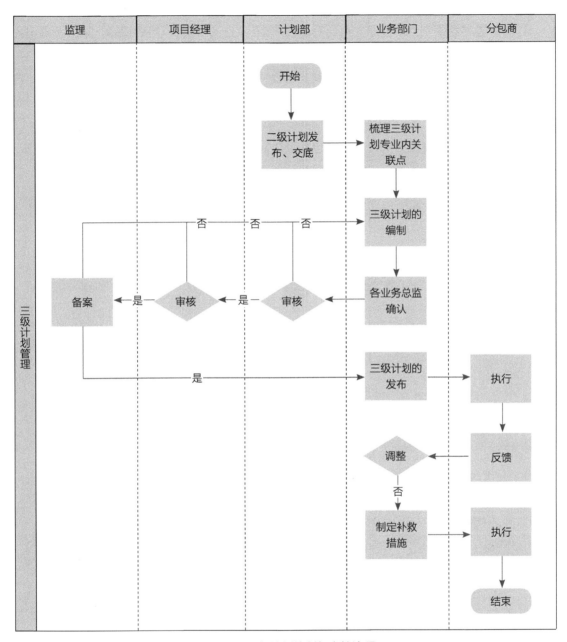

图6-6 三级计划编制与审核流程

7. 进度计划的监控与调整

1）计划的监控（图6-7）

计划的跟踪主要是通过年度、月度、周计划，将一、二、三级计划进行分别分解到年度、月度、周时间段的关键点和关联点。

计划部跟踪通过自身编制的年度、月、周计划，监督计划的完成情况。

各业务部门经理通过跟踪自身编制的工作计划，监督部门工作的完成情况。

各专业工程师通过跟踪分包编制的年、月、周计划，监督分包工作的完成情况。

计划部通过复核，分析各业务部门提供的周报、月报，进行风险的识别、响应、提出控制建议，编制月度分析报告，对影响一、二级计划关键点和关联点报项目总经理。

各业务部门经理通过复核，分析各专业工程师提供的周报、月报，进行风险的识别、响应、提出控制建议，编制月度分析报告，对影响二级计划关键点和关联点报计划部和项目总经理。

各专业工程师通过复核，分析各分包提供的周报、月报，进行风险的识别、响应、提出控制建议，编制月度分析报告，对影响三级计划关键点和关联点报部门经理（表6-8）。

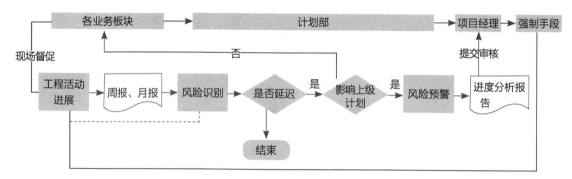

图6-7 进度计划监控流程

进度计划延误预警分级表   表6-8

序号	计划类型	延误时间				
		正常	一般延误	较大延误	重大延误	特别重大延误
1	总进度计划	0日	1~10日	11~29日	30~59日	60日及以上
2	季度/阶段进度计划	0日	1~7日	8~14日	15~29日	30日及以上
3	月度进度计划	0日	1~3日	4~6日	7~14日	15日及以上
4	重要节点计划	0日	1日	2~4日	5~9日	10日及以上
5	相应预警信号	无	绿色	蓝色	黄色	红色

2）计划的调整（图6-8）

一级计划原则上不予调整，过程中应对进度计划及时监控、采取强制手段等防止一级进度计划的调整变动，由于不可抗因素造成一级进度计划调整时，需召开各参建方专题会，提交进度影响因素分析报告，由业主审批后进行一级进度计划的调整。

二级计划调整采用按季度"动态调整机制"，以确定后的一级计划为基础线，调整时严禁突破一级计划，按照实际情况自动更新并滚动调整，调整后的计划如影响到原定关键节点，则执行一级计划调整原则。

三级计划调整采用按月度"动态调整机制"，以确定后的二级计划为基础线，按照实际情况自动更新并滚动调整。调整后的计划作为后续计划管理的计划基准线。

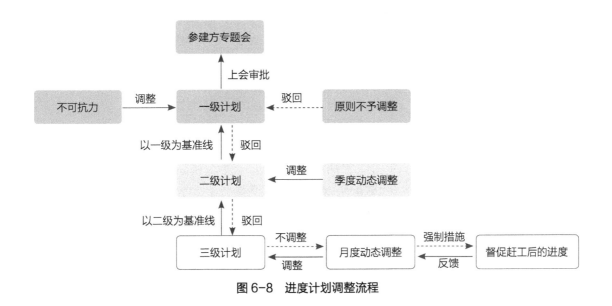

图6-8 进度计划调整流程

8. 进度计划的考核与总结

1）进度计划的考核（图6-9）

协调各方建立从上而下的进度考核机制，明确考核指标及奖惩办法从而形成业主、总承包单位、分包单位良性循环的进度执行体系。考核指标可分为工期滞后率、计划节点完成率。

工期滞后率 =（考核期末工期 - 考核期末实际形象进度对应计划工期）/ 计划工期 × 100%。

计划节点完成率 = 考核期内计划节点完成数 / 考核期计划节点总数 × 100%。

（1）业主对总承包单位考核

考核计划分过程考核及竣工考核。

过程考核：采用"季度考核"机制，以项目工期滞后率作为考核指标。

竣工考核：项目竣工后进行竣工考核，以项目工期滞后率和关键节点计划完成率作为考核指标，作为项目整体履约及管理水平的综合评价。

（2）总承包单位对分包商（包括业主专业分包）考核

对分包商的进度考核以建造部为主体，各职能部门参与，考核指标主要有：各分包的计划编制质量、计划执行情况、对关联分包和部门工作的影响情况、过程纠偏措施执行情况、公共资源使用的合规性等，项目建造部对各考核指标设定不同权重，按照月度进行考核，输出月进度复核表，将该表纳入分包履约评价，在分包合同中将月进度复核表与付款条款关联，督促分包履约。

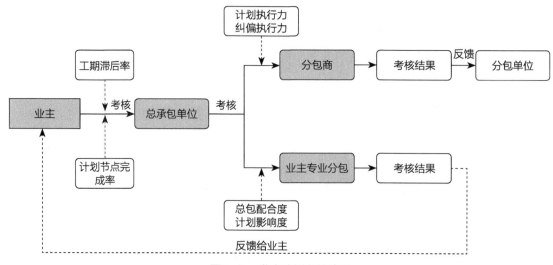

图 6-9　进度计划考核流程

2）进度计划总结

应基于项目全过程、全方位的进度管理，对形成的过程管理文件、基础数据收集并总结，作为总承包进度管理的指导性文件依据，为业主、总承包单位在其他项目展开总承包管理提供理论及数据依据。

（1）总包计划部负责建立项目进度管理数据库，编制项目进度管理数据收集分工表明确项目进度管理数据的收集类型、时限及责任人。

（2）总包设计部负责根据分工表督促顾问提供实际地质勘查周期、设计进度计划、审图周期、设计工效以及实际物资报审周期等进度管理数据，经部门经理审核后存档并抄送总包计划部。

（3）总包建造部负责根据分工表督促分包方从现场收集项目的实际施工进度数据，包括施工进度影像资料、特殊施工工艺的概况及典型功效，主要进度影响经验教训，设备采购及安装周期和调试实验后期等，经部门经理审核后存档并抄送总包计划部。

（4）总包计划部负责对各职能部门收集的进度管理数据进行整合、优化，形成可视化的数据资料进行共享，包括已完工和在建项目的实际进度数据，以帮助分析分包提交的进度计划和提高未来编制项目进度计划的质量。

6.3.2　报批报建进度管理

1. 医院项目报批报建思路

在获得当地卫生行政部门核发的《设置医疗机构批准书》后，医院项目报批报建涉及土地、规划、环保、人防、消防、医保等多个审批环节，且报批报建贯穿医院项目启动、建造及验收过程，周期往往较长。作为业主方和总承包方，希望报批报建效率更高，方案成本更低。总承包方应通过发挥资源集成优势，提前引进优质专业分包资源，比如消防、人防，结合可建造性和验收经验，协助设计优化方案、提高设计质量，从而提高报建效率，节约建造成本。

1）熟悉报批报建程序

不论是业主还是总包方均应熟悉工程报批报建的程序，只有熟悉了报批报建流程才能对流程中的关键节点进行重点控制，特别重点关注项目建议书、可行性研究报告、方案设计、初步设计和概算、施工图设计、施工许可证以及土地使用证等关键节点。

2）环环相扣、多线并行

报批报建前须厘清各项工作必须遵循的前后顺序（逻辑关系），确保各项手续能够按正确流程顺利办理，准备好每项工作的紧前紧后工作。部分手续可同时办理的做好多线并行，以缩短报批报建周期。

3）各方积极配合

部分手续需多方提供相关资料的，应积极动员相关单位及时提供资料并整理汇总。例如：施工图审查需建设单位和设计单位提供批准的立项文件或初步设计批准文件、工程勘察成果报告、主要的初步设计文件、全套施工图、结构计算书及计算软件名称等资料；办理施工许可证需业主、设计、监理及总包单位提供用地许可、规划许可、资金证明、通过审查的施工图、监理单位资质、施工单位资质等资料及现场围墙、洗车槽等实体准备工作。

2. 医院项目报批报建程序

医院类工程报批报建程序如图 6-10 所示。

1）常规报批

医院类工程常规报批报建主要分为两个阶段：

（1）工程建设前期阶段

①项目建议书。

②可行性研究。

③立项。

（2）工程建设准备阶段

①报建。

②委托规划、设计。

③获取土地使用权。

④拆迁、安置。

⑤工程发包与承包。

医院类工程常规报批程序具体内容见表 6-9 所列。

2）医疗专项报批

医院类工程除常规报批报建程序外，还另外包含了医疗专项环评和职业病危害（放射防护）预评价报告，医疗专项环评内容包含在《环境影响评价文件》中，见表 6-10 所列。

医院类工程报批报建程序			
核发《建设项目选址意见书》 牵头单位：规划局 时间：7个工作日	项目建议书审批 可行性研究报告审批 项目申请报告 单位：发改局（经贸局） 时间：6个工作日	环保部门立项意见 单位：环保局 时间：5个工作日	有关部门审批意见（水利、地震等） 时间：5个工作日出具初审意见，20个工作日内完成（可并联）
消防预审（甲、乙类生产仓储项目） 单位：消防局 时间：5个工作日	用地预审 单位：国土局 时间：5个工作日	环评报告审批（含医疗专项） 单位：环保局 时间：进入初步设计审批阶段之前	辐射防护预评报告审批 单位：省疾控中心 时间：7个工作日

立项规划选址阶段

核发《建设用地规划许可证》 牵头单位：规划局 时间：5个工作日	办理用地审批手续 单位：国土局 时间：16个工作日内完成（可并联）

建设用地审批阶段

出具规划、建筑设计条件 单位：规划局 时间：6个工作日		
设计方案招标与/或规划设计方案审批 牵头单位：规划局与/或发改（经贸）局 时间：5个工作日	建设工程交易中心招投标 单位：建设工程交易中心 时间：3个工作日	部门审批意见（消防、人防、水利、管线、海事、航道、地震等） 单位：规划条件要求的部门 时间：4工作日
初步设计审批 牵头单位：规划局 时间：5个工作日	部门审批意见（消防、环保、水利、人防、气象、国土、管线等） 单位：有关单位 时间：4个工作日	
核发建设工程规划许可证 单位：规划局 时间：3工作日	施工图审查 单位：审图中心与气象局、人防 时间：进入报建施工阶段之前	

项目规划设计审批招标阶段

监理、施工招标 牵头单位：发改（经贸）局 时间：8个工作日（同时进行）	建设工程交易中心招投标 单位：建设工程交易中心 时间：3个工作日	审核中介机构编制的预算 单位：财政局 时间：发招标文件前完成（可并联）

监理施工招标阶段

建设施工报建、核发《建设项目施工许可证》 牵头单位：建设（房管）局 时间：3个工作日	建设工程质量、安全监督 单位：质量（安全）监督站 时间：0个工作日	房屋白蚁防治合同备案 单位：建设（房管）局 时间：2个工作日	人防设备合同备案 人防质量监督申请表 单位：人防办 时间：2个工作日

报建施工阶段

备注：不同地区略有差异

图6-10 医院类工程报批报建程序

医院类工程常规报批程序一览表　　　　　　　　　　表 6-9

序号	报批程序	具体内容
1	项目建议书（由发展改革委实施）	一般应包括以下几方面的内容： （1）项目提出的必要性和依据； （2）产品方案、拟建规模和建设地点的初步设想； （3）资源情况、建设条件、协作关系等的初步分析； （4）投资估算和资金筹措设想； （5）项目的进度安排； （6）经济效益和社会效益的估计
2	办理《建设工程选址意见书》（由规划局实施）	到规划局（牵头部门）窗口办理《建设项目选址意见书》的审批： （1）提交办理《建设项目选址意见书》所需材料，并领取签收《审批跟踪监督卡》（以下简称《监督卡》）。 （2）凭《监督卡》分别到发改局、环保局、消防局、国土局等联办部门窗口提交相关审批材料，并在《监督卡》上签名确认。 （3）将全部联办部门窗口已签收确认的《监督卡》送回规划局窗口。 （4）到规划局窗口领取和签收《建设项目选址意见书》以及《监督卡》等有关材料，办理承诺时限为 7 个工作日
3	建设用地预审报（国土资源局实施）	报送材料： （1）《建设项目用地预审申请表》（原件 1 份）； （2）建设项目用地预审申请报告（原件 1 份，内容包括建设项目基本情况、选址情况、拟用地总规模和拟用地类型，项目需使用土地利用总体规划确定的城市建设用地范围外的农用地的，还应包括补充耕地初步方案）； （3）属政府投资项目的，需提供项目建议书批复文件和项目可行性研究报告（1 份，项目建议书与项目可行性研究报告合并审批的，只提供项目可行性研究报告文本）； （4）区县（自治县、市）国土资源管理部门对建设项目用地的初审意见［1 份，项目跨区的，应提供项目所涉及的各区县（自治县、市）国土资源管理部门的初审意见］； （5）1∶500 现状地形图（2 份）
4	环境影响评价文件报审（由环保局实施）	报送材料： （1）《××市建设项目环境影响评价文件审批申请表》（原件 2 份）； （2）环境影响登记表或由有资质的单位编制的环境影响报告表或环境影响报告书（原件 2 份，附电子文档）； （3）评估机构关于环境影响报告书或环境影响报告表的技术评估报告（原件 1 份，建设项目填报环境影响登记表的，申请人不提供技术评估报告）
5	建设场地地震安全性评价（由地震局实施）	建设单位对场地地震安全性评价的管理程序： （1）建设单位持立项批准书和建设地址，征询地震主管部门意见，审定是否重做场地地震安全性评价工作和评价区域范围，并征询评价单位的资质； （2）选择评价单位和签订评价合同； （3）建设单位协助评价单位的工作； （4）上报审批
6	可行性研究报告（由发展改革委实施）	报送材料：除提交由有资质的单位编制的可行性研究报告及审批请示外，还需提交以下附件材料作为审批前置要件： （1）城市规划行政主管部门出具的规划选址意见书； （2）建设用地预审报审材料（或国土房管部门已出具的建设项目用地预审意见或国有土地使用权出让合同）； （3）环境影响评价文件报审材料； （4）涉及国有资产或土地使用权出资的，须由有关部门出具确认文件；

序号	报批程序	具体内容
6	可行性研究报告 （由发展改革委实施）	（5）涉及特许经营的项目，需提供有权部门出具的批准意见； （6）涉及拆迁安置的，需附拆迁安置方案审查意见； （7）属联合建设的，需出具项目联合建设（或合资、合作）合同书； （8）除市级和中央财政性资金外的建设资金已落实来源的有效证明文件，企业最新财务报表（包括资产负债表、损益表和现金流量表），对信贷资金需有商业银行分行以上机构出具的承贷意向书； （9）其他特殊规定必备的材料（但主办部门不得以此为由要求申请人办理其他部门的许可、审批、备案手续）
7	项目申请报告核准 （由发展改革委实施）	报送材料：除提交由有资质的单位编制的项目申请报告外，还需提交以下附件材料作为核准前置要件： （1）城市规划行政主管部门出具的规划选址意见书； （2）建设用地预审报审材料（或国土房管部门已出具的建设项目用地预审意见或国有土地使用权出让合同）； （3）环境影响评价文件报审材料； （4）涉及国有资产或土地使用权出资的，须由有关部门出具确认文件； （5）涉及特许经营的项目，需提供有权部门出具的批准意见； （6）其他特殊规定必备的材料（但主办部门不得以此为由要求申请人办理其他部门的许可、审批、备案手续）。 属外商投资项目的，还需增加提交以下附件： （1）中外投资各方的企业注册证（营业执照）、商务登记证、最新企业财务报表（包括资产负债表、损益表和现金流量表）、开户银行出具的资金信用证明； （2）合资协议书、增资、购并项目的公司董事会决议； （3）涉及银行贷款的，由有关银行出具融资意向书
8	立项 （由发展改革委实施）	建设单位向市发改委提交如下材料申请立项： （1）政府投资项目可行性研究报告及其审批请示或企业投资项目核准申请报告（可行性研究报告和项目申请报告须由合格的咨询机构编制）一式五份，并附相应的附件资料； （2）用地预审需提交的申请材料； （3）环境影响评价文件审查需提交的申请材料。 项目申请单位提交申请应为书面形式，可采取当面送达或挂号邮寄送达的方式
9	办理报建备案手续 （由发展改革委实施）	报建申报材料： （1）《报建表》； （2）立项文件； （3）建设用地批准文件； （4）资信证明； （5）投资许可证
10	办理《建设用地规划许可证》 （由规划局实施）	建设单位应按照规划局提出的规划设计条件委托规划设计院编制规划设计总图，然后报市规划局审核规划设计总图。规划局可据此核定用地面积，确定用地红线范围，发给建设单位《建设用地规划许可证》。 建设单位在办理了《建设用地规划许可证》后，下一步可向市国土房管局申请土地开发使用权，办理拆迁安置工作。到招标办通过招投标确定勘察、设计单位
11	申请土地开发使用权 （由国土资源局实施）	单独选址项目新增建设用地的审批由耕地保护二处主办，需提交材料： （1）新增建设用地申请表（原件1份）； （2）建设项目用地预审意见、地质灾害危险性评估审查意见（原件1份）； （3）征地预办文件（原件1份）； （4）项目审批、核准或备案文件，其中市以上重点工程和主城区用地 $5hm^2$、其他区县（市）用地 $7hm^2$ 以上项目附项目可研（申请）报告批复（原件1份）；

续表

序号	报批程序	具体内容
11	申请土地开发使用权（由国土资源局实施）	（5）涉及征（转）收林地的林业行政主管部门批准文件（原件 1 份）； （6）建设用地规划许可证及附件附图（复印件 1 份）； （7）土地勘测定界图和技术报告（原件 1 份）； （8）预缴的征地补偿安置资金划入土地行政主管部门征地专用账户的银行进账单（复印件 1 份）； （9）土地利用规划（完整图）、土地利用现状分幅图（1∶1 万蓝图）、地形图（高速公路、铁路等线型工程及大中型工程 1∶2000 蓝图；其他项目报 1∶500 蓝图）、拟征地红线图（原件 1 份）
12	拆迁、安置（当地拆迁主管部门）	申请领取房屋拆迁许可证需提交下列资料： （1）建设项目批准文件； （2）建设用地规划许可证； （3）国有土地使用权批准文件； （4）拆迁计划和拆迁方案； （5）办理存款业务的金融机构出具的拆迁补偿安置资金证明
13	报审《建设工程规划设计方案》即初步设计（由规划局实施）	申请人需向规划部门提交下列申请材料： （1）书面申请（原件 1 份）； （2）建设工程项目可行性研究报告审批文件或企业投资项目核准文件（原件 1 份，限需投资行政主管部门审批、核准的建设项目。如申请人认为项目属投资行政主管部门备案类项目，而规划部门把握不准的，可要求申请人提供投资行政主管部门的备案文件）； （3）建设工程规划设计方案（2 份，含室外综合管网设计）； （4）彩色渲染图和建筑模型等（1 套，限重要地段、重要节点及大型建设项目）。 《建设工程规划设计方案》的审查，申请人需向协办部门提交下列申请材料： （1）涉及消防事项的审查 •《建筑工程消防设计申报表》（原件 1 份，须加盖申请单位印章）； •建设工程规划设计方案（2 份）； •设计单位消防自审小组自审意见书（原件 1 份）。 （2）涉及园林绿地指标事项的审查 •建设工程规划设计方案（1 份，附电子文档）； •1∶500 绿化现状图（1 份）； •建设工程项目配套绿地布置总平面图及说明（2 份，附电子文档）。 （3）涉及防空地下室设置事项的审查（涉及民用建筑配套建设防空地下室的建设项目） •《民用建筑配套建设防空地下室申请书》（1 份）； •建设工程规划设计方案（1 份，附电子文档）
14	初步设计审批（由发展改革委实施）	1）主办部门所需申请材料： （1）初步设计审查申请表； （2）初步设计图纸（经主办部门预审合格，下同）； （3）规划设计条件通知书及红线图； （4）建设工程规划用地许可证及其附件； （5）工程勘察报告（初步勘察深度以上）及其质量审查合格意见； （6）依法应当招标的勘察设计项目，应提供招标情况备案书； （7）投资行政主管部门的审批、核准或备案文件； （8）勘察设计合同。 2）公安消防部门所需申请材料： （1）建筑消防设计防火审核申请表； （2）初步设计图纸（结构专业图说除外）。

序号	报批程序	具体内容
14	初步设计审批 （由发展改革委 实施）	3）园林部门所需申请材料：初步设计总平面图、绿化布置图，有建筑屋顶或平台绿化的还需提供建筑专业图纸。 4）气象部门所需申请材料：初步设计总平面图、建筑及电气专业图纸。防雷装置设计审核申请材料包括： （1）建筑设计说明； （2）防雷平面图； （3）电气设计说明； （4）结构设计说明； （5）建筑物正立面图； （6）电路总平面图； （7）防雷产品的相关资料及备案手续。 5）人防部门所需申请材料： 防空地下室初步设计图纸。具体为： （1）防空地下室初步设计依据及说明； （2）建设项目总平面布置图及地面建筑平、立、剖面图； （3）防空地下室建筑平、立、剖面图； （4）防空地下室主体结构形式、构件尺寸和防护专业设备图； （5）防空地下室通风（空调）、给水排水、电气专业平时和战时布置图（含系统原理图）； （6）防空地下室建筑、结构、通风（空调）、给水排水、电气平战功能转换措施图； （7）防空地下室主要设备、材料表。 6）市政部门（××市市政管理委员会）要求的申请材料：初步设计图纸
15	项目初步设计概 算审批 （由建委实施）	附报送由有资质的单位编制的项目总投资概算报告及审批请示外，还需提交以下附件： （1）具有相应资质的设计单位所完成的项目初步设计全套图纸及设计说明书； （2）设计单位或具有相应概预算编制资质单位的项目投资概算表； （3）其他特殊规定必备的材料（但不得以此为由要求申请人办理其他部门的许可、审批、备案手续）
16	施工图设计审批 （由建委实施）	申请人提交下列申请材料后，由规划部门单独审批： （1）书面申请（原件1份）； （2）施工图（2份，附电子文档，建筑工程限于建施图）； （3）土地权属证件（复印件1份）； （4）建设工程初步设计批准文件（原件1份，限政府投资项目，以及非政府投资项目中的大、中型建设项目）； （5）年度计划文件（原件1份，国家或市政府规定需要年度计划的建设项目）； （6）高切坡、深开挖的论证意见（原件1份，涉及高切坡、深开挖的建设项目）
17	建设单位招投标 （由工程招投标 办实施）	提交资料： （1）建设工程发包方式备案表（原件1份）； （2）建设工程立项批复或备案手续（复印件1份）； （3）建设工程规划许可证（复印件3份）； （4）满足施工要求的建设资金证明材料（复印件1份）； （5）施工图设计文件审查备案书（复印件2份）
18	办理质量监督及 安全监督 （由质监站和安 监站实施）	1）办理质量监督登记注册所需材料： （1）施工、监理单位中标通知书； （2）施工图审查报告和批准书； （3）施工合同； （4）监理合同； （5）建设工程质量监督登记表（质监1~2）。

序号	报批程序	具体内容
18	办理质量监督及安全监督（由质监站和安监站实施）	2）办理建筑工程安全报监材料： （1）建筑施工安全监督书； （2）工程中标通知书； （3）工程施工合同； （4）建筑业企业安全资格证书； （5）施工人员意外伤害保险手续； （6）管理人员及特种作业人员安全上岗证； （7）安全生产、文明施工计划书
19	办理建筑工程施工许可证（建设行政主管部门）	申请办理建筑工程施工许可证和申请开工，应当具备下列条件： （1）已经取得建设工程规划许可证； （2）已经办理建设用地批准手续； （3）已经取得固定资产投资许可证； （4）按照国家有关规定应当纳入投资计划的，已经列入年度计划，建设资金已经落实； （5）已经取得环境影响评价报告； （6）已经取得抗震审查合格通知书； （7）已经取得建筑工程消防审核意见书； （8）需要拆迁的，已经办理拆迁手续； （9）有满足施工需要的施工图纸及其他技术资料； （10）已经按规定办理招标手续，确定了施工企业并已签订合同； （11）已经办理工程质量和安全监督手续； （12）已经按规定缴纳前期工程有关税费； （13）法律、法规和规章规定的其他条件
20	报送开工报告暨年投资计划申请文件（市发改委）	1）开工报告的主要内容： 项目初步设计批准的总规模和主要建设内容；项目初步设计批准的总投资和资金来源；项目当年需建设的规模和建设内容；项目当年需要的工程投资及资金构成；工程监理及重大建设项目招投标工作组织情况、书面报告。 2）所需附件： （1）项目初步设计批复文件； （2）项目资金来源中除市级以上财政性资金外的其他资金当年的到位情况证明； （3）监理公司资信证明； （4）招标范围、招标方式、招标组织形式及发包方案； （5）其他特殊规定必备的材料

医疗专项报批　　　　　　　　　　　　　　　　　　表 6-10

序号	报批程序	具体内容
1	医疗专项环评（由环保局实施）	1）施工期环境影响主要包括施工扬尘、施工废水、施工噪声及固体废弃物。 2）运营期环境影响主要包括： （1）病区和非病区污水是否分质处理、污污分流，污水处理站的设计规模、处理工艺、处理效率、处理方案达标性，特种废水的性质、排放方式等； （2）危废暂存间的设置地点、规模、消毒情况、运转频次、防渗布置等； （3）传染病区域产生的废水、污泥、医疗废物处置要求及空气净化要求； （4）环境风险防控主要集中在公辅工程上，如：污水处理站的非正常排放、氧气站或制氧站发生泄漏及火灾事故、消毒剂的使用、天然气泄漏、油库发生事故以及医疗废物收集、处置、转运的全过程等

续表

序号	报批程序	具体内容
2	职业病危害（放射防护）预评价报告（由省疾控中心实施）	放射防护评价内容主要包括：辐射源项、防护设施、防护措施、辐射监测、工作人员受照剂量、健康监护和事故应急措施。 放射防护审批需提供资料： 1）放射诊疗建设项目职业病危害放射防护预评价审核申请表； 2）建设项目设计图纸（包括项目环境平面图、放射工作场所平面布局图、机房或照射室的平面图和剖面图等）（复印件） 3）放射卫生技术服务机构出具的职业病危害放射防护预评价报告及评价机构组织的专家对预评价报告的技术审查意见； 4）放射卫生技术服务机构资质证明（影印件或复印件）； 5）组织机构代码证、法定代表人身份证复印件； 6）委托申报的，应提供委托申报证明

6.3.3 设计进度管理

设计出图计划是工程进度管控的重要组成部分，是管控设计分包进度的重要手段和依据。设计文件是报批报建、采购、建造、试车的主要依据，设计出图计划对报批报建、采购、建造、试车进度均造成非常直接的影响。所以，合理的设计出图计划应是从项目全生命周期角度出发，并与报批报建、采购、建造、试车等相互结合，互相支撑。项目通过工程总体进度斜线图和进度地铁图，将设计、报建、采购、建造进度有机结合，清晰反映出相互影响的关系。

医院项目设计进度是工程总进度的基础，科学的设计进度计划和出图时间，是实现工程总进度计划的重要保证。根据医院工程的特点，地下人防和基坑围护设计要与主体工程施工图设计同步进行，同步完成，便于总包招标时纳入总包招标范围；智能化、室内二次装饰、洁净工程、物流传输、厨房工艺、实验室工程设计与主体施工图设计平行进行，该几项设计对主体施工图水、电、暖的要求，在施工图设计过程中直接体现出来，避免后期现场实施时引起变更过多，有利于进度和投资控制；智能化施工图设计在地下室施工前完成，是考虑到预埋管线的需要；幕墙、钢结构施工图设计在地下室施工完成前出图，是考虑到主体结构施工时预埋件预埋的需要；其他各专业工程和专业系统的施工图设计要根据招标计划编制合理的设计出图计划，并实施控制，施工图不能按计划出图是工程进度滞后的主要因素之一。

深化设计进度管理：

医院项目专业分包深化设计单位招标时间应充分考虑深化设计周期（与深化设计工程量大小有关）以及施工插入时间节点，在施工前预留充分的准备时间。具体招标时间、设计周期见表6-11所列：

深化设计时间节点要求

表 6-11

序号	深化设计内容	设计周期	设计招标时间	施工穿插时间节点
常规深化设计内容				
1	钢结构深化设计	1~2 个月	提前 2 个月完成	随主体结构展开预埋
2	精装修深化设计（常规区域）	2~3 个月	提前 3 个月完成	砌体抹灰施工完成
3	幕墙深化设计	2~3 个月	提前 3 个月完成	随主体结构展开埋件预埋/或主体结构完成后后置埋件
4	园林绿化深化设计	2~3 个月	提前 3 个月完成	装修阶段后期，室外管网施工完成
5	标识标牌深化设计	1 个月	提前 1 个月完成	收尾阶段，园林绿化完成
6	泛光照明系统深化设计	2 个月	提前 2 个月完成	收尾阶段，园林绿化完成
7	电梯深化设计（含电梯功能分类）	2 个月	提前 2 个月完成	电梯井道施工完成
8	锅炉房深化设计	1~2 个月	提前 2 个月完成	设备在锅炉房砌体、设备基础完成后安装
9	柴油发电机房深化设计	1 个月	提前 1 个月完成	设备在己方砌体、设备基础、油管沟完成后安装
10	变配电系统深化设计	2~3 个月	提前 3 个月完成	变配电间基础、装修、机电安装全部完成
医疗专项深化设计内容				
1	智能弱电系统深化设计	2~3 个月	提前 3 个月完成	随砌体展开预留预埋线管
2	污水处理系统深化设计	2~3 个月	提前 3 个月完成	随主体结构预留预埋管道
3	医用气体深化设计	1~2 个月	提前 2 个月完成	随砌体展开预留预埋线管
4	液氧站深化设计	1 个月	提前 1 个月完成	基础在主体结构阶段后期展开
5	洁净工程深化设计	2~3 个月	提前 3 个月完成	砌体施工完成、地坪完成
6	厨房系统深化设计	2 个月	提前 2 个月完成	砌体施工完成、地坪完成
7	燃气系统深化设计	1 个月	提前 1 个月完成	随砌体预留预埋
8	检验科深化设计	2 个月	提前 2 个月完成	砌体完成、地坪完成
9	口腔科深化设计	1 个月	提前 1 个月完成	随砌体预留预埋
10	静脉配液中心深化设计	1 个月	提前 1 个月完成	外立面（墙体）封闭、地坪完成
11	辐射防护全套深化设计（墙体、楼板防护处理，防护门、防护窗）	防辐射砂浆配比至少提前 1 周由设计院和试验确定；铅板防护、防护门、防护窗 1 个月	提前 1 个月完成	（1）防辐射砂浆与砌体、抹灰施工同步；（2）铅板防护在砌体抹灰完成；（3）防护门、防护窗在砌体抹灰完成后
12	计算机网络机房深化设计	1~2 个月；砌体施工前完成	提前 2 个月完成	随砌体预留预埋

序号	深化设计内容	设计周期	设计招标时间	施工穿插时间节点
13	CT、DR、MRI、DSA、PET 等医疗设备房深化设计	防辐射砂浆配比至少提前 1 周由设计院和试验确定；设备 1 个月	提前 1 个月完成	辐射防护随砌体同步施工，设备在砌体、地坪完成后
14	物流传输系统深化设计	1~2 个月；随建筑设计完成，影响建筑布局	提前 2 个月完成	随砌体预留预埋
15	UPS 电源系统深化设计	1~2 个月；随结构设计完成，荷载较大	提前 2 个月完成	随砌体预留预埋
16	直线加速器房深化设计	1~2 个月；随主体结构设计完成，影响结构尺寸	提前 2 个月完成	房间结构随主体结构同步施工；设备在砌体完成后安装
其他深化设计内容				
1	综合管线排布深化设计	2~3 个月	—	随砌体预留预埋
2	精装修排版深化设计（结合机电安装各系统）	1~2 个月	—	砌体抹灰完成

注：1. 设计招标时间为招标完成时间节点，应充分考虑设计招标周期；

2. 深化设计周期包含图纸会审及修改至最终定稿出施工图，以上时间仅供参考，需根据工程体量和特点等因素具体确定；

3. 施工穿插节点为现场大面展开施工的时间，应考虑预留出专业分包招标时间，包含设备采购的应考虑招采周期，尤其是进口设备应充分考虑招采及运输周期；

4. 采用 BIM 技术进行深化设计管理：医院工程专业分包多、系统复杂，在进行二次深化设计的过程中应积极运用 BIM 技术，将各专业深化设计建立在一个统一的模型上，提升深化设计速度，同时便于对各专业深化设计进行综合检查。

6.3.4 招采进度管理

招标不及时是造成工程进度计划滞后的另一主要因素之一，因此，要将"前置招标"的思路贯穿在招标计划当中。开工前招标内容一般为监理、总包、电梯（不同厂家电梯对主体结构有不同的要求）；基础施工阶段招标内容一般为智能化、幕墙施工招标；主体施工阶段招标内容一般为洁净（手术室结构层施工前完成招标）、气体、纯水、物流等专业系统和二次装饰、空调设备等招标；室内外装饰阶段一般为景观绿化、室外配套、发电机组、变配电设备、锅炉等招标内容；室外施工阶段主要完成污水处理、标识标牌的招标。各阶段的招标内容也不应固化，总的原则是具备招标条件就启动招标。

1. 招采计划

医院项目设备招采是项目建设向前推进的主线，招标不及时是造成工程进度计划滞后的主要因素之一，因此，要将"前置招标"的思路贯穿在招标计划当中。医疗设备招标计划详见表 6-12 所列。

医疗设备招标计划表　　　　　　　　表 6-12

实施阶段	设备名称	招标周期	招标完成时间	生产周期
设计阶段	直线加速器	1~2 个月	结构图纸设计开始前 2 个月	—
	物流传输设备	1~2 个月	结构图纸设计开始前 2 个月	—
	回转加速器	1~2 个月	结构图纸设计开始前 2 个月	—
	MRI	1~2 个月	结构图纸设计开始前 2 个月	—
	电梯	2~3 个月	结构图纸设计开始前 1 个月	—
基础施工阶段	DR	1~2 个月	砌体施工开始前 3 个月	—
	污水处理设备	1 个月	污水处理站深化图纸开始前 1 个月	—
	冷却塔、冷冻机、冷却水泵	1 个月	地下室封顶前 2 个月	—
主体施工阶段	CT	1~2 个月	砌体施工开始前 3 个月	—
	DSA	1~2 个月	砌体施工开始前 3 个月	—
	SPECT	1~2 个月	砌体施工开始前 3 个月	—
	PET-CT	1~2 个月	砌体施工开始前 3 个月	—
	医用纯水设备	1~2 个月	砌体施工开始前 3 个月	—
	UPS	1 个月	机电安装施工前 2 个月	—
	空调设备	1~2 个月	砌体施工开始前 3 个月	—
	牙椅	1~2 个月	机电管线安装前 3 个月	—
	锅炉	1~2 个月	砌体施工开始前 3 个月	—
装饰装修阶段	液氧站	1~2 个月	室外配套工程开始 3 个月	—

注：表格内设备招标周期为经验值，具体工程招标周期以业主单位控制时间为准；生产周期以厂家提供信息为准。

2. 招采计划需考虑深化设计

（1）项目管理以施工进度管理为主线，深化设计及招采进度均应以满足施工进度要求为目标，提前展开。深化设计计划和招采计划在施工进度计划的基础上，采用"倒排法"编制，即：由进度计划倒排招采计划，再由招采计划倒排深化设计计划。

（2）每个分部分项工程、医疗系统或医疗设备的招采应充分考虑招标周期、材料设备生产周期及运输周期（尤其是进口设备），招采工作应在考虑以上总体周期的基础上提前完成，并要求总包单位及时提供相应的工作面。

（3）深化设计单位的招标及二次深化设计工作应在充分考虑了招标和深化设计周期的基础上，提前完成相应工作。同时，应考虑该专业深化设计是否对与其有工序或工艺接口的其他专业有影响，若有影响则需在其他专业施工前完成相应深化设计工作，既可以节约建造阶段施工时间又可以避免导致后期返工。如主体结构期间可将锅炉房、风机房、消防水泵房、

UPS、医疗设备等设备基础一同施工（相应的深化设计应提供设备基础图纸情况下）。

图 6-11 为某医院工程深化设计和招采设计。

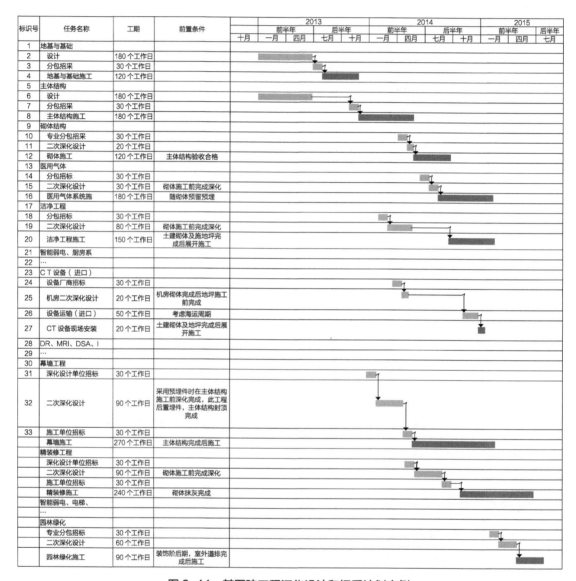

图 6-11 某医院工程深化设计和招采计划实例

注：1. 本计划以施工进度计划为主线，深化设计及招采均围绕进度计划倒排。

2. 二次深化设计考虑了其影响的其他专业开始时间，在其他专业开始前完成深化设计。例如：医用气体系统涉及在砌体墙上开槽埋管和预留穿墙洞口，因此在砌体施工前应深化设计完成，避免后期二次开槽；精装修深化设计排版可能导致建筑墙体微调，应在砌体施工前完成深化设计工作

6.3.5 建造进度管理

医院工程建造进度计划内容一般包含：地基与基础工程、桩基工程、地下室工程、主体

结构工程、砌体工程、粗装修工程、精装修工程、幕墙工程、屋面工程、机电安装工程、弱电安装工程、消防工程、净化工程、电梯工程、室外工程以及污水处理工程等多项分部分项工程。大体可分为三个阶段：地下施工阶段，主体施工阶段，装修施工阶段，每个阶段都包含各个专业穿插施工。合理安排施工顺序是建造施工进度的保障。

1. 合理安排工序穿插

医院工程是所有房建工程中最复杂的工程之一，这就涉及需要多专业协同工作。各专业间的穿插施工是整个工程进度得以保证的关键。

在地下室施工阶段及主体施工阶段，安装工程中的管线预埋工作要与主体施工紧密配合、穿插进行。在模板支撑完毕进行钢筋绑扎过程中，管线预埋工作就要穿插进行，才能保证浇筑混凝土前各项工作都能及时完成，保证施工进度。

在粗装修施工阶段：安装工程、弱电工程、消防工程中的线管敷设、给水排水管安装等工作需紧密配合粗装修施工。安装单位需提供详细施工计划以保证粗装修工作的顺利进行，要严格按照施工顺序合理有序地进行。

在精装修施工阶段：安装工程的卫生洁具的安装、风口百叶的安装；消防工程的消防箱及喷淋喷头的安装；弱电工程的信息点位安装；电梯的安装等都需要为精装修工程服务，这就要求在编制施工计划时以精装修施工为主线合理穿插各专业施工。

在室外工程施工阶段：安装工程需将室内的雨水管及污水管尽早接出室外与室外管网连接起来，以便屋面雨水排放及室外工程顺利进行。

在施工质量和安全得到充分保障下策划工序与工序之间的提前穿插，实现"竖向流水、立体穿插"的快速施工，高效建造，从而达到缩短建造工期的目的。

2. 技术保障措施

（1）优化施工方案：开工前即完成方案编制计划（含专业分包方案计划）的编制，在分包队伍进场后以总包牵头组织编制相应专项方案编制（尤其是医疗系统专项方案）。在方案编制过程中充分发挥总包统筹全局的能力，使各专业的施工方案优化后增加施工效率，更有利于施工工序合理穿插，更有利于成品保护。

（2）优化设计：以一体化设计为依托，有效整合设计做法，将一些可以融合的做法进行一次性施工，减少工序之间的交叉返工。结合项目实际特点，优化关键工序整体数量。

（3）积极应用"四新"技术：医院类工程的技术难度普遍较大，设计中常包含了大量复杂节点和新系统。在施工过程中应积极运用和探索新技术，以提高施工效率，降低建设成本，且更利于环保。

（4）信息化管理：通过 BIM 模型进行设计图纸审核，解决设计问题；施工过程中，利用 BIM 模型进行 4D 虚拟建造，优化总体进度计划，实时进行计划对比，及时纠偏，同时搭建 BIM 协同平台，实现项目信息的高效传递，提高沟通效率。

3. 强化计划接口管理，实现均衡建造

（1）确定各单位工程的开始结束时间和相互搭接关系，做好项目整体计划接口分析表。

（2）同一时期施工的项目不宜过多，避免人力、物力过于分散。

（3）尽量做到均衡施工，以使劳动力、施工机械和主要材料的供应在整个工期范围内达到均衡。

（4）尽量提前建设可供工程施工使用的永久性工程，以节省临时工程费用。

（5）急需和关键的工程先施工，以保证工程项目如期交工。对于某些技术复杂、施工周期较长、施工困难较多的工程，亦应安排提前施工，以利于整个工程项目按期交付使用。

（6）施工顺序必须与主要生产系统投入生产的先后次序相吻合。同时还要安排好配套工程的施工时间，以保证建成的工程能迅速投入生产或交付使用。

（7）应注意季节对施工顺序的影响，使施工季节不导致工期拖延，不影响工程质量。

（8）安排一部分附属工程或零星项目作为后备项目，用以调整主要项目的施工进度。

（9）注意主要工种和主要施工机械能连续施工。

6.3.6 验收阶段进度管理

（1）医院工程验收特点是在整体交付前须经过各科室专项验收合格移交后，才能办理整体交付。因此，在工程收尾阶段，总包单位应根据各科室施工进度，分批邀请科室负责人进行验收，节约验收时间。

（2）提前编制工程验收计划，总包应牵头及时组织验收部门进行验收，尤其是人防验收、规划验收、消防验收、节能验收等重要专项验收，应提前报送验收计划至相关政府监管部门。

（3）施工过程中应做好自检工作，总包单位应加强自身质量管理和验收，同时监理单位做好过程质量监督，为工程一次验收合格奠定基础。

（4）施工单位、监理单位应做好过程资料编制和整理工作，做好各分部分项工程过程验收。竣工验收前尽早邀请城建档案馆专家到项目进行资料检查和指导，为竣工验收和资料交档做好准备。

6.4 总承包招采与合约管理

6.4.1 医院项目招采特点

医院项目的招标一般有三十余项，涉及各专业工程和专业系统分包施工招标，建筑设备、材料的采购，招标工作量很大。总承包单位要根据项目特点和业主的需求，编制招标规划，招标规划中合同包的划分要符合相关的政策法规，避免合同包的设置不合理引起肢解发包等情况的发生。总包招标时尽可能将满足招标条件的专业工程纳入招标范围，利于进度控

制和沟通协调管理。

在单项实施招标过程比较突出的问题是招标范围和招标界面的管理，特别是施工总包的招标范围和界面，常常因为总包招标范围和界面的不清晰造成整个项目招标的被动，影响工程推进。总包招标前首先要根据施工图做仔细的项目结构分解，根据结构分解划分总包招标范围和界面，对清单编制单位进行书面交底。建立清单审核机制，清单编制完成后，按照结构分解总包内容对清单进行核查，重点审查清单中有没有遗漏和增加的内容、暂定价以及甲供设备和材料情况，此环节一定要在招标前完成。

6.4.2　设计分包管理

设计作为工程的龙头，直接决定了项目 80%~90% 的成本支出，是项目成败的决定性因素。设计分包的选取应当遵循公平、公开、公正和诚实信用的基本原则。选择上重点引入业主满意度高、合适易管、注重服务、口碑良好、具有深化设计及独立设计能力的设计分包资源，达到对设计工作的弥补与融合。同时将相应资源关联业绩水平高，市场反馈好、对设计人员影响力及控制力强的业内知名设计负责人。

工程总承包管理模式下，总承包方充分发挥企业庞大的勘察设计资源、分包资源、大宗材料与设备资源、信息化资源等资源库优势，建立项目全资源集成体系，实现设计与采购的互相衔接、深度融合。总承包方依托专业分包资源和专业设备参数的精准提资，使设计更精准、选型更丰富、成本更优化。充分发挥总包方限额设计的优势，为业主创造最优的设计成本，最大限度的降低无效设计成本。

设计与合约招采的深度融合，助力建造工期更短、建筑品质更高、业主综合成本更低。

医院项目的设计内容比较多，除主体建筑、结构、水、电、暖之外，还有基坑围护、人防、幕墙、钢结构、智能化、室内装饰、景观绿化、室外配套等专业工程以及洁净工程、医用气体、中央纯水、物流传输、污水处理、放射防护等专项系统设计。设计合同包分得过细不利于设计之间的协调，各专业设计配合困难，会产生后期实施困难、变更量大的风险；同时，许多医院工程专项系统的设计是困扰项目管理者的主要问题，方案征集套图、专业系统设计招标、设计施工一体化在实施过程中都遇到了一定的困难。因此，在设计招标时，尽可能推行设计总承包。

1. 资源选取

（1）选取合格设计分包商名库中优秀资源；

（2）针对不同的设计专业，考虑工程所在地、工程设计标准等因素，定向寻求国内、世界知名设计单位进行合作意向沟通，并跟进后续考察引入试用流程；

（3）深入沟通了解业主的战略合作设计分包资源，进行实地考察，结合业主的综合评价，后续考察引入；

（4）通过大数据搜索，了解优秀分包商资源，并对国内排名前列的优秀设计单位摸底收集，择优考察引入；

（5）借助广材网、云筑网等网络集采平台，寻求可靠的设计分包商资源。

2. 资源引入

（1）资源引入严格落实分供方引进流程，提前进行资格审查与考察；

（2）资源引入重点考察设计分包商的注册资金、资质等级、资信能力、设计能力、业绩证明、覆盖区域及售后等方面，重点考虑与业主建立良好合作关系的分包商或有类似项目设计经验的知名分包单位；

（3）资源引入执行总承包项目设计分包入围标准，突出"设计能力、限额设计准确性、施组方案编制能力、计划能力、服务范围"等方面的评价指标。

3. 设计分包选定

（1）编制设计资源采购策划书（明确采购方案、重要采购时间节点、业主设计限额要求等）；

（2）提交设计分包招议标申请（包含并不限于设计任务书、设计人员配置要求、招标清单、技术标准和要求、商务风险及盈亏预算、投标方资格条件等）；

（3）发布招标公告（招标标的及项目基本信息、投标人所需具备的资格条件、投标报名要求及时间规定、资格审查程序及要求、招标文件的发放时间及方式、投标保证金约定等）；

（4）设计分包商资源资格预审（需要实地考察复核的，应组织相关部门实地考察，并根据资审情况编制资格审查情况表，明确合格投标单位名单并发起审批）；

（5）招标文件编制、评审、发放；

（6）开标、评标、定标；

（7）发放中标通知书；

（8）签订合同；

（9）过程履约考核跟踪评定。

4. 深化设计合约管理

深化设计合约管理包含业主设计变更（图6-12）、分包深化设计变更、材料设备品牌变更（图6-13）等引起费用变更的管理。通过制定流程和制度来对上述三个方面进行行之有效的管理，并聘请专业顾问进行技术支持。

6.4.3 专业分包管理

项目采购管理工作作为项目资金最大使用者，如何在获取业主认可的前提下高效、及时、经济地采购到项目建设所需的资源是保证项目顺利履约的关键。在工程总承包项目中，专业分包的采购金额在总承包合同价款中占有重要比重，而且类别品种繁多，技术性强，工作量大，涉及面广，同时对其质量、价格和进度都有严格的要求，在有限的时间内，将专业分包合约采购工作适度前移，提升价值创造效能，是合约采购工

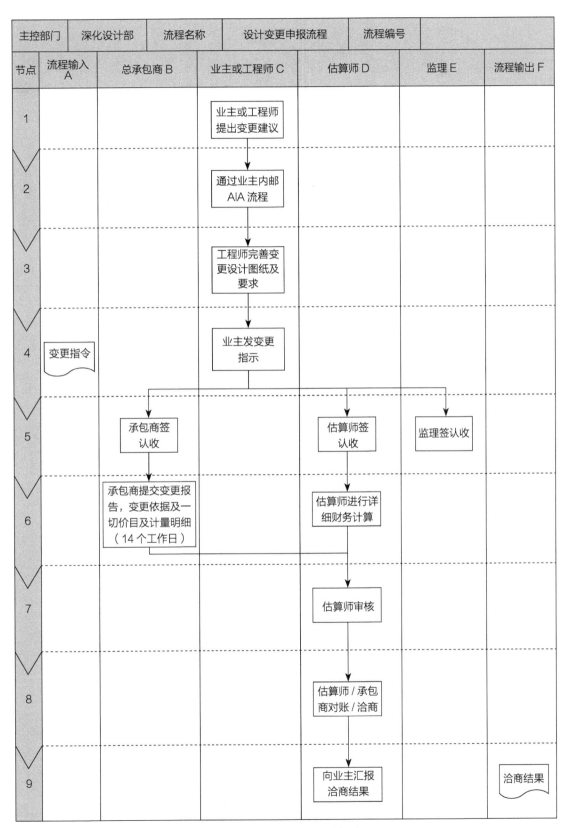

图 6-12　业主设计变更申报流程

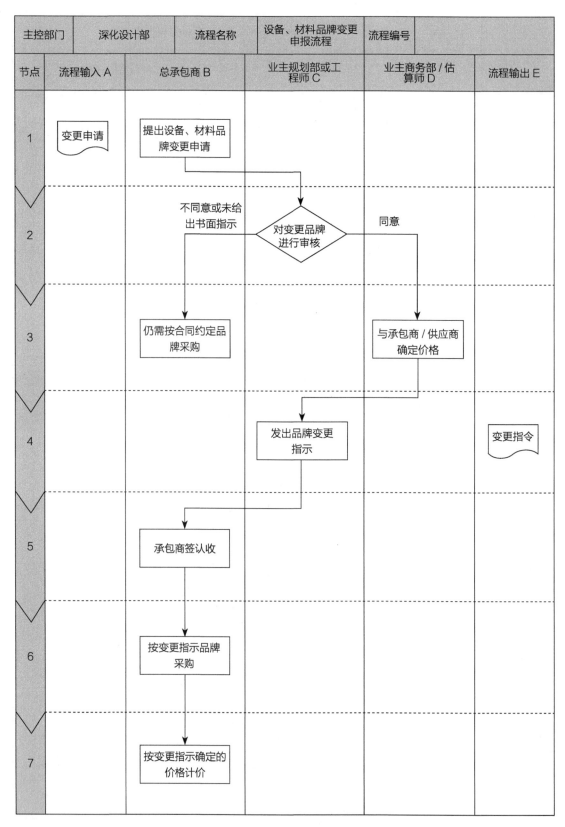

图 6-13　材料设备品牌变更申报流程

作的重心。

1. 资源体系的建设

对于合约采购工作，充足的分包资源是必要的保障，为使项目合约采购工作的顺利开展，项目对整体工程合约进行多级框架划分。针对工程的各个专业需求，集成集团所有分包资源，建立项目分包资源库，并从中优选，形成项目最终的集约分包资源体系。同时，因招采范围的扩展，对部分以前未涉及的稀缺资源，建立分包资源考察及引进体系，不断充实及优化项目的分包资源，进行动态淘汰管理机制（图6-14）。

2. 分包招采的要求

在分包招采过程中，根据招标申请编写招标文件，招标文件中包含投标邀请书、投标人须知、采用的评标办法、标的范围、工程量清单、技术质量要求、投标文件格式等内容，并明确投标保证金及履约保证金（履约保函）的收取等；招标文件经招议标工作小组评审后发布。在招标文件的编制过程中，需全面考虑项目全生命周期需求，除考虑施工期间的招采要素外，还应将业主后期运营维护及质保期满后维保服务进行综合考虑。以电梯招采为例：在正常的电梯招采工作内容之外，招标文件中加入永临结合的招标清单，在后续施工过程中作为临时电梯使用，同时加入易损件报价清单，避免后期出现非分包人原因造成的电梯元器件损坏的纠纷，另外加入质保期满后的维保条款约定，为业主后期运营维护提供可选择的支撑内容，更好地为业主提供项目全生命周期的服务。

3. 分包招采定标

分包招采原则上全部采取公开招标，在不违反国家关于必须公开招标的规定的前提下，特殊情况在业主或企业的批准后，可选择邀请招标或议标。

1）招标采购准备工作

（1）项目生产资源采购策划（标前策划的意义主要体现两点：①挖掘、发现可以应用的资源及业主意向单位，了解业主指定采购的范围、采购方式、采购时间安排等情况；②通过周密的分析，实现资源的整合配置，达到一种低成本高效率的目标实现途径。通过大量的市场资源分析，使得策划的各要素得以确认）。

（2）招议标申请。

2）招标工作程序

（1）招标公告的编制及发布。

（2）投标报名单位资格审查。

（3）招标文件的编制。

（4）开标（涉及三方协议或业主有特殊要求的分项工程可邀请业主一同参与）。

（5）评标（确保在评标过程中为业主谋求最有竞争力的标价和选择最有能力的承包商之间取得一种平衡）。

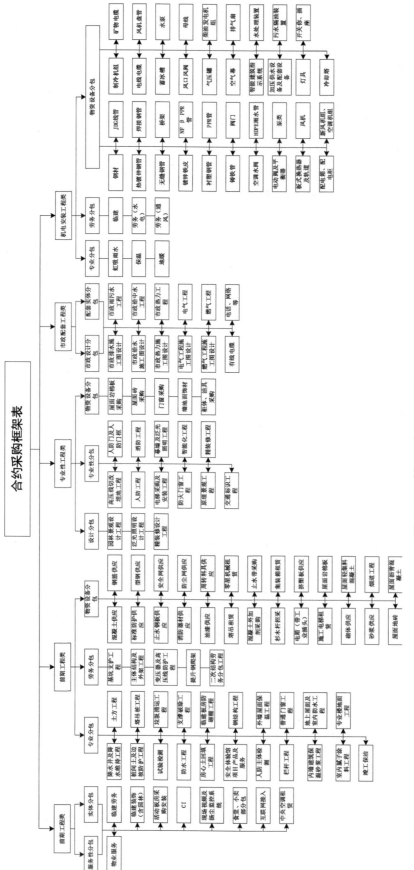

图 6-14 某项目合约框架图

（6）定标（编制标推荐报告，发出中标及未中标通知书）。

（7）组织合同签署及合同交底。

6.4.4　商务合约管理

总承包商务合约关系如图 6-15 所示。

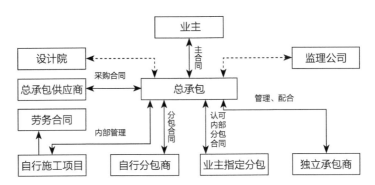

图 6-15　总承包商务合约关系图

商务合约管理流程如图 6-16~ 图 6-22 所示。

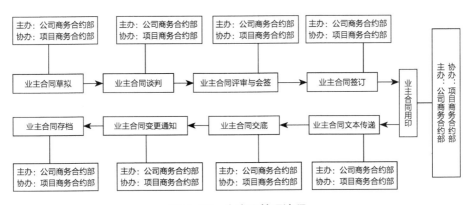

图 6-16　主合同管理流程

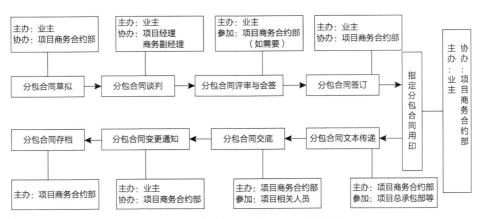

图 6-17　业主指定分包合同管理流程

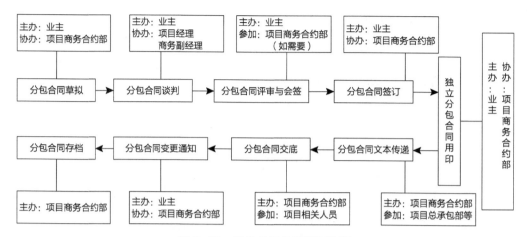

图 6-18　独立分包合同管理流程

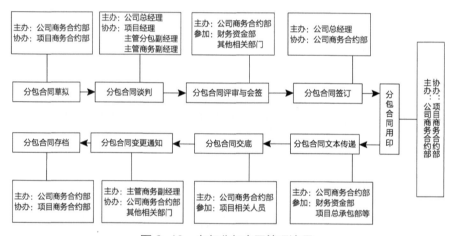

图 6-19　自行分包合同管理流程

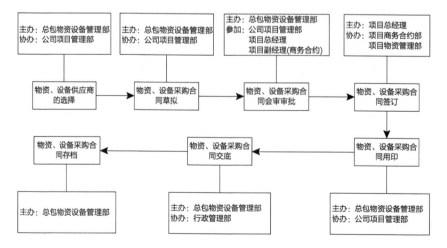

图 6-20　材料设备采购合同管理流程

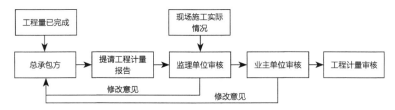

图 6-21　工程计量审查管理流程

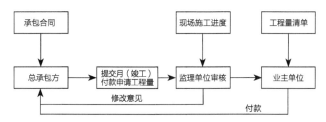

图 6-22　工程款支付管理流程

6.4.5　医疗设备招采管理

医院有 CT、磁共振成像装置、X 射线计算机体层摄影装置、直线加速器、核医学、高压氧舱等大型医疗设备，设备招采工作量很大且流程较长（图 6-23、图 6-24）。

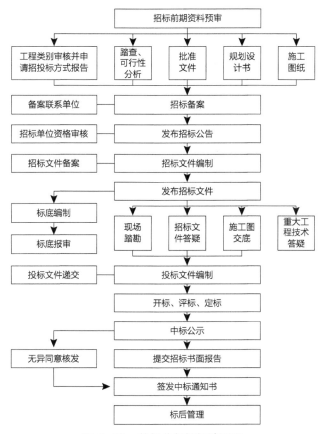

图 6-23　总包分包招标流程图

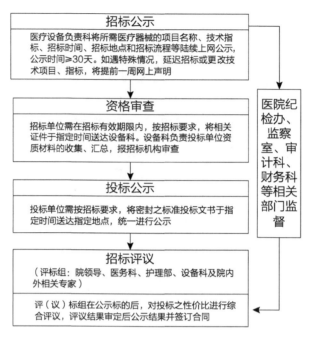

图 6-24 医疗设备招采流程图

注：招标投标法规定要求施工单项合同估算价在 200 万元人民币以上的工程建设有关的重要设备、材料等采购必须进行招标。按其中医院招标管理制度要求，5 万~100 万元的医用设备由医院招投标，100 万元以上的医用设备由省招标公司招标

6.5 总承包设计管理

6.5.1 设计标准和规范的建立与维护

为便于设计标准及规范的查询及维护，在充分考虑到医院项目的特殊要求、新技术、业主要求、项目所在地的法律和法规要求、以往项目的经验和教训、项目建设成本等因素，建立通用的设计标准和规范数据库，数据库根据工程专业的划分，大致分为建筑、结构（钢结构）、岩土、电气、给水排水、暖通空调、动力等专业（表 6-13、表 6-14）。若标准 / 规范出现变更，如果该变更对运营或施工安全有影响，则应通过评定，将变更纳入相应文件，正式发布。

常规专业常用规范列表　　　　　　　　　　　　　　表 6-13

序号	名称	标准号	专业
1	建筑设计防火规范	GB 50016—2014	
2	人民防空地下室设计规范	GB 50038—2005	
3	人民防空工程设计防火规范	GB 50098—2009	
4	建筑制图标准	GB/T 50104—2010	
5	地下工程防水技术规范	GB 50108—2008	

续表

序号	名称	标准号	专业
6	建筑内部装修设计防火规范	GB 50222—2017	建筑
7	屋面工程技术规范	GB 50345—2012	
8	民用建筑设计统一标准	GB 50352—2019	
9	汽车库、修车库、停车场设计防火规范	GB 50067—2014	
10	无障碍设计规范	GB 50763—2012	
11	建筑幕墙	GB/T 21086—2007	
12	办公建筑设计规范	JGJ 67—2006	
13	车库建筑设计规范	JGJ 100—2015	
14	建筑玻璃应用技术规程	JGJ 113—2015	
15	民用建筑绿色设计规范	JGJ/T 229—2010	
16	砌体结构设计规范	GB 50003—2011	结构
17	建筑地基基础设计规范	GB 50007—2011	
18	建筑结构荷载规范	GB 50009—2012	
19	混凝土结构设计规范	GB 50010—2010	
20	建筑抗震设计规范（2016 年版）	GB 50011—2010	
21	钢结构设计标准	GB 50017—2017	
22	建筑结构可靠性设计统一标准	GB 50068—2018	
23	混凝土结构工程施工质量验收规范	GB 50204—2015	
24	建筑工程抗震设防分类标准	GB 50223—2008	
25	建筑桩基技术规范	JGJ 94—2008	
26	建筑照明设计标准	GB 50034—2013	电气
27	供配电系统设计规范	GB 50052—2009	
28	低压配电设计规范	GB 50054—2011	
29	通用用电设备配电设计规范	GB 50055—2011	
30	建筑物防雷设计规范	GB 50057—2010	
31	火灾自动报警系统设计规范	GB 50116—2013	
32	综合布线系统工程设计规范	GB 50311—2016	
33	智能建筑设计标准	GB 50314—2015	
34	安全防范工程技术标准	GB 50348—2018	
35	电子会议系统工程设计规范	GB 50799—2012	

续表

序号	名称	标准号	专业
36	民用建筑电气设计规范	JGJ 16—2008	电气
37	室外给水设计标准	GB 50013—2018	
38	室外排水设计规范（2016年版）	GB 50014—2006	
39	建筑给水排水设计规范（2009年版）	GB 50015—2003	
40	自动喷水灭火系统设计规范	GB 50084—2017	
41	建筑灭火器配置设计规范	GB 50140—2005	
42	建筑中水设计标准	GB 50336—2018	
43	气体灭火系统设计规范	GB 50370—2005	
44	民用建筑节水设计标准	GB 50555—2010	
45	城镇给水排水技术规范	GB 50788—2012	给水排水
46	消防给水及消火栓系统技术规范	GB 50974—2014	
47	城镇燃气设计规范	GB 50028—2006	
48	锅炉房设计规范	GB 50041—2008	
49	冷库设计规范	GB 50072—2010	
50	公共建筑节能设计标准	GB 50189—2015	
51	地源热泵系统工程技术规范（2009年版）	GB 50366—2005	
52	民用建筑供暖通风与空气调节设计规范	GB 50736—2012	
53	建筑防烟排烟系统技术标准	GB 51251—2017	
54	多联机空调系统工程技术规程	JGJ 174—2010	

医院工程常用规范列表　　　　　　　　　表 6-14

序号	名称	标准号	类型
1	医院洁净手术部建筑技术规范	GB 50333—2013	
2	洁净室施工及验收规范	GB 50591—2010	
3	医用气体工程技术规范	GB 50751—2012	
4	综合医院建筑设计规范	GB 51039—2014	
5	医院消毒卫生标准	GB 15982—2012	
6	医疗机构水污染物排放标准	GB 18466—2005	
7	电离辐射防护与辐射源安全基本标准	GB 18871—2002	
8	无损检测用电子直线加速器工程通用规范	GB/T 30371—2013	
9	医用及航空呼吸用氧	GB 8982—2009	

续表

序号	名称	标准号	类型
10	医用放射性废弃物管理卫生防护标准	GBZ 133—2009	
11	临床核医学卫生防护标准	GBZ 120—2006	
12	综合医院建筑设计规范	GB 51039—2014	行业标准
13	医院消毒供应中心　第 1 部分：管理规范	WS 310—2016	
14	医院消毒供应中心　第 2 部分：清洗消毒及灭菌技术操作规范	WS 310.2—2016	
15	医院消毒供应中心　第 3 部分：清洗消毒及灭菌效果监测标准	WS 310.3—2016	
16	医用中心供氧系统通用技术条件	YY/T 0187—94	
17	医用中心吸引系统通用技术条件	YY/T 0186—94	
18	医疗建筑门、窗、隔断、防 X 射线构造	06J902—1	图集
19	医院建筑施工图实例	07CJ08	
20	医疗建筑固定设施	07J902—2	
21	医疗建筑卫生间、淋浴间、洗池	07J902—3	

6.5.2　设计管理

医院项目的设计内容比较多，除主体建筑、结构、水、电、暖之外，还有基坑围护、人防、幕墙、钢结构、智能化、室内装饰、景观绿化、室外配套等专业工程以及洁净工程、医用气体、中央纯水、物流传输、污水处理、放射防护等专项系统设计。设计合同包分得过细不利于设计之间的协调各专业设计配合困难，会产生后期实施困难、变更量大的风险，同时，许多医院工程专项系统的设计是困扰项目管理者的主要问题。方案征集套图、专业系统设计招标、设计施工一体化在实施过程中都遇到了一定的困难。因此，在设计招标时，尽可能推行设计总承包。

1. 报批报建管理

1）建立报批报建组织架构

在第一时间内选派有相关报建经验的人员，成立开发部外联组，由行政总监分管，专职负责项目报批报建工作。同时强化项目全体对报建工作重要性的认识，集中资源，全力保障项目报建工作高效推进。

在项目组织架构上，设立综合办外联组，由项目经理直管，专职负责项目报批报建及竣工验收移交。同时强化项目全体对报建工作重要性的认识，集中当地的资源，全力保障项目报建工作高效推进。

2）制订切实可行的报批报建计划并严格执行

提前咨询政府各职能部门报建窗口，制订切实可行的报批报建计划。明确时间长、不确定因素大的关键报批报建节点，集中精力提前做好应对措施，确保如期完成节点目标。

工程各项验收的根本目的是保证工程过程及最终质量合格，从而为合规、合法地取得最终的建设工程竣工验收备案登记证奠定基础。合理编排验收计划顺序并组织实施，以确保顺利完成竣工备案证办理。

关键报建节点及应对措施见表 6-15 所列。

关键报建节点及应对措施表 表 6-15

关键节点	不确定因素	应对措施
初步设计审查	1. 审核时间长，涉及职能部门多； 2. 审核意见多，涉及修改量大	1. 提前启动初步设计，对耗时长的关键节点如消防等，与相关审查部门提前进行技术沟通； 2. 加强初步设计质量控制
施工图审查	部分专业初步设计审查耗时长，影响后续施工图出图及审查	初步设计完成后即启动相关施工图设计，过程中加强与业主、审查机构的沟通，及时修改调整
建设工程规划许可证	涉及的管理科室比较多，每个大步骤之间不能并行，第一个步骤管线说明需上会讨论，涉及的人员也比较多，时间较难控制	1. 将所有资料都提前准备妥当； 2. 根据承建过当地的相关项目，与地方政府及部分开发商业主都建立良好的关系，利用已经成熟的平台和资源助力此项工作的办理
施工许可证申报	前置流程用时长，无法保证现场开工前完成办理	1. 提前与当地建管部门沟通，重点做好施工图审查、质量、安全保证措施，做好提前施工准备； 2. 根据承建过在多区域的 EPC 项目，在前期项目的施工开展过程中，对于此项工作的申报，也积累了比较优渥的资源，也是此项工作顺利完成的保障
配套报装	1. 涉及单位众多，部分报装需按分期考虑； 2. 现场临时水电情况不明朗	1. 初步设计、施工图设计时应与相关单位进行沟通，并按分期要求设置； 2. 条件允许时，尽早与相关单位核对现场临时水电接口信息并启动实质接入

3）确保报建材料质量及完备性

各项报建流程所需材料种类繁多，填写往往有规范的格式要求，提前与各职能部门报装窗口进行核对，确保提交材料的完整性、及时性、规范性，避免因材料格式不符等因素造成重复送审。

此外，提前整理需业主、相关单位配合事项清单，并及时提醒、收集必要的基础资料。

4）流程并联办理策划

通过对部分流程并联办理的策划，提前核对并联办理条件，优先处理并予以落实。

通过充分了解当地报建流程，在合法合规的前提下，在某些能够弹性压缩时间的流程上寻找突破，充分压缩关键程序的弹性时间，使后续与之紧密相关程序能提前进行，从而达到缩短整个报建时间的目的。具体措施如下：

（1）施工设计文件图纸审查完成是整个报建工作推进的前提条件，施工设计文件需要业主审查后报当地图审中心审查。此阶段主要采用压缩审查时间、提前审查和分批审查的方法，一是加强与设计、业主单位的沟通力度，充分了解业主单位的需求及设计规划，在设计阶段做到有的放矢；二是设计单位将施工图分批次报送业主审查，提前审查开始时间；三是可以委托有相关资质的审图机构在正式报送审图单位前进行审查，提出修改意见书，设计单位可以修改违反相关规定或不合理的设计，从而缩短正式审图后的修改时间；四是加强与当地建筑工程施工图审查中心、当地人防办等图审单位的沟通，掌握设计要求，在设计阶段规避常见问题，同时在合法合规的前提下，可采取适当措施，加快审图进度。

（2）规划许可证办理阶段。根据当地规划许可证办理流程要求，在规划局正式受理申报后要进行现场勘察（由规划相关审批部门与申报单位联系人约定，并派人对建设项目现场进行勘察），在勘察后根据国家法律法规、地方要求、勘察结果做出批示意见，在正式发放规划许可证前还有批前公示期（20d）。一是在施工图审查阶段即与规划局相关人员对接，准备必要基础资料、熟悉办事人员、了解现场踏勘要求；二是正式报审后，第一时间联系规划局，进行现场勘察；三是与规划局主要审批人员进行对接，以缩短审批流程；四是在满足国家及地方规定条件的前提下进行沟通，在公示期提前取得规划许可证或相关证明文件，以进行施工许可证的办理。

（3）施工许可证办理阶段。施工许可证办理需进行施工合同和监理合同备案、工程质量监督手续、工程安全监督手续、建筑垃圾处理许可等，根据当地建设局报建资料清单要求，除建筑垃圾处理许可证需要规划许可证外其他资料均可提前进行。

5）联络建管部门，做好提前进场施工准备

与相关职能部门沟通，明确办理提前开工所需条件，合理合规提前施工。

在全面推进报建进度的同时，应做好合法合规提前施工的准备，主要从以下两个方面着手：

（1）在施工许可证未正式到位前，就着手办理开工证明（有效期 3 个月）。办理开工证明所需要的资料除了缺少的材料，其他需要资料与施工许可证要求相同。待各项手续办理完成后，再用开工证明换领施工许可证；

（2）提前报监，在施工许可证下发前，充分做好与质监站、安监站沟通工作，将本项目提前纳入监管范围，并做好相关临时监管手续的办理及监管过程资料的收集、整理、备案，最大限度使工程施工做到合法合规。

2. 设计接口需求管理

结合工程特点在多组织参与、多层级管理、多专业交叉的管理模式下，以设计为龙头，通过设计接口需求管理来促使各专业、各业务、各阶段工作的深度融合，真正达到按需求策划设计，据过程实施调整，实现项目高效、高品质推进发展。

根据设计接口组织体系，建立固定的提资机制，保证相关方需求的提出与反馈畅通。总包设计部是作为设计提资管理的归口部门，需保证最终的提资成果在规定的时间内得到资料需求方的确认（图 6-25）。

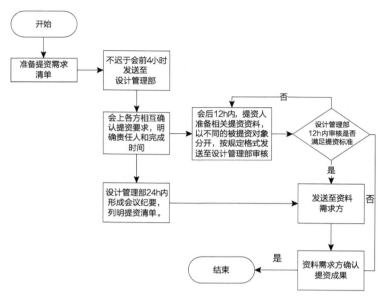

图 6-25 设计提资流程图

1）接口需求策划

（1）功能接口需求编制

通过准确把握项目定位，根据不同板块应用不同的设计理念来实现相应的功能需求。如契合绿色建筑的理念，完善建筑构造细节等。

（2）专业接口需求编制

以精细化出图为原则，识别专业之间的接口，做到无死角，无盲区，将图纸的"错、漏、碰、缺"消灭在设计策划阶段，使最终的设计成果达到"所见即所得"（表 6-16）。

专业接口需求表   表 6-16

分项	关联专业	关联点	接口需求
装饰装修	混凝土结构	楼面做法	结构层需根据不同装饰面层做法预留空间，控制各楼板厚度与标高
	机电	室内隔墙	水暖电等机电末端采用设备带形式进行集中，减少对装饰的影响
供配电	混凝土结构	变配电室楼板	设备基础、电缆沟、盖板角铁预埋、穿线孔
幕墙	建筑	外围护墙体	幕墙龙骨须统一设计，避免相互碰撞，无法安装
	园林景观	建筑散水	幕墙底部与建筑散水交接处的标高与节点做法
	钢结构	幕墙龙骨	龙骨与钢梁连接处需在梁腹板两侧设置加劲肋
	泛光照明	外立面照明	泛光照明的管线、LED 灯进行隐蔽安装，连接
……	……	……	……

（3）业务接口需求编制

①以匹配资源组装方案为原则。设计产品的最终实现需要在特定时间内有充沛的资源支

撑，因此设计需充分考虑项目实施过程中所需要的设备材料、劳务资源、分包商的市场情况（表 6-17）。

资源接口需求表 表 6-17

分项	关联版块	关联点	接口需求
资源组装方案	材料设备	隔墙、防水、幕墙材料	统一各楼栋材料种类，且市场供应满足需求
		景观铺装材料	市场供应满足需求，且生产加工周期短
	劳务资源	土建工人	减少零星土建工程的用工需求，保障用工的连续性
		装修工人	装修劳务资源充足，保障连续性施工
……	……	……	……

②以匹配施工组织方案为原则。最终的设计成果施工图是建筑方案与工程施工的沟通媒介，其作为工程施工操作依据的详细技术文件，需对现场的施工部署、进度计划、质量保障措施等因素有深入的考量和细致的体现（表 6-18）。

技术文件接口需求表 表 6-18

分项	接口需求	关联点
施工组织方案	1. 提高工厂预制化比例。 2. 减少现场湿作业，缩短成型养护时间。 3. 提高施工便利性，减少施工工序。 4. 利于保证冬季施工质量	屋面做法
		女儿墙
		景观挡墙
		景观地砖
		钢结构
		……

2）组织编制提资与接口需求计划及清单

主要针对整个项目各专业之间的提资与接口管理，对项目整体的接口进行统一的规划，编制项目提资与接口需求计划及清单，避免出现错漏项，影响整体项目的质量及进度；提资与接口的管理也是出于对项目整体考虑，对于采购、计划、质量等方面的管理也是相辅相成，同时确保整个项目的顺利进行。

3）审核提资文件

所有分包商根据项目提资与接口需求计划及清单要求，对各自范围内的接口需求内容编制详细的提资及接口需求计划；总包对所有分包商提供的提资清单及接口需求清单进行完整性和准确性的审核，对于不符合要求的内容督促分包商修改之后再进行提交；组织各分包商相互提资，总包统一协调，总包审核提资是否满足项目设计要求及项目整体目标。通过提资解决专业之间的相互需求，保证图纸的统一性、同步性和准确性；接口需要清单编制需清晰、合理、精准的表达其他分包商应配合的内容，在图纸评审中应严格评审图纸，若因未提资或未发现问题而导致变更的发生应负相应的责任。尽量确保整体项目的提资无误，同时将提资内容融入到相关的方案或者图纸中，确保提资及接口管理的作用充分发挥。

4）提资及接口资料的确认

①总包组织各分包参与内部评审，评审的内容包括且不局限于所有各专业所需要配合的内容，并对评审中发现的问题进行跟踪和检查，做好回复记录；各分包根据评审记录对提资内容进行修改之后再进行重新提资；在评审过程中，重点需对提资内容的完整性进行审核，各专业的专业做法或节点是否完整；所提资内容是否复核规范、要求、技术标准等各专业之间的提资是否冲突等；与商务、建造等其他部门的融合性，结合商务及建造等方面充分对提资内容进行审核。

②各分包商的提资及接口提交总包进行审核，确认无误之后各方签署提资及接口确认单。

3. 设计进度管理

承担设计进度的管理工作时，通过规范和标准的项目设计进度管理，控制和把控设计各阶段之间以及与报批报建、建造、合约等板块之间的衔接。设计进度的保证对整个项目顺利进行起到至关重要的作用。设计进度保证措施分为四个阶段，分别为：初步设计阶段、施工图设计阶段、深化设计阶段、设计验收阶段，针对上述四个阶段，制订初设图、施工图、深化图出图计划、相关评审计划及考核与监测机制（图6-26）。

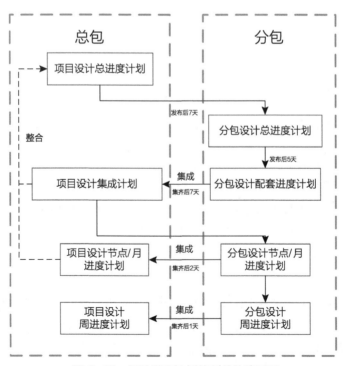

图6-26　设计进度计划编制总体流程图

1）编制设计进度计划及审核与审批

设计分包商编制详细的设计进度计划，总包通过把握设计核心关键节点，现场施工进度匹配等要点，对计划进行　审核与审批（表6-19）。

例：×××项目设计进度计划　　　　　　　　　　　　表6-19

					×××项目设计进度计划		
					责任人：		
阶段	工作项	达成目标	计划开始时间	计划完成时间	前置条件	周期时间	备注
方案报批	1. 规划方案专家会通过	规划方案获得专家组长认可并签字	根据专家会情况具体定		规划方案获得专家组认可	××天	×月×日规划方案上专家会；×月×日规划方案获得专家组长签字认可
	2. 规划方案业务会通过	1. 规划方案原则性通过；2. 可进行上市规委的方案完善			规划局及专家会通过并获得专家组长签字	××天	×月×日规划局业务会上规划方案已原则性通过
	3. 报规方案内部评审及交底	确认及熟悉方案，便于后续设计工作开展			规划方案获得规划局业务会通过	××天	方案确定后××天内组织施工图设计团队各专业及人防对方案进行审查、评审及交底
	4. 绿建方案	达到上绿建专家评审会要求			1. 规划方案获得专家组认可；2. 规划方案获得业务会原则性通过	××天	
	5. 装配式建筑专家评审会汇报材料完成	1. 汇报材料深度满足专家会的上会要求；2. 预制装配率达到××%，并提供计算报告书；3. 拆分方案完成并符合构件厂生产加工的基本要求			1. 方案确定；2. 预制装配率试算完成并达到×××%；3. 层数确定	××天	拆分方案开始前需完成单体结构方案布置
	6. 报规方案文本（上市规委会）完成	根据相关要求修改规划方案，并满足规划部门上市规委会的要求			获得业务会通过	××天	市规委会预约上会时间
	7. 规划方案根据市规委会意见修改完成并完成方案审查（指标校核、日照复核）	满足市规委会议纪要及规划局相关要求	根据市规委上会具体定	根据市规委上会具体情况确定	规划方案上市规委会；报建深度建施图完成并外审通过	待定	

续表

×××项目设计进度计划

责任人：

阶段	工作项	达成目标	计划开始时间	计划完成时间	前置条件	周期时间	备注
施工图设计阶段	1. 土方开挖方案	场地开挖边线、开挖初步深度，达到土方开挖施工的基本条件			1. 规划方案业务会通过并修改完成； 2. 总图竖向标高方案确定； 3. 地下室边线及埋深确定	1. 基坑支护设计周期××天； 2. 土方开挖周期××天	
	2. 基坑支护设计图纸	基坑支护施工图纸需通过专家论证			1. 规划方案业务会原则性通过； 需提供详勘报告； 2. 需基坑支护设计单位招标确定； 3. 需总图竖向标高、地下室边线及埋深确定	基坑支护设计方案周期××天	
	3. 全套报建深度建筑施工图	满足指标校核，满足消防、人防、园林、供电报审要求			1. 规划方案业委会原则性通过，规划无重大调整意见； 2. 需提供地勘报告； 3. 确认各单体结构选型； 4. PC预制装配率达到×××%； 5. PC拆分方案在××月××日前确定； 6. 精装方案等方案确定	××天	
	4. 人防工程设计方案	地下室人防工程方案完成，为初步设计及基础设计提供方案			1. 地下室平面方案确认； 2. 获得《新建民用建筑同步修建防空地下室设计要求通知书》或人防等级及类型业主初步确定	人防工程设计方案设计××天	
	5. PC构件拆分方案	满足×××%预制装配率、PC构件拆分、加工方案要求			1. 平面、立面确定； 2. 规划方案上业务会通过，楼层数确定； 3. 主要结构布置计算完成	PC构件拆分方案周期××天	规划方案上业务会通过后即可开展PC拆分方案设计
	6. 单体基础施工图	单体基础施工图满足基础施工要求；单体基础图需设计院及业主内审完成			1. 单体结构方案确定； 2. 单体基础形式确定； 3. 单体PC拆分方案初步确定	周期××天	
	7. 单体全套施工图	满足单体地下室及地上部分的施工要求；设计院及业主方内审完成			1. 单体结构方案确定； 2. 单体标注层结构布置确定； 3. 单体PC拆分方案初步确定		

续表

×××项目设计进度计划

责任人:

阶段	工作项	达成目标	计划开始时间	计划完成时间	前置条件	周期时间	备注
施工图设计阶段	8. 地下室施工图	完成地下室各专业施工图(人防工程内容除外)			地下室施工图各专业完成,并达到施工图深度满足施工要求	××天	设计院内审、项目公司及项目部内审
	9. 地上全套施工图	地上各单体各专业施工图,满足图审及施工要求			1. 规划方案上会通过;2. 获得工程规划许可证		
	10. 地上全套施工图(修改后)	可用于地上部分的建筑施工图纸,要求满足图审合格					包含消防报审内容,确定出图时间并送外审单位审查
	11. 人防工程施工图	可用于地下室人防工程的施工图纸,并满足人防施工图外部审查要求			1. 获得《新建民用建筑同步修建防空地下室设计要求通知书》;2. 人防工程设计方案确定	人防工程施工图设计周期××天	
	12. 室内外市政综合管网	满足地块内市政管线图审及施工要求			施工图通过外部审查、消防审查	设计周期××天	不含室外燃气、自来水、供电管线外委专项设计
智能化设计	1. 智能化全套方案	满足PC构件智能化点位预留、孔洞预留、管线埋设的提资				总计约××天	
	2. 智能化施工图	可用于智能化点位提资及施工、图审				总计约××天	
园林景观设计	1. 景观方案	至少×套方案可选,与建筑风格贴合,包含底层架空层景观等			总平面图最终确认,需提供园林风格、标准及景观造价	总计约××天,前期阶段与土建方案、施工图设计同步结合	
	2. 扩初设计	各专业图纸达到设计要求,满足设计限额要求			景观概念方案确认		
	3. 施工图	图纸符合规范,要求图审合格					
装修设计	1. 室内精装概念方案	至少××套方案可选,并满足PC构件要求			平面方案、户型方案最终确认	总计约××天,与土建施工图设计同步结合	

续表

×××项目设计进度计划

责任人：

阶段	工作项	达成目标	计划开始时间	计划完成时间	前置条件	周期时间	备注
装修设计	2. 全套精装施工图	提供精装水电气点位图等；达到精装施工要求				约××天	
幕墙设计	1. 幕墙方案设计	幕墙方案、商铺及底部楼层等幕墙方案，满足给土建提资的要求（幕墙形式、幕墙结构预埋、色彩及材料、控制造价、尊重建筑方案、符合规范及绿建节能要求）			1. 建筑单体平面、立面确定；2. 幕墙设计团队确定、限额设计确定	方案设计周期××天	
	2. 幕墙深化设计图	满足建筑方案设计、规范、成本及幕墙施工要求			主体施工图设计完成并内审后修改完成	幕墙深化图设计周期××天	
泛光照明	1. 泛光照明方案	满足城市亮化要求、业主要求			1. 建筑单体平面、立面确定；2. 幕墙设计、泛光照明团队确定、限额设计确定	方案设计周期××天	
	2. 泛光照明深化图	满足幕墙设计、泛光照明施工要求			主体施工图设计完成并内审后修改完成；幕墙深化设计同时开始	深化图设计周期××天	

（1）项目设计进度计划编制要求（表 6-20）

项目设计进度计划编制要求   表 6-20

计划名称		编制频次	时间要求	详细要求
项目设计总体计划	设计计划	1 次	与总进度计划同步	需满足总进度计划要求
设计集成计划	深化设计集成计划	1 次	与施工集成进度计划同步	由分包上报通过的深化设计计划集成而成
	材料报审集成计划	1 次	与施工集成进度计划同步	由分包上报通过的材料报审计划集成而成
项目月进度计划		每月 1 次	每月 24 日	由分包上报通过的月进度计划集成而成，具体要求同总进度计划
项目周进度计划		每周 1 次	每周三	由分包上报通过的周进度计划集成而成，列入总包周例会材料中

（2）分包设计进度计划编制要求（6-21）

分包设计进度计划编制要求　　　　　　　　　　表 6-21

计划名称		编制频次	时间要求	详细要求
分包设计总进度计划		1 次	项目总进度计划发布后 7 日	同总包要求
分包设计配套进度计划	分包施工图及深化设计出图计划	1 次	与初步施工进度计划同步	需满足分包总进度计划要求
	分包材料报审计划	1 次	与初步施工进度计划同步	
分包月进度计划		1 次	每月 22 日	同总包要求
分包周进度计划		1 次	每周二	列入总包周设计协调会材料中

（3）项目设计进度计划审批（表 6-22）。

项目设计进度计划审批要求　　　　　　　　　　表 6-22

序号	计划名称	审核	审批
1	项目设计总体进度计划	设计总监	项目经理
2	项目设计集成计划	设计计划负责人	设计总监
3	分包设计总体进度计划	设计计划负责人	设计总监
4	分包设计配套计划	设计计划负责人	设计总监
5	项目 / 分包设计节点、月进度计划	月设计协调会形式确认	
6	项目 / 分包设计周计划	周设计协调会形式确认	

2）总包对审批通过的进度计划进行发布及交底具体见表 6-23。

设计进度计划发布及交底要求　　　　　　　　　　表 6-23

计划类别	责任部门	交底主要内容	备注
设计总进度计划	设计部	1. 明确项目设计总进度目标； 2. 明确合约（总包合同及分包合同）中里程碑； 3. 明确重要节点进度目标	1. 交底形式： 设计总进度计划专题交底会。 2. 参加人员： 分包部项目经理、设计负责人及相关人员； 总包项目部相关人员
设计集成进度计划	设计部	1. 明确各板块或专业间接口或提资要求等； 2. 明确各板块具体的节点目标； 3. 明确各板块推进资源保障需求	1. 交底形式： 设计集成进度计划专题会。 2. 参加人员： 分包部项目经理、设计负责人及相关人员； 总包项目部相关人员

计划类别	责任部门	交底主要内容	备注
设计节点/月度进度计划	设计部	1. 对比设计总进度计划总结上月度计划完成情况，明确本月度设计进度目标； 2. 确定月度设计计划赶工措施（如上月度进度发生滞后）	1. 交底形式： 月度进度计划专题会。 2. 参加人员： 分包部项目经理及主要管理人员； 总包项目部相关人员
周设计进度计划	设计部	1. 对比月度设计计划总结上周设计进度计划完成情况，明确本周设计计划； 2. 明确本周内承包商所需提供的各类重点接口及移交节点	1. 交底形式：周例会 2. 参加人员：分包部项目经理及主要管理人员； 总包项目部相关人员

3）设计进度计划的实施

为确保设计进度计划及时、有效实施，各专业组需按照经批准后的设计进度计划布置设计任务，对设计进度偏离进行纠正，协调解决各分包之间的矛盾。各分包项目部配置充足的人员，严格执行总包下达的各项设计进度计划。总包根据每周设计进度计划执行情况，负责检查落实计划的进程以满足总体设计进度计划的要求。

4）设计进度计划的监控与调整

根据每周设计进度检查情况，结合各专业分包上报的周、月设计进展材料，整理、形成进展延误分析表，在总包设计周协调会、月协调会上进行通报。通过对项目设计进度计划实施进展的监控，每周、每月公布监控情况，对延误情况及时发出预警信号，及时采取不同层级的纠偏措施，要求分包在后续制订月/周计划时考虑延误补救措施，总包负责监控延误补救措施的执行情况，直到延误风险被规避，从而确保设计进度目标的实现。

4. 设计质量管理

设计环节作为整个工程的龙头，不仅影响着项目建设工程的质量，而且直接影响着除设计环节以外的各业务板块的进展。设计环节的质量情况在每个后续环节都会得到体现。因此做好工程各设计环节质量管理对整个项目建设有着毋庸置疑的重要性和必要性。

1）总体原则

根据项目的相关定位、规模情况，总包将组建专业化的设计管理团队。以建筑为主，统筹设计管理；以界面为线，打造精准设计；以报审控制，保障工程品质。

2）质量控制要点

严格三段设计管理，保证设计质量。一般情况下，工程设计分为方案、初步设计阶段、施工图设计阶段和深化设计阶段三个阶段，应根据各个设计阶段特点，抓住关键环节，求得最佳效果，达到各阶段设计标准和要求。

3）方案、初步设计阶段的管理

（1）方案、初步设计审查

方案设计是工程设计的灵魂，创意新颖、布局合理、满足使用要求的方案设计，是市场竞争中取胜的保证，因此必须加强方案设计的投入，努力设计具有较高水平的建筑方案。通过对设计任务书的全面解读，理解业主设计意图。进行详细的实地现场踏勘，掌握地形地貌，在分析已知条件的基础上，准确把握环境及方案主题，形成方案阶段全专业的配合机制。建筑方案设计过程中，结构进行方案结构可行性评估，机电专业确定负荷等级，说明系统概貌，并估算最大负荷用量，功能用房位置、面积及对建筑的要求等。保证方案的完整、全面、可靠、可行。初步设计是工程设计的基础，是工程建设的纲领性文件，也是确保实施的关键阶段，要做深做细，达到国家规定的初步设计深度。

总包规定设计成果文件审查管理流程，并明确管理流程中各相关方的职责。总包组织相关部门对建筑、规划方案（初步设计图纸）的项目整体效果、建筑使用功能、分项范围划分和质量要求等进行审查，保证设计文件在满足国家规范以及地方标准控制指标的前提下，满足设计任务书和建设标准的要求。

①方案、初步设计阶段审查原则

A．比对性审查：总包设计部在方案（初步设计）阶段根据项目建议书的要求，对场地总平规划、建筑风格、结构选型、机电系统、智能化系统、园林景观、装饰、幕墙泛光、标识标牌等专业的总体风格和档次进行方案比选。对基坑与边坡支护、施工场地总平规划等建造过程中的辅助性措施方案进行经济合理性与安全可建造性审查。并对项目可能涉及的特殊专项设计方案进行梳理。

通过对各专业方案和专项方案的比对性审查，评估各专业方案的系统性、功能性、建造性和商务成本，并从项目整体的角度对方案进行取舍。

B．规范及建设标准性审查：确定原设计符合相应的国家规范、地方标准及相应法规。着重对专业方案与项目建设标准的相符合性进行审查。

C．专业匹配性审查：初步设计阶段，以各专业概算为依据，对各专业进行限额审查。综合考虑各专业方案的财务概算与项目整体效果、使用功能等方面的诉求，对各专业方案与本专业的商务限额进行匹配性审查。

②方案、初步设计阶段主要审查内容

A．建筑方案是否满足人防、消防、抗震、节能等相关国家规范和地方行政部门的要求；

B．各有关专业设计系统是否齐全，是否满足经济美观、安全实用、节能环保的需求；

C．工艺方案是否成熟、可靠，设备选用是否先进、合理，设计方案是否优化；

D．是否有利于资源节约和综合利用场地条件，是否满足安全与可建造性的要求；

E．采用的新技术、新材料是否适用、可靠。

（2）方案、初步设计成果报审管理

①总包规定设计成果文件报审管理流程，明确各相关方提交方案、初步设计文件的时间节点以及深度要求。

②建立以总包为核心的业主、设计、专业分包商、政府审查部门的正式沟通流转机制。

③各专业初步设计方案确定后，由总包组织各专业分包商结合建设标准对本专业预算进行评估，并报审总包设计部和商务部审核，协同确定各专业限额。

④总包作为该流程中的枢纽，设计文件均由设计完成后提交总包审核通过后交由业主审批，审批意见再由总包方以书面形式下发。

⑤建立方案、初步设计设计成果报审台账和成果确认文件（也可合并为方案、初步审核确认记录台账）。

项目初步设计图纸完成后，总承包单位向业主和监理报送初步设计完整图纸，业主和监理自报审日起5个工作日内完成审核并回复，提供问题清单。总承包单位组织设计单位按照业主、监理意见修改图纸。修改好的图纸报业主和监理复审，业主和监理自第二次报审日起2个工作日内完成复核并签字确认（图6-27）。

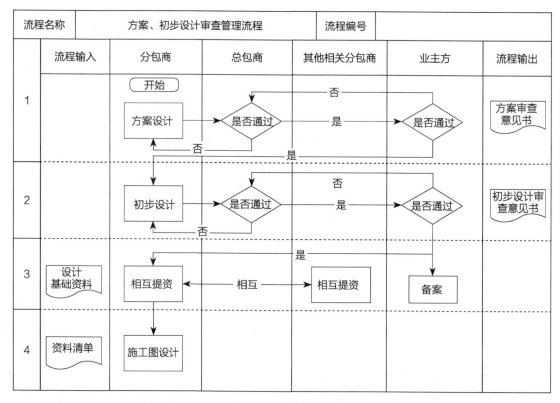

图6-27 方案、初步设计审查管理流程图

（3）方案、初步设计外审

项目建立以总包为核心的业主、设计、政府审查部门的正式沟通流转机制；如需进行专家论证的项目，需组织专家评审；根据项目所在地建委要求，确定审查要求（图6-28）。

①总包内审完成之后，由总包外联部门牵头，设计部予以技术上的协调与支持，进行方案、初步设计文件的归档、整理和报送外审工作。

②总包外联部门应根据国家法规以及当地政策的要求，对报外审基本资料进行归纳，形成报审材料清单，并根据当地相关部门办事流程合理安排报批报建计划。

③总包设计部应根据国家法规和当地政策的要求，组织设计单位按设计计划提供方案、初步设计外审所需的设计技术文件，并对技术文件进行内容、深度以及合规性的审查。

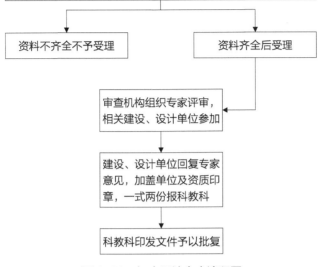

建设单位准备资料报科教设计科（包括建设工程初步设计审查申请表、当地住房城乡建设行政主管部门出具的审查请示、项目立项批准文件、建设用地批准文件、建设用地规划许可证、建筑设计方案的批准文件、勘察设计合同备案手续、初步设计说明等，查看原件、留存复印件），另需准备初步设计文件（说明、图纸、计算书等）及勘查资料，份数待定。

资料不齐全不予受理

资料齐全后受理

审查机构组织专家评审，相关建设、设计单位参加

建设、设计单位回复专家意见，加盖单位及资质印章，一式两份报科教科

科教科印发文件予以批复

图6-28　初步设计审查流程图

4）施工图设计阶段管理

施工图是工程建设的指导性文件，是工程设计的最终产品，是施工操作的依据，也是初步设计进一步深化实施的过程。要求施工图设计严密、周到、合理、可靠、交代清楚、切实可行。施工图设计要在详尽、准确上下功夫，要在施工可行性上下功夫，反对不负责任和随意性，严禁只求速度不求质量的粗制滥造。图纸表达要规范，图纸绘制要标准，设计应符合规范规定和相应技术规定。

5）施工图审查管理流程（图6-29）

（1）施工图设计范围审查

设计专业范围包括总平面、建筑、结构、建筑电气、给水排水、供暖通风与空气调节、热能动力等专业。总平面设计包括设计说明、总平面图、竖向布置图、土石方图、管道综合图、绿化及建筑小品布置图、详图。

建筑专业设计包括设计总说明、平面图、立面图、剖面图、详图、建筑节能、绿色建筑设计。

结构专业设计包括设计总说明、基础平面图、基础详图、结构平面图、钢筋混凝土构件详图、混凝土结构节点构造详图、其他（楼梯图、预埋件、特种结构和构筑物）、钢结构设计施工图。

建筑电气专业设计包括设计总说明、电气总平面图、变配电站设计图、配电及照明设计图、建筑设计部控制原理图、防雷接地及安全设计图、电气消防、智能化各系统设计、主要

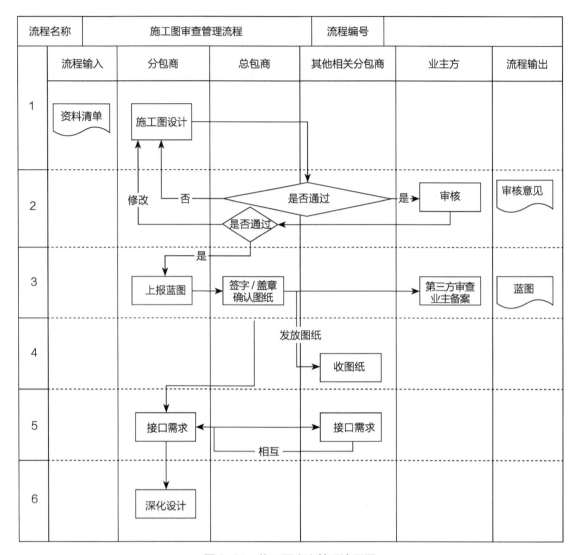

图 6-29　施工图审查管理流程图

电气设备表、装配式是明确电气专项内容。

给水排水专业包括设计总说明、给水排水总平面图、室外排水管道高程表或纵断面图、自备水源取水工程、雨水控制与利用及各净化建筑物、构筑物平剖面及详图、水泵房平面和剖面图、水塔水池配管及详图、循环水构造物的平面剖面及系统图、污水处理、室内给水排水图纸、设备及主要材料表、配式是明确给水排水专项内容。

供暖通风与空气调节专业包括设计说明和施工说明、设备表、平面图、通风空调制冷机房平面图和剖面图、系统图立管或竖风道图、通风空调剖面图和详图、室外管网设计、配式是明确暖通空调专项内容。

热能动力专业包括设计施工及运行控制说明、锅炉房图、其他动力站房图、室内管道图、室外管网图、设备及主要材料表。

总包作为施工图设计流程中的核心枢纽，需主持各专业合约界面划分，要求各专业分包单位参与配合。

（2）施工图设计深度及标准审查

为保证施工图设计文件的质量和完整性，使施工图的设计深度及标准满足法定和业主 /运营方的运营功能要求（包括可靠性、可用性、可维护性和安全目标）以及耐久性和其他要求而建立的设计标准和通用 / 材料 / 工艺规范，满足法定及现场施工要求深度，总包负责对施工图设计深度及标准进行审查。

在施工图绘制过程中及绘制完成后（可根据设计合同或商议决定），设计院应将图纸发送总包部，然后由总包设计部对所接收的图纸进行设计深度审查。

施工图设计文件的设计深度，除应满足《建设工程质量管理条例》（国务院第 279 号令）推行的《建筑工程设计文件编制深度规定》外，尚应满足材料、设备采购、非标准设备制作和施工的需要。

（3）施工图技术性审查

为确保建筑工程设计文件的质量符合国家的法律、法规和强制性技术标准和规范，确保工程设计质量以及国家财产和人民生命财产的安全，总包设计部根据规范条文、政府相关部门颁发的关于本行业勘察设计的批准文件、初步设计专家评审意见或超限审查专家意见、当地政府相关部门下发对于本建筑工程的意见或要求等依据对施工图进行技术性审查。

审查内容：

①是否违反相关专业基本原理；

②是否违反相关规范条文、国家法律法规、地方政府出台的地方法规及地方标准等规定；

③是否使用属于淘汰或禁止使用的建筑材料。使用限制使用的建筑材料时，是否符合相应的限制条件；

④相关规范等未明确规定但容易造成群众投诉等社会问题的技术问题，作为技术性审查的内容；

⑤相关规范等未明确规定但是关系到重大公共利益和生命安全隐患的普通条文，作为技术性审查的内容。

（4）施工图设计成果报审、报备管理

为了便于业主了解设计进展及设计质量，更好地实施设计文件的报审、报备工作，进行施工图设计成果报审、报备管理。

①根据项目总体控制计划，组织编制施工图确认文件报审、报备计划。

②书面文件确认与业主协商一致的报审批次（一般按专业、单体分段、分层或分区域划分）。

③督促设计院严格执行施工图报审、报备计划，及时向总包提供施工图确认文件。

④建立、更新深化设计报审、报备台账，定期与业主核对并签署确认记录。

（5）深化设计阶段管理

根据输入图纸和合约要求中明确的需深化的内容，对深化范围进行确认（图 6-30）。

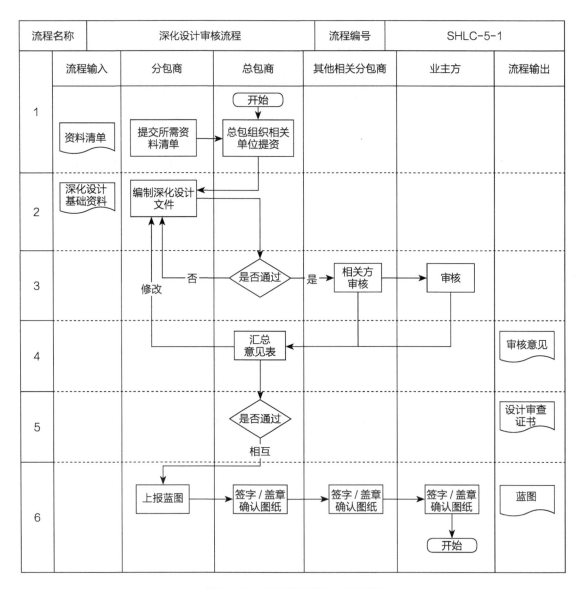

流程名称		深化设计审核流程			流程编号	SHLC-5-1	
	流程输入	分包商	总包商	其他相关分包商	业主方		流程输出
1	资料清单	提交所需资料清单	开始 总包组织相关单位提资				
2	深化设计基础资料	编制深化设计文件					
3		修改	否 是否通过 是	相关方审核 → 审核			
4			汇总意见表				审核意见
5			是否通过 相互				设计审查证书
6		上报蓝图	签字/盖章确认图纸	签字/盖章确认图纸	签字/盖章确认图纸 开始		蓝图

图 6-30 深化设计图审查流程图

①深化深度及标准审查

A. 名称：审查各个图纸的名称是否正确、图号是否与目录对应、图内的分图名称是否正确、部品部件的名称是否符合规范要求。

B. 封面：应包含项目名称、标段名称、分包单位名称/深化设计单位名称、设计阶段名称、绘制时间、相关人员签字、盖章等。

C. 图纸目录：需有一个完整的图纸目录，且应与所有图纸一一对应（包括：图名、编号、图幅、比例及其他相关信息）。

D. 深化设计说明（包含但不局限于）：深化设计总说明，构造做法说明，材料品质与规格选用要求，对深化节点的要求，标准、规范、图集、政策、地方法规依据，深化设计要求及技术参数表，对加工工艺、施工工艺的要求，验收标准及依据，成品保护措施。

E．材料表：选用主材料表，应包含材料的名称、使用位置、型号 / 规格、数量 / 工程量、详细说明、备注等；辅材材料表，参见主材表内容项。

F．产品表：如灯具表，包括灯具的名称、使用位置、型号 / 规格、数量 / 工程量、详细外观及技术参数的说明、备注等；五金表，包括五金的名称、使用位置、型号 / 规格、数量 / 工程量、详细外观及技术参数的说明、备注等；部品部件表（如洁具表、厨具表），应包含部品的名称、使用位置、型号 / 规格、数量 / 工程量、详细外观及技术参数的说明、备注等。

G．索引表：核对 / 抽查索引的正确性、索引所包含的工程范围是否全面（是否有漏掉的索引）。

H．系统图 / 效果图 / 三维图：检查图纸的正确性、可视性；对图中的标注进行核对，查看是否是正确的标注内容。

I．索引图 / 总平面图 / 平面示意图 / 区域示意图等，检查是否满足标段的范围，检查图内信息的正确性，检查图纸表述的合规性，如：是否满足国家的制图标准，是否采用的是规范内的名词而不是当地的方言或当地的常规叫法等。

J．平立剖面图 / 断面图：检查是否满足标段的范围，检查图内信息的正确性，检查图纸表述的合规性。

K．深化详图 / 节点图：检查图中所有材料是否已经明确。看看是否有材料没有说明，检查图中节点的合理性、功能性、表观性等性能要求，检查图中节点与周边接触的部件 / 位置的合理性、稳定性 / 牢固性、可实施性及实施的难易程度的判断。

L．计算书：检查计算结果是否满足规范要求、满足招标要求。

②技术性审查

A．设计依据的审查：检查是否按照原有设计图纸中所依据的相关规范、深化设计中所涉及的规范是否符合当地要求；

B．设计参数的审查：检查是否满足原设计的相关数据及新增的设计数据是否满足相关规范的要求；

C．设计内容的审查：主要检查深化设计内容，关注边边角角的问题，如材料的相容性、节点的合理性、力学传递关系（材料的受力特性）、材料的耐候性、材料与材料之间的连接、材料与材料之间的附着、材料与材料之间热膨胀系数的不同所造成的相对位移、各个系统 / 体系的独立于相关性等。

D．其他要点：图纸各部尺寸、标高是否统一、准确，设计说明是否与图纸一致，各专业图纸之间是否有冲突。

③深化设计图报审管理

A．根据项目总体控制计划，组织编制深化设计报审计划（如年度、季度、月度）。

B．督促分包商在进场两周内报送深化设计所需资料清单并审核；按清单时间要求，督促业主、其他相关分包商提供资料，总包收集、汇总后按时回复分包商，并做好书面记录。

C. 督促分包商在进场一个月内报送深化设计文件清单并审核。

D. 书面文件确认与业主协商一致的报审批次（一般按专业、单体分段、分层或分区域划分）。

E. 督促分包商严格执行深化设计报审计划。

F. 审核分包商初次提交的深化设计报审文件时，以格式及内容的完整性为主，拒绝接收不符合要求的报审文件；对连续三次报审不合格者发书面通告。

G. 组织相关部门、分包商审核深化设计文件，必要时组织会议评审（主要审核所用材料/设备是否符合合约要求、分包商的工作范围、与施工技术措施之间的关系；分包商主要审核与各自合约范围内的接口与提资是否一致）。相关部门负责汇总、整理评审意见，回复分包商并督促其及时修改、再次报审。

H. 深化设计文件如需送外审，一般在业主审核通过后送出。

I. 建立、更新深化设计图报审报备记录台账，定期与业主、分包商核对并签署确认记录。

J. 深化设计文件经各方审核通过，分包商报送蓝图，业主、总包书面确认。

5. 深化设计管理

1）深化设计内容

医院工程涵盖专业种类、新工艺、新材料繁多，施工工序复杂，深化设计工作是一项系统、复杂的工程（图6-31）。

深化设计管理工作是医院工程项目管理工作重要的一环，也是对医院使用流程、医疗功能、日常维修保养等项功能进行有效、彻底落实的主动控制过程的最后一关。医院工程深化设计流程与常规工程深化设计流程存在着不同之处。

医院工程管理人员需了解使用科室、医护人员及患者的需求，传达给设计单位，必要时，设计人员可同时参与科室需求的讨论会。设计图纸完成后，由相关科室进行审核，包括房屋面积、功能要求、设备摆放等，如医院经常会有大功率设备，因此在设计时，就要考虑到动力电源等问题。

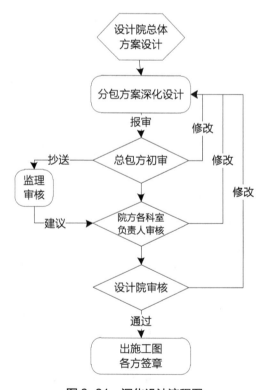

图6-31 深化设计流程图

医院工程深化设计内容除常规工程包含的精装修、幕墙、室外工程等内容外还包含了大量的医疗设备房深化设计、专业科室深化设计、医疗系统专项深化设计等内容。具体见表6-24。

医院工程深化设计内容　　　　表 6-24

序号	深化设计内容	深化设计单位	审批单位
常规深化设计内容			
1	钢结构深化设计	钢结构施工单位	原建筑设计单位
2	精装修深化设计（常规区域）	二次装修设计院	原建筑设计单位、消防审查机构、医院各科室
3	幕墙深化设计	幕墙施工单位	原建筑设计单位、消防审查机构
4	园林绿化深化设计	园林施工单位	原建筑设计单位
5	标识标牌深化设计	标示标牌施工单位	原建筑设计单位
6	泛光照明系统深化设计	泛光照明施工单位	原建筑设计单位
7	电梯深化设计（含电梯功能分类）	电梯施工单位	原建筑设计单位、医院设备科
8	锅炉房深化设计	锅炉设备厂家	原建筑设计单位
9	柴油发电机房深化设计	柴油发电机厂家	原建筑设计单位
10	变配电系统深化设计	变配电施工单位	原建筑设计单位、电力局
医疗专项深化设计内容			
1	智能弱电系统深化设计	智能弱电施工单位	原建筑设计单位
2	污水处理系统深化设计	污水处理系统施工单位	原建筑设计单位
3	医用气体深化设计	医用气体施工单位	原建筑设计单位
4	液氧站深化设计	医用气体施工单位	原建筑设计单位、消防审查机构
5	洁净工程深化设计	洁净系统施工单位	原建筑设计单位、省疾控中心
6	厨房系统深化设计	厨房施工单位	原建筑设计单位、消防审查机构
7	燃气系统深化设计	燃气系统施工单位	原建筑设计单位
8	检验科深化设计	检验科施工单位	原建筑设计单位
9	口腔科深化设计	设备厂家	原建筑设计单位
10	静脉配液中心深化设计	静脉配液施工单位	原建筑设计单位
11	辐射防护全套深化设计（墙体、楼板防护处理，防护门、防护窗）	辐射防护施工单位	原建筑设计单位、省疾控中心
12	计算机网络机房深化设计	计算机房施工单位	原建筑设计单位
13	CT、DR、MRI、DSA、PET 等医疗设备房深化设计	各设备厂家、二次装修设计院	原建筑设计单位
14	物流传输系统深化设计	物流传输系统厂家	原建筑设计单位
15	UPS 电源系统深化设计	UPS 电源厂家	原建筑设计单位
16	直线加速器室深化设计	直线加速器厂家	原建筑设计单位、省疾控中心

续表

序号	深化设计内容	深化设计单位	审批单位
	其他深化设计内容		
1	综合管线排布深化设计	总承包单位	原建筑设计单位
2	精装修排版深化设计（结合机电安装各系统）	总承包单位	原建筑设计单位

2）深化设计接口管理

由于医院涉及的专业分包多，各专业间深化设计、施工工序、协调管理均存在较多交叉点（接口），总承包管理过程中可采取"三位一体接口管理模式"，即：

（1）总承包单位授权主责分包，由主责分包负责统筹深化设计及施工，其他分包需参与到深化设计中，根据本专业需求对深化图提出完善意见，以形成最终深化设计图，其他专业图纸需根据此深化图进行调整。主责分包将编制完成的深化图和施工方案报总承包单位审核，施工方案需明确各专业需提供的工作面要求。

（2）总承包单位将主责分包报送的深化图和施工方案审核完成后下发给其他分包，要求其他分包做好配合工作。

（3）主责分包在施工过程中占主导地位，需统筹好各专业插入施工时间、工作面交接要求等，其他分包需按照主责分包的要求协调好本专业施工，避免打乱仗。

例如：

口腔科接口管理首先由总包划分单元范围，再交由各专业编制接口表、接口图，编制完成后提交总包方，总包方组织各专业进行评审，评审完成后将接口表、接口图下发各专业（表6-25、表6-26）。同时总包方需根据接口表、接口图编制各专业间的工序接口表，以协调现场施工。

3）BIM技术应用

医院工程是典型的复杂工程，其具有专业多、系统多、特殊功能房多等鲜明特点，因此，医院工程涉及各专业深化设计内容较多。结合现代建造技术发展需求，在深化设计过程中应积极采用BIM技术，为深化设计创造便利性、准确性、全面性。

口腔科接口管理工作流程表举例　　　　　　表6-25

序号	接口	责任方（需求方）	总包职责
1	划分口腔科单元	总包方	编制
2	编制接口表	土建、安装、精装、医用气体、使用单位	组织评审
3	绘制接口图	土建、安装、精装、医用气体、使用单位	组织评审
4	编制工序接口表	总包方	组织评审

接口表、接口图编制责任方

表 6-26

序号	接口表类型	接口图类型	责任方（需求方）
1	土建专业顶、立、地面空间接口表	土建专业顶、立、地面空间接口图	土建单位
2	精装顶、立、地面空间接口表	精装顶、立、地面空间接口图	精装单位
3	机电综合布管接口表	机电综合布管接口图	机电安装单位
4	医用气体接口表	医用气体接口图	医用气体单位
5	功能接口表	功能接口图	使用单位

（1）土建深化设计

①图纸完善，查漏补缺

通过 BIM 建模，便于进行图纸审查，及时发现构件尺寸不清、标高错误、详图与平面图不对应等图纸问题，特别是结构复杂部位。

图纸会审时，以模型作为沟通的平台，更好地与业主、设计、监理单位进行图纸问题沟通，直观快捷地确定优化方案。

②施工模拟

通过将 BIM 与施工进度计划相链接，将空间信息与时间信息整合在一个可视的 4D（3D+Time）模型中，可以直观、精确地反映整个建筑的施工过程。4D 施工模拟技术可以在项目建造过程中合理制订施工计划、精确掌握施工进度，优化使用施工资源以及科学地进行场地布置，对整个工程的施工进度、资源和质量进行统一管理和控制，达到缩短工期、降低成本、提高质量的目标。

BIM 工作可以通过施工前的虚拟建造，将传统施工过程的各专业协调的问题提前暴露出来，通过优化得到解决方案，从而减少施工过程中项目管理人员的协调工作量，使得项目的实施更加顺畅。其结果是通过精细化管理，有效地缩短工程实施的时间，降低管理成本。

通过 Project 和 Navisworks 建立的 4D 进度模型，对医院病房大楼从地下室到标准层施工进度进行模拟，直观地看到病房大楼的施工过程（图 6-32）。施工模拟过程以动画的形式展示，通过模拟，施工管理人员可以直观地把握施工的过程，并可以据此制订合理的施工进度安排，能更好地控制关键的施工工序。通过对施工过程的提前预演，可以有效把握施工中关键工序的节点并降低风险的发生。

③资源计划编制

传统的资源管理人员在编制资源计划依靠的往往是自身经验，资源管理人员先根据二维施工图纸及进度计划得出日计划完成工程量，再根据以往的实际工程经验进行人工、材料、机械使用量分配，该传统分配方法简单粗放，缺乏专业性与科学依据，这样临时安排出来的资源分配计划往往与实际施工中人工、材料、机械使用量有较大差异，从而因资源不足而造成工期拖延或因资源过足而造成资源囤积，占用额外场地面积。

运用 BIM 技术可以实现施工过程资源实时动态管理，包括资源计划使用量分配管理以及日、周、月及任意时间段人工、材料、机械使用量动态查询及分析（图 6-33）。资源计划使用量分配管理系统可以自动统计出任意施工段或 WBS 节点的日、周、月资源计划使用量，以合理安排施工人员分配、工程材料采购、大型机械进场等工作；还可根据工程资源计划使用总量，合理控制日资源计划使用量，实现限额领料模式管理。资源使用情况动态查询

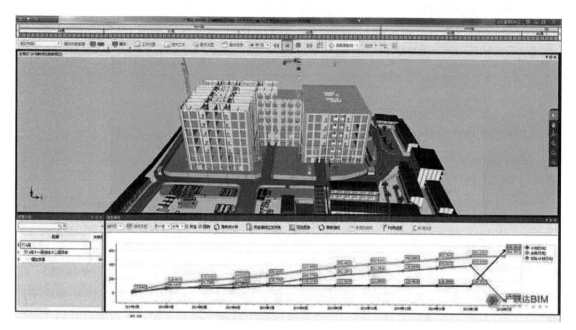

图 6-32　某医院工程土建施工模拟

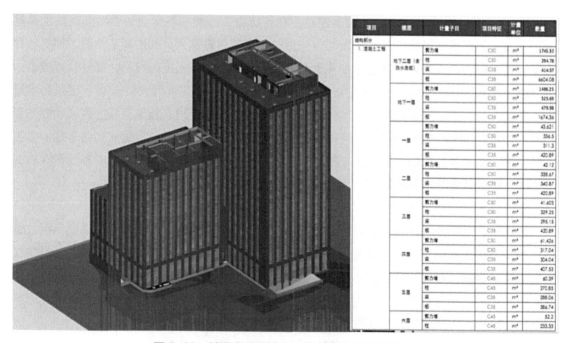

图 6-33　某医院项目基于 BIM 模型的工程量统计

系统可实时掌握资源计划使用量与实际使用量的差异，若某施工资源的实际使用量超过计划使用量，则说明该资源已超出预算范围，资源管理人员应及时查找原因加以控制，以免这种现象持续恶化。

（2）机电安装深化设计

①机电模型创建

A．机电初始模型由设计方创建并提供。

B．设计方创建完机电初始模型之后交由业主方审核，审核通过后交施工方进行下一步施工模型深化。

C．如果模型未审核通过则根据业主方提出的要求，设计方继续补充完善设计初始模型，再次提交业主方审核。

②模型审查及模型补充（图 6-34）

图 6-34　机电安装管线综合排布效果

A．在模型审查过程中对图纸问题进行整理记录，以问题报告的形式提交设计方进行图纸审核，根据设计方回复进行模型修改及完善。

B．保证模型的正确性（图模一致）。

C．保证机电各系统的正确性。

D．施工模型中应包含所有施工信息（管线标高、管线材质、管线连接方式、设备参数信息等）。

E．施工模型应保证所有构件的完整性，包括各类阀门、附件以及机械设备（机电设备未招标之前设备大小及开口方向无法确定，暂时以设计图纸为准）。

③机电深化原则

A. 管线综合排布原则（表6-27）。

表 6-27

管线综合布置原则

序号	原则	具体内容
1	满足深化设计施工规范	机电管线综合不能违背各专业设计原意，保证各系统的正常使用功能
2	合理利用空间	机电管线的布置应该在满足使用功能、路由合理、方便施工的原则下尽可能优化净空高度
3	满足施工和维修空间需求	充分考虑后期系统调试、检测和维修的需求以及阀门附件的安装空间，管线支吊架布置和保温等因素
4	满足装饰需求	有顶棚的区域排布合理满足装饰顶棚的标高需求，无顶棚区域排布合理、美观
5	保证结构安全	管线需要穿一次结构的需要和设计师进行沟通确认保证结构安全

B. 管线综合补充原则

a. 在管线综合前，BIM 工程师需要熟悉建筑、结构、机电各专业图纸，特别要注意有结构变标高的区域，考虑建筑图上的功能布局，建模过程中如出现建筑结构模型异常的问题，要核对设计图纸与模型的一致性，在管线综合过程中，多看设计图纸，不能改变设计原意。

b. 走道内的管线综合排布，结合顶棚标高以及顶棚做法，保证综合排布完成之后的标高要求，在排布过程中充分考虑预留的施工空间和检修空间，支吊架施工需要的距离要求（管线上下间距、距离墙体的距离），线管从桥架接出的空间等。

c. 管线保温以及隔热，管线排布过程中充分考虑管线保温和隔热（建议模型创建的时候创建保温隔热层），预留保温层空间。

d. 重力管道，由于重力管道靠重力排水，因此在排布过程中充分考虑管道坡度造成的高低差（坡度管建议不绘制坡度），以及不能进行上翻。

④机电深化应用目标

A. 第一阶段。第一阶段机电深化主要是机电大管线（不包含 $DN \leqslant 50mm$）。

a. 结合建筑顶棚标高，机电管线排布完成满足顶棚标高要求，对于不满足区域进行记录并提出优化方案。

b. 通过地下室的 BIM 模型复核所有人防区域密闭套管的预留预埋。

c. 通过机电模型和土建模型整合，确定并复核所有出户管道预留预埋以及穿楼板洞口的预留预埋（一次结构预留洞口）。

d. 通过机电模型和土建模型的整合，确定并复核所有预留洞口的位置（二次结构留洞），输出相应的留洞图。

B. 第二阶段。第二阶段机电深化包含所有机电末端以及设备机房。

a. 精装方案确定之后配合精装进行机电末端深化。

b. 机房深化模型（空调机房、消防水泵房、生活水泵房等）中包含所有设备基础、设备、阀门附件，机房深化过程中由我方提供设备尺寸及设备开口方向，并输出设备基础定位图。

c. 机电设备招标后根据设备具体尺寸及开口方向进行设备替换。

⑤机电深化设计交付成果（表6-28）。

机电深化设计交付成果 表6-28

交付成果	说明
各专业机电管线定位图	通过机电深化模型输出各专业（通风、电气、给水排水）管线定位图
机电综合图	通过机电深化模型输出全专业综合叠加图
剖面图	通过机电深化模型输出走道以及复杂区域剖面图
一次结构留洞图	通过机电深化模型输出人防区域以及一次结构的预留预埋图纸
二次结构留洞图	通过机电深化模型输出二次结构留洞图（穿管线洞口、暗装消火栓洞口、电气设备预留洞等）
管井深化图	通过机电深化模型输出管道密集的管井深化定位图以及管井三维透视图
机房深化图	待机电设备招采确定参数后通过机房模型深化输出机房排布图以及三维透视图
三维透视图	对于复杂区域输出三位透视图配合平面图，更清楚说明管线排布情况

（3）钢结构深化设计

①钢结构模型创建

钢结构模型创建应按下列技术文件进行模型的创建和更新：

A. 甲方提供的最终版的设计施工图及相关设计变更文件。

B. 钢结构材料采购、加工制造及预拼装、现场安装和运输等工艺要求。

C. 其他专业相关配合技术要求。

D. 国家、地方现行相关规范、标准、图集等。

说明：钢结构由专业的钢结构厂家进行深化设计并输出相关图纸等资料指导现场钢结构施工。

②钢结构深化应用目标

A. 钢结构深化出图。

深化设计的节点构造、放样设计、工艺设计、加工、运输、吊装的分段均应在施工详图中得以体现，施工详图是指导工厂加工及现场安装的有效文件。施工详图包括详图设计说明、埋件平面布置图、构件平面布置图、构件立面布置图、构件图、零件图、构件清单、零件清单、螺栓清单等。

B. 模拟预拼装：

a. 将各专业的BIM模型进行整合；

b. 所有信息形成一个完整的三维模型；

c. 不脱离实际施工情况；

d. 通过 BIM 相关软件进行钢结构模拟预拼装保证现场安装不会出现偏差。

③钢结构深化设计交付成果（表 6-29）。

钢结构深化设计交付成果

表 6-29

交付内容	说明
深化设计说明	包括：原结构施工图中的技术要求，设计依据，材料说明，焊缝等级及焊接质量检查要求，高强螺栓摩擦面技术要求，制造、安装工艺技术要求及验收标准，涂装技术要求，构件编号说明，构件视图说明，图例和符号说明
图纸封面和目录	内容包括：工程名称，本册图纸的主要内容，图纸的批次编号，设计单位和制图时间，图纸目录，版本编号等
深化设计模型	零构件三维模型
布置图	完整表达构件安装位置的详细信息
构件图	完整表达单根构件加工的详细信息
零件图	完整表达单个零件加工的详细信息
清单	根据已建好的深化设计模型导出详细清单

（4）幕墙深化设计

①幕墙模型创建

A. 墙初始模型由设计方创建并提供。

B. 设计方创建完幕墙初始模型之后交由业主方审核，审核通过后交施工方进行下一步施工模型深化。

C. 如果模型未审核通过则根据业主方提出的要求，设计方继续补充完善设计初始模型，再次提交业主方审核。

②模型审查及模型补充

A. 在模型审查过程中对图纸问题进行整理记录，以问题报告的形式提交设计方进行图纸审核，根据设计方回复进行模型修改及完善。

B. 对于设计初始模型中可能错误的地方进行仔细核对，如若模型和图纸有偏差及时修改模型并进行记录。

C. 保证模型和图纸的一致性。

D. 幕墙施工模型深化时整合各专业 BIM 模型避免专业间碰撞。

E. 幕墙施工模型深化可以选择多软件（Revit、犀牛、Inventor）。

F. 幕墙施工模型中应包含预埋件、龙骨、石材幕墙和玻璃幕墙以及幕墙连接节点，保证施工模型的完整性，包含施工信息。

③幕墙深化应用目标

A. 通过幕墙模型的创建整合全专业模型进行模型检查，看是否有幕墙和其他专业碰撞打架的问题。

B．如有碰撞问题及时修改模型。

C．由专业分包进行幕墙深化，优化幕墙龙骨以及预埋件位置指导配合现场进行预埋件及龙骨施工。

D．专业分包通过深化模型进行幕墙专业出图，配合幕墙专业厂家进行图纸校核加工生产。

E．输出幕墙专业施工图指导现场施工。

F．通过深化模型进行材料用量的统计，为现场提量报量提供参考依据。

G．为商务算量提供数据支持以及量的复核。

（5）装饰深化设计

①装饰模型创建

A．装饰初始模型由设计方创建并提供。

B．设计方创建完装饰初始模型之后交由业主方审核，审核通过后交施工方进行下一步施工模型深化。

C．如果模型未审核通过则根据业主方提出的要求，设计方继续补充完善设计初始模型，再次提交业主方审核。

②模型审查及模型补充

A．在模型审查过程中对图纸问题进行整理记录，以问题报告的形式提交设计方进行图纸审核，根据设计方回复进行模型修改及完善。

B．对于设计初始模型中可能错误的地方进行仔细核对，如若模型和图纸有偏差及时修改模型并进行记录。

C．施工模型深化时选择 Revit 软件，为了提高模型创建效率可以选择装饰专业插件（鸿业、品茗等）。

D．为了更好地配合机电管线排布装饰模型中应包含顶棚龙骨以及转换层模型。

E．装饰施工模型包括墙面铺装、地面铺装、顶棚以及抹灰等。

F．装饰施工模型中应包含所有末端点位（综合布线、安防、消防末端等）。

③装饰深化应用目标

A．结合机电专业末端（喷头、风口、灯具）优化排布顶棚、墙面铺装、地面铺装。

B．结合全专业模型对于一些特殊外露机电管线进行装饰做法隐藏，使其达到美观的效果。

C．结合全专业模型进行装饰做法优化（顶棚做法结合末端进行优化）。

D．优化机电管线以及装饰专业标高问题（辅助机电专业进行净高分析）。

E．通过装饰深化模型输出材料用量表。

F．结合现场施工进度随时提取材料用量，为现场报量提供参考依据。

G．输出装饰深化图纸知道现场施工。

6.5.3 设计变更管理

基于医院工程的复杂性及使用方（医务工作者及患者）对功能等要求的特殊性，医院工程变更较常规工程要多得多，因此设计变更管理工作变得尤为重要。

1. 设计变更管理流程及原则

（1）医院工程具有使用功能至上的特殊性，而这些使用功能要求设计院、总承包单位、监理并不了解。因此，医院类工程在设计过程中应与医院各科室保持良好沟通，及时将各科室使用功能需求在设计图纸中予以反映，以避免在工程建设过程中产生大量拆改。然而，医院各科室由于对建筑专业了解不足，在设计过程中沟通不畅，设计图无法尽善尽美，在工程建设过程中科室难免会提出变更，科室变更多是医院类工程一个重要特点。针对此类科室变更，需建立一套完善的设计变更管理流程（图6-35）。

（2）工程变更通知单按照程序审批后，由档案室统一归口管理，下发相关施工单位、设计单位、监理单位和公司相关部门，并形成设计变更管理台账。

（3）总包单位在接到有关变更通知后，应立即停止原设计的施工，然后按变更进行施工。

（4）设计变更执行完毕后，应由总包单位申报《设计变更执行情况反馈单》，经由监理单位、设计单位、建设单位审核确认后，该变更方能销项（表6-30）。

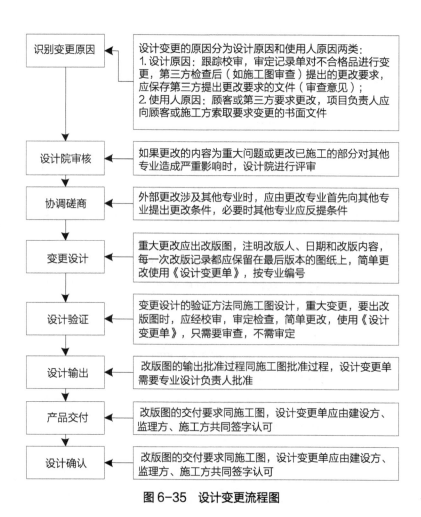

图6-35 设计变更流程图

设计变更执行情况反馈单（样表） 　　　　　　　　表 6-30

工程名称：			
设计变更编号		设计变更时间	
设计变更主题			

设计变更主要内容：

设计变更现场执行情况：

总工程师签字：　　　　　　　　　　　　　　　　　日期：

监理单位	设计单位	建设单位
技术负责人签字：	技术负责人签字：	技术负责人签字：
日期：	日期：	日期：

（5）工程所有设计变更的《设计变更执行情况反馈单》应汇总成台账，便于盘查，避免遗漏。

2. 科室意见管理

医院方各科室及运维管理部门在常年使用过程中总结出一系列经验教训，总包方应积极寻求与其对接，了解医院在使用过程中遇到的问题，将此类问题在规划设计过程中即予以避免，对一些好的建议及时纳入设计中，使设计更加优质（图 6-36）。

（1）总包方应积极寻求与医院方各科室及运维管理部门对接，邀请其在工程建设规划阶段参与工程图纸会审，提出设计改进意见，同时，在工程实施阶段邀请其亲临现场，根据现场建设实体情况，提出改进意见。

（2）科室意见的提出应强调及时性、超前性，尽可能减少返工拆改量，降低各方损失。

（3）科室意见由医院方提出，由设计单位或施工单位负责整理成正式文件，再由各方审核后签发（表 6-31）。

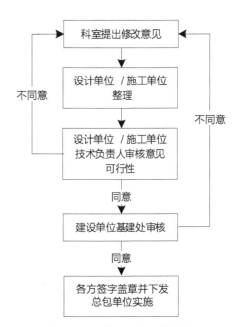

图 6-36　科室意见审核流程

科室修改意见变更单（样表） 表 6-31

工程名称：			编号：	
提出科室		修改区域		
变更主题		变更时间		

变更内容：

设计单位／施工单位回复意见及处理方案：

建设单位	设计单位	施工单位
技术负责人签字：	技术负责人签字：	技术负责人签字：
日期：	日期：	日期：

6.5.4 设计风险管控

设计是项目风险识别和降低过程的重要组成部分，设计风险管控是项目风险的初始阶段，需要严加管控风险。风险主要分为安全与可建造性风险、进度风险、质量风险、法律法规及标准风险、分包商设计能力风险等方面。在风险管控中要采取风险识别、风险防控的相应管理办法或者手段来规避设计风险。

1. 安全与可建造性风险管理

建立《安全与可建造性风险》数据库，要求设计分包在设计过程中充分依据数据库进行风险规避设计；设计部组织相关部门对设计成果进行安全与可建造性风险评估及审查，避免因设计风险而造成相应的建造风险、工期风险和资金风险。

管理内容：

（1）根据《安全与可建造性风险》数据库，召开项目启动会识别施工安全风险与可建造性风险，建立风险登记簿。

（2）在各阶段均需组织设计文件的安全与可建造性风险评审。

（3）组织制订安全与可建造性风险防控方案。

（4）对于自身专业知识不足的相关工作可采用聘请相关顾问的形式开展。

2. 设计进度风险控制

进度风险控制是根据项目施工、招采等进度进行控制，是设计风险主要风险之一，根据设计进度计划，加强对设计的进度风险控制，为现场的施工组织、招采、报批报建等工作提供保障。设计进度风险控制管理重点是风险识别，尽早识别风险，不能等风险发生后再进行纠偏。

管理内容：

（1）根据项目进度管理计划，编制合理、切实可行的计划。

（2）每周对设计计划进行对比，提前识别是否存在计划偏离。分析偏离原因（如主观重视程度不够、投入人员不足、资金短缺等因素）。

（3）按照设计计划管理办法进行纠偏、考核等。

3. 设计质量风险管控

设计质量管控需要提前进行对设计分包进行考察，主要从其过往业绩、案例、设计标准等方面进行考察，是否有能力来承担相应的设计任务，能否按照要求完成既定任务，同时对设计分包制定严格的设计标准，实施过程中要按照标准来进行，当发现设计分包无法满足要求时，需及时进行预警，采取相应的措施来保证关键线路的完成节点。

管理内容：

（1）分包招标前需对相关的分包进行实地考察，重点是根据各方了解的信息，对其做出综合客观的评价。

（2）对其人员构成提出明确要求，相关项目经验丰富，相关资质满足要求。

（3）过程中对阶段性成果进行评审，设计成果质量是否能满足要求，不能满足要求需提前做出预警并采取相应的措施。

4. 法律法规、标准风险管控

法律法规的风险管控主要重点是在于从投标阶段到设计、建造阶段的过程中，因国家或地方的法律法规更新等，造成设计过程中的更改或变更，设计节点保证在新的法律法规更新实施前完成，如因其他原因无法保证设计节点或无法避免的变更修改，积极与相关单位提前沟通，将修改量减小到最少。

管理内容：

（1）投标阶段与相关方约定相关的风险源及风险内容的应对方案。

（2）充分熟悉当地的法律法规，按照地方规章制度进行设计建造。

（3）充分发挥当地职能部门的相关作用，尽可能避免损失。

5. 分包商设计能力风险

项目组织设计院、顾问单位和各分包单位建立《安全与可建造性风险》数据库，要求设计分包在设计过程中充分依据《安全与可建造性风险》数据库进行风险规避设计；组织相关部门分阶段对设计成果进行安全与可建造性风险评估及审查，避免因设计风险而造成相应的建造风险、工期风险和资金风险。主要包括三项管理活动：

（1）建立《安全与可建造性风险》数据库。

（2）对设计成果审查。

（3）对设计分包设计资质以及能力的考核。

实施内容：

（1）召开项目启动会识别施工安全风险与可建造性风险，建立风险登记簿。

（2）在各阶段均需组织设计文件的安全与可建造性风险评审。

（3）对于设计质量进行风险控制。

（4）设计文件是否满足法律法规、标准的要求需进行风险控制。

（5）对于设计分包商的设计资质及能力进行评判。

6.6 总承包建造管理

6.6.1 建造阶段策划管理

1. 公共资源配置策划

1）公共资源管理流程

（1）在项目规划阶段，由项目建造部结合合同条件、现场环境等情况，会同业主、项目班子及各部门的意见后编制《公共资源策略建议书》，经项目班子批准后执行。

（2）分包商在进场后5d内向项目建造部提交分包商资源协调员信息。

（3）由项目建造部组织向各专业分包进行《公共资源策略建议书》的交底，并要求各分包商在20d内提交《公共资源管理分项实施计划》。

（4）项目建造部统筹各个分包的实施计划书，编制总承包项目《公共资源管理分项实施计划》供分包商资源协调员执行，并在过程中根据实际情况进行动态调整。

（5）项目建造部及安全部负责公共资源的布置与维护，各分包商资源协调员按项目部要求参与。

（6）项目建造部在项目启动实施阶段对项目的整体场地进行规划与布置，并针对不同的施工阶段组织编制不同的布置方案。

2）公共资源的分配管理制度

（1）垂直运输设备管理制度

①总承包项目建造部负责组织相关部门进行垂直运输设备的整体规划和部署，并对各分包商进行交底。

②总承包项目建造部统一协调及管理垂直运输设备的使用。

③总承包项目建造部督促分包在进场15d内提交垂直运输设备使用计划，由项目建造部组织召开分包垂直运输设备使用计划评估会，并建立垂直运输设备使用计划台账。

④总承包项目建造部负责统一协调垂直运输设备的使用时间，要求分包商至少提前1d提交垂直运输设备使用申请表，项目建造部收到分包申请后负责审批并在微信工作平台或项目通报栏及时公布垂直运输设备使用时间分配情况表。

⑤总承包项目建造部结合各专业分包商资源协调员及末位体系周计划进行资源平衡，协调解决分包间因垂直运输设备引起的突发情况。

⑥总承包项目建造部督促分包商资源协调员配合进行垂直运输设备日常使用管理工作，监督分包商对垂直运输设备的安全、规范使用情况，及时处理存在的违规使用问题。

⑦总承包项目建造部负责调查、分析垂直运输设备有效使用情况并告知相关方，根据施工过程情况动态调整调配方案。

（2）平面管理制度

①总承包项目技术部、建造部组织总平面布置图的统筹规划、布置，并对分包商进行交底。

②总承包项目建造部统一调度场地内的道路及临时场地，分包商至少提前1d提出临时场地使用申请，由建造部进行审批。

③总承包项目建造部统筹安排场区内的固定场地，分包商至少提前20d提出固定场地使用申请，由建造总监进行审批，项目建造部形成场地使用台账。

④项目建造部及安全部负责监督分包商场地的使用情况，并对违规现象进行处理，形成巡查记录表并及时进行通报。

⑤各分包商负责其使用的固定场地、临时场地内公共设施、周边通道的规范化管理和维护，若有损坏由该分包商举证后交总承包商处理，如无有效举证，将由该分包商赔偿。

⑥由项目建造部统一规划垃圾堆放点，各分包商资源协调员需按总包规定倒置垃圾。

⑦项目建造部、安全部负责检查各分包商不得在规定场地外私自搭设库房、堆放材料设备等，坚决杜绝占用场内道路的情况。

⑧分包方在施工过程中需要开挖临时道路、断水断电等情况时，应至少提前3d向项目建造部申请，待项目建造部统一协调后才可施工。

⑨项目建造部负责组织每月至少1次对总平面的检查，要求项目部相关部门及各分包商参加。

（3）临建设施管理制度

①由项目技术部负责临建设施的总体规划并建立使用分配方案，向各分包商交底。

②需总承包提供临建设施的，由各分包商在进场前15d提交申请表，总承包项目收到申请后由项目建造部、综合管理部等负责审批，项目综合管理部建立申请使用台账。

③项目综合管理部负责临建区日常管理及监督，及时处理违规情况。

④各分包商退场后，由综合管理部负责临建设施使用完毕后的验收及移交工作。

⑤项目工人生活区应保持干净整洁，项目综合管理部负责编制工人生活区卫生清洁分配方案，监督各分包按分配方案进行清洁。

⑥项目综合管理部和安全部负责牵头组织每周1次对工人生活区的检查。

（4）临水、临电管理制度

①由项目技术部负责现场临水、临电的布置方案并向各分包商交底。

②项目建造部督促分包商在进场后20d内提交用水用电需求总计划表，项目商务合约部督促分包商进场后7d内签订《临水临电管理协议》，明确计费方式。

③项目建造部统筹分配临水临电使用，由分包商根据生产情况提前7d提出使用申请，

项目建造总监进行审批，项目建造部建立使用台账，项目安全部负责对分包商配电设施及用电设备进行验收。

④项目安全部定期或不定期（至少每周1次）检查分包商临水临电使用情况，并建立检查记录表。

⑤各分包商应对各自电箱每日进行巡查并填写每日巡查记录表，项目建造部负责对项目提供的电箱进行巡查并填写每日巡查记录表，由项目安全部进行检查。

⑥项目建造部负责督促各分包商专业电工的配备，要求每个进场专业至少配备1名专职电工。

⑦项目安全部负责检查各专业分包商电工的操作证，并做好记录及安全交底。

⑧分包商不得随意将消防用水用于施工，不得随意损坏临水临电设施，由项目安全部负责检查。

（5）公用操作平台管理制度

①项目技术部负责公用操作平台的整体规划和部署，并向分包商进行交底。

②项目建造部、安全部负责监督公用操作平台的使用情况，及时处理存在的违规使用问题。

③分包商需改动、拆除平台，提前7d向总承包项目建造部提出申请，经批准后实施，由项目安全部验收合格后方可使用。

（6）公用安全防护管理制度

①由项目安全部协同建造部统一公用安全防护标准，并对分包商进行交底。

②分包商变动现场安全防护前，至少提前1d向总承包安全部提出申请，实施完成后由安全部组织验收。

③项目建造部负责监督分包商作业完成后恢复公用安全防护并组织验收和移交。

④分包商负责搭设和维护自身作业面的安全防护，由项目安全部负责验收。

⑤项目建造部根据生产需要向分包商移交公用安全防护，监管分包商使用情况。

⑥各分包商不得因施工等随意损坏公用安全防护设施，不得随意拆改公用安全防护，项目安全部负责监督。

（7）测量管理制度

①由项目建造部测量工程师负责与业主办理首级平面高程测量控制点移交工作，并对控制点进行复测。

②测量工程师负责编制总体测量控制方案，建立场区一级平面和高程控制网。

③项目测量工程师负责定期对场内一级控制点进行复核。

④由项目建造部测量工程师负责建立场区主要轴线、标高控制网，并进行标识和日常维护，对分包商进行场区内控制点和控制轴线交底，并完成交接工作。

⑤项目测量工程师督促分包商建立测量设备管理台账；监督分包商定期检定测量仪器，并进行备案。

⑥项目测量工程师负责监督分包商的测量工作。

⑦项目测量工程师负责复核分包商测量结果，及时组织分包商解决测量误差，统筹形成测量成果。

（8）信息资源管理制度

①项目综合管理部负责信息资源的统筹管理，各职能部门负责本部门信息资源的把控，包括信息资源的审核、发布等。

②项目各相关部门应按公司要求及时录入集成系统、计划系统、质量安全 APP 等，并保证录入情况真实。

③项目各相关部门根据需要建立与业主、监理、分包商等单位的微信，QQ 工作平台，以便信息共享。

④及时固化需归档或移交的信息资源，并备份。

2. 总平面策划

（1）要求各分包单位开工前，编制文明施工方案，有针对性地从现场管理、环境保护、生活卫生等各方面进行阐述，着重阐明文明施工保证体系、文明施工岗位责任制。该文件经项目部审批后，作为分包单位文明施工的指导性文件。同时各分包单位在开工前应将施工部位、材料、设备及半成品的数量和需要的场地面积报总包部，总包部在对施工现场全面规划和调整后划定各分包单位场地，各分包单位必须按规划要求堆放材料设备，做到堆码整齐。

（2）现场划片分区，由各分包单位进行承包管理，总包部监督各分包单位的文明施工，哪个区域达不到文明施工要求，就由负责该片区的单位负责。承包区域做到工完场清，施工垃圾按规定的时间段运至指定的垃圾存放处，垃圾清扫、运输必须采取洒水、覆盖等措施，保证无扬尘。

（3）项目部每天组织由各分包单位安全员组成的小组进行检查，检查内容为施工工作存在的安全隐患，违规作业、不文明施工等，检查结果用书面形式交总包部及业主有关人员，并限期整改。同时不定期对办公区、生活区进行检查，争创文明生活区。

（4）在施工过程中采取一系列措施，合理安排工序，避免夜间 10 点以后施工扰民，强噪声施工机具必须采用有效措施如添加抑制器等，确保噪声达标后才能使用。现场外脚手架采用隔声布进行封闭，避免施工时噪声外溢造成噪声污染。在文明施工管理和控制中将结合施工安全进行综合管理，在施工安全中体现。

（5）施工现场危险品应集中堆放，并联系市级以上环境保护部门派专车托运出现场集中销毁。

3. 永临结合策划

自项目土方开挖至装饰装修阶段，可将原设计中相关设施、构件等按照最终成品标准优先施工完成，在施工过程中直接利用这些设施、构件等作为工具，以此节约相关措施费用，达到经济、节能、环保的目的（表 6-32）。

永临结合相关案例 表 6-32

序号	施工阶段	典型案例	效果	做法描述	案例图片	注意事项
1	桩基阶段	工程桩和塔吊基础桩永临结合	节材	利用永久性的工程桩作为塔吊基础桩，减少塔吊基础的施工浪费		塔吊桩基荷载需通过复核验算，施工方案需通过审批，工程桩需通过检测
2	桩基阶段	地下连续墙与外墙永临结合	节地	因空间有限，可利用地连墙作为外墙		适用于场地狭小，有地连墙施工的项目
3	主体结构阶段	底板与塔吊基础永临结合	节材	地下室施工阶段塔吊支腿预埋在底板中，以底板作为塔吊基础		塔吊基础设计验算需满足要求，施工方案需通过审批
4	主体结构阶段	底板回填永临结合	节材	底板施工时可合理运用破碎桩头作为回填材料进行永久性回填		破碎桩头进行回填适用于道路回填，不能用于外墙回填
5	主体结构阶段	底板与桩支撑永临结合	节材	利用桩支撑梁作为结构梁		适用于中心岛开挖工程
6	主体结构阶段	地下室底板排水永临结合	节能	底板施工时合理利用集水坑和排水沟进行集排水		集水坑和排水沟需成网络贯通；需安排人员定期清理，保持排水通畅
7	主体结构阶段	围墙栏杆永临结合	节材	与建设单位沟通，提前施工建筑围墙作为施工围挡		适用于市内小区为建筑围墙的项目和郊区对封闭性要求不高的项目

序号	施工阶段	典型案例	效果	做法描述	案例图片	注意事项
8	主体结构阶段	安全通道永临结合	节地	合理规划平面，利用地下室或楼层通道作为安全通道		适用于场地面积狭小项目
9	主体结构阶段	电梯基础永临结合	节材	电梯安装位置确定后采取结构加强处理作为电梯基础，减少结构反顶措施		与设计沟通，需通过承载力设计计算
10	主体结构阶段	室外排污永临结合	节材	永久的室外排污排水管涵可提前插入施工代替临时的排污排水管		提前与设计和建设单位沟通，并取得环境保护主管部门排污许可证
11	主体结构阶段	道路永临结合	节地	施工平面布置时，将现场所需要的临时道路与永久道路相结合，永临结合道路施工至基层，待工程进入尾声时再施工道路的面层作为正式道路		提前策划，与建设单位协商市政单位的进场时间，以满足现场的运输要求。要注意道路的保护工作，限重并且限制车型，必要时铺装钢板
12	主体结构阶段	绿化永临结合	节能	施工总平布置时，结合正式园林景观建造花园式工地与建设单位提前沟通，确定绿植的品种		注意施工过程中对绿植的培护工作
13	主体结构阶段	办公永临结合	节地	利用工程配套功能用房如沿街商铺、售楼处、配套幼儿园等功能建筑，提前施工用于现场临时办公场所，减少现场临建投入		与建设单位积极沟通，注意成品保护

序号	施工阶段	典型案例	效果	做法描述	案例图片	注意事项
14	主体结构阶段	厕所永临结合	节材	主体结构施工或装饰装修阶段，可提前施工部分卫生间作为临时厕所		提前与建设单位沟通，实施部分卫生间；需安排专人定期清理
15	主体结构阶段	化粪池永临结合	节材	临建实施前将楼栋永久性化粪池统一规划使用，代替临时化粪池，提前与建设单位沟通，进行小市政的提前施工		注意施工过程中水的三级沉淀，不能将泥沙排入市政管道；注意生活废水，安装化粪池，定期进行清理工作
16	主体结构施工	楼层排水永临结合	节水	提前与安装融合，安装地漏和排水竖管		注意成品保护，定期清理，防止堵塞
17	主体结构施工	防护栏杆永临结合	节材	楼层正式栏杆提前插入施工，利用永久性栏杆代替临时防护		加强现场工人的教育工作，避免栏杆的损坏。正式栏杆的刷油、打磨工作可以在交工前进行施工，避免过程污染造成二次施工
18	主体结构施工	室内电梯永临结合	节能	室内电梯提前插入施工，与业主沟通提前投入使用，利用室内永久电梯代替室外施工电梯		提前策划，按照工期部署，与建设单位沟通电梯单位的进场时间，以满足现场的运输需求；电梯安装后，必须验收合格方可投入使用
19	主体结构施工	消防永临结合	节材	在布置临时消火栓给水系统时，将正式消火栓系统的主干和立管与临时消防系统共用，具备条件的项目可将正式消防水箱（池）、水泵和消火栓箱与临时消防系统共用，优化工序减少措施投入		提前策划，与建设单位、监理单位提前沟通，并按设计要求施工；注意对消防管道的成品保护

续表

序号	施工阶段	典型案例	效果	做法描述	案例图片	注意事项
20	主体结构施工	烟道永临结合	节材	提前插入烟道施工，减少烟道洞口临时防护的投入		注意烟道安装后的成品保护
21	主体结构施工	虹吸雨水系统作为临时排水	节材	利用虹吸雨水系统作为施工阶段的排水措施，大大降低了因屋面排水不及时产生的各种费用		提前策划，在主体完成后，首先安排虹吸雨水单位进场施工；虹吸雨水斗安装完成后，采取成品保护措施，同时在屋面施工过程中，注意对虹吸雨水斗的成品保护
22	机电安装阶段	照明永临结合	节能	提前规划人员通行楼梯，对通行楼梯间照明系统和施工区域部分照明系统提前施工，利用正式照明作为施工过程中工程照明，减少临时照明投入与过程维护		电线品牌、规格按照设计、合同以及规范要求采购，并进行正常的报监、复检程序方可使用；电线敷设过程按照规范要求，管口处加塑料护口，避免将电线划伤
23	机电安装阶段	排水永临结合	节材	合理策划地下室积水抽排点，针对电梯集水坑、楼梯集水坑等区域，提前安装潜污泵，利用永久潜污泵代替临时水泵抽排，减少机械投入		提前启动排污泵的招标计划，在主体结构施工完成后进行安装；加强对泥浆的管理以及集水井的清理工作，避免对正式排污泵的损坏
24	机电安装阶段	地下室通风永临结合	节材	地下室正式通风系统提前安装，作为施工期临时通风除湿措施，解决地下室墙面、顶棚部位潮湿霉变等质量问题		按照正式通风图纸，提前策划安装的风机；注意风机的成品保护，专人负责维护，以免因风机长时间运行造成线路的过载
25	装饰装修阶段	视频监控系统永临结合	节材	根据现场需求，提前规划，将视频监控系统主机及部分摄像头提前投用，防止偷盗、违章作业等行为		需与建设单位提前规划，提前安装视屏监控系统；注意安排专人对系统进行维护

4. 技术科技策划

（1）重视新技术、新工艺、新材料的应用与推广，增加科技含量，提高经济效益和社会效益。做到技术上一流、管理上科学、工期上先进、质量合格，同时达到有计划、有步骤的开发和应用新技术的目的。在开工之初成立开发和应用新技术领导小组：以项目经理为组长，项目技术负责人及项目副经理为副组长，各部门负责人及专业项目经理和专业项目技术负责人参加，进行科技策划及实施。

（2）方案先行、样板领路将是医院工程一个技术管理特色。在项目建设初期，做好方案编制计划的策划，确保方案编制的及时性，为施工创造良好的技术条件。在工程具体实施中，实行方案报批审批制，强调在每个分项工程施工之前，都要编制有针对性的施工组织设计（方案），对重要施工部位和关键部位需编制专项方案。

（3）总包方除了自行完成承包范围内的方案编制工作外，还对分包单位的方案进行计划编制，并做好方案审核及监督工作（表6-33、表6-34）。

常规施工组织设计／方案编制计划　　　　　表6-33

序号	施工方案名称	编制人	编制完成时间	审批人	备注
1	施工组织设计	项目技术负责人	—	企业技术负责人	
2	临时用电施工方案	机电负责人	—	项目技术负责人	
3	临时用水及消防施工方案	机电负责人	—	项目技术负责人	
4	测量施工方案	技术员	—	项目技术负责人	
5	桩基工程施工方案	技术员	—	项目技术负责人	
6	土方开挖及基坑支护施工方案	技术员	—	项目技术负责人 企业技术负责人	超危大方案需组织论证
7	塔吊施工方案	技术员	—	项目技术负责人	
8	地下室防水施工方案	技术员	—	项目技术负责人	
9	钢筋工程施工方案	技术员	—	项目技术负责人	
10	模板工程施工方案	技术员	—	项目技术负责人 企业技术负责人	超危大方案需组织论证
11	混凝土工程施工方案	技术员	—	项目技术负责人	
12	外脚手架施工方案	技术员	—	项目技术负责人 企业技术负责人	超危大方案需组织论证
13	钢结构施工方案	分包技术负责人	—	项目技术负责人 企业技术负责人	超危大方案需组织论证
14	施工升降机施工方案	机电负责人	—	项目技术负责人	
15	砌体抹灰施工方案	技术员	—	项目技术负责人	
16	屋面工程施工方案	技术员	—	项目技术负责人	
17	精装修施工方案	技术员	—	项目技术负责人	
18	幕墙施工方案	分包技术负责人	—	项目技术负责人 企业技术负责人	超危大方案需组织论证
19	机电安装施工方案	技术员	—	项目技术负责人	

续表

序号	施工方案名称	编制人	编制完成时间	审批人	备注
20	室外管网施工方案	技术员	—	项目技术负责人	
21	室外道路工程施工方案	分包技术负责人	—	项目技术负责人	
22	园林绿化施工方案	分包技术负责人	—	项目技术负责人	
……	……	……	……	……	……

医疗专项施工方案编制计划　　　　　　表 6-34

序号	施工方案名称	编制人	编制完成时间	审批人	备注
1	洁净工程施工方案	分包技术负责人	—	项目技术负责人	
2	医用气体施工方案	分包技术负责人	—	项目技术负责人	
3	防辐射房间施工方案	分包技术负责人	—	项目技术负责人	
4	各类医疗设备房施工方案	分包技术负责人	—	项目技术负责人	
5	轨道物流系统施工方案	分包技术负责人	—	项目技术负责人	
6	防辐射门窗安装方案	分包技术负责人	—	项目技术负责人	
7	静脉配液中心施工方案	分包技术负责人	—	项目技术负责人	
……	……	……	……	……	……

6.6.2　建造阶段接口与协调

总包与分包之间、各专业分包之间存在大量交叉接口，主要包括深化设计、施工界面、合同权责等方面。总包方进行接口管理的重点是严格按照合同约定完成自行施工的内容，同时做好不同单位、不同分包、不同专业相互之间的接口管理，实现总包方对业主的履约（图 6-37~ 图 6-39 ）。

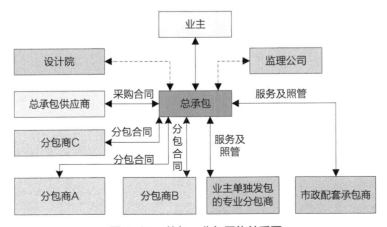

图 6-37　总包、分包履约关系图

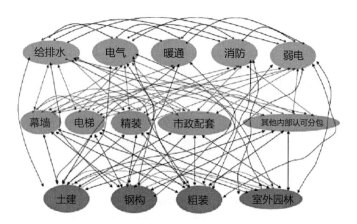

图 6-38　各专业分包接口关系图

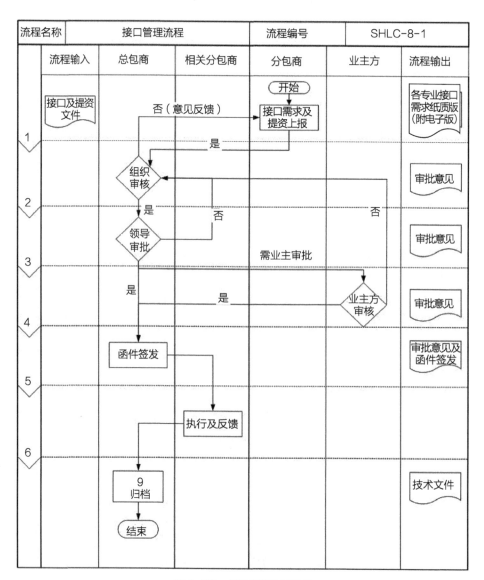

图 6-39　接口管理流程图

本工程总包方与各专业、各分包工程的接口管理划分见表 6-35~ 表 6-46（以下为常规要求，不符合处按合同执行）。

主体工程接口管理表 表 6-35

序号	管理范围	总承包
1	主体结构（包含承台及底板）	
	垫层及模板	√
	钢筋、混凝土、模板工程	√
	为专业分包工程预留的混凝土洞口及混凝土封堵	√
	设备基础混凝土	√
2	二次结构	
	砌体结构	√
	为专业分包工程预留的砌块墙洞口及砂浆封堵	√
	为专业分包工程预留的轻钢龙骨隔墙洞口及封堵	√
3	防水	
	公共卫生间防水	√
	屋面楼板防水	√
	消防水池防水	√
	女儿墙防水	√
	室外机房外墙及屋面防水	√
	防水保护层	√
	电梯底坑防水	√
4	预埋	
	预埋机电套管和线管 / 接线盒	√
	机电套管与机电管线间的防火、防水封堵	√
	幕墙预埋件	配合
	电扶梯预埋件	√
	电梯底坑的排水管预埋及安装排水设施	√
5	钢结构	√
6	装修工程	
	女儿墙及突出屋面的机房、楼梯间	√
	消防通道及消防楼梯	√
7	门	
	检修门	√
	突出屋面的机房、楼梯间等的门窗	√
	人防门、人防封堵、人防设备	√

续表

序号	管理范围	总承包
8	室外	
	室外雨污水工程	√
	与园林景观软景（包括水景）有关之土建工作	√
	室外与机电有关土建工作	√
	灌溉系统、水景	提供给水排水接驳点
9	机电	
	给水排水工程	√
	强电工程	√
	弱电工程（除消防信号控制系统以外）	√
	空调采暖通风工程	√
	防雷接地（屋面、结构防雷引下、整个系统测试验收，并与其他相关专业进行接驳）	√
	排烟（送风）系统、加压送风系统	√
	消防联动屏的各项监控点的线缆、线管、线槽、桥架等的安装及线缆敷设工作	配合
	消防水电检测	配合
	溜冰场除湿系统	√
10	其他	
	周边建筑安全鉴定	√
	泛光照明之基础	√
	标志、路牌、灯箱之基础	√
	电梯井底坑导轨、缓冲器需现场浇筑带钢筋水泥平台	√
	电梯井道移交后为厅门孔洞预留足够的临时护栏	√

注："√"代表接口责任主体，下同。

幕墙工程接口管理表　　　　　　表 6-36

序号	管理范围	总包方	幕墙分包
1	幕墙预埋件	配合	供应及安装
2	玻璃幕墙、金属幕墙、石材幕墙、发光屋面	混凝土结构及砌体表面防水、保温	√
3	玻璃幕墙、金属幕墙、石材幕墙、米光天窗与主体结构间保温及防水收口		√
4	玻璃幕墙、金属幕墙、石材幕墙背后检修门、检修通道及幕墙区域百叶风口		√
5	突出屋面的机房、楼梯间等的外墙涂料及门窗	√	
6	塔楼出入口雨棚（含钢结构）		√
7	与幕墙交界的石材踢脚线（如有）		√
8	幕墙区域沉降缝、伸缩缝表面装饰		√

装饰装修工程接口管理表　　　　表 6-37

序号	管理范围	总包方	装饰装修分包
1	为专业分包工程预留的混凝土洞口及混凝土封堵	√	二次检查
2	为专业分包工程预留的砌块墙洞口及砂浆封堵	√	二次检查
3	为专业分包工程预留的轻钢龙骨隔墙洞口及封堵	√	二次检查
4	公共卫生间一次防水	√	二次检查
5	公共区域装饰		√
6	公共区域及进入公共区域木门、防火门		√
7	所有标识标牌及布线		√
8	外墙泛光照明灯具、管线／接线盒		√
9	公共区域照明灯具、管线／接线盒		√
10	室内沉降缝、伸缩缝表面装饰		√
11	屋面沉降缝、伸缩缝表面装饰	√	
12	公共区域所有风口百叶		√
13	公共区域卫生间给水排水主管	√	
14	公共区域卫生间给水排水支管及末端		√

消防工程接口管理表　　　　表 6-38

序号	管理范围	总包方	消防分包
1	防火卷帘及控制箱		√
2	排烟（送风）系统、加压送风系统	√	
3	消防联动屏的各项监控点的线缆、线管、线槽、桥架等的安装及线缆敷设工作	配合	√
4	消防水电检测	配合	√
5	不锈钢消防水箱（如有）	配合	√
6	为专业分包工程预留的混凝土洞口及混凝土封堵	√	二次检查
7	为专业分包工程预留的砌块墙洞口及砂浆封堵	√	二次检查
8	为专业分包工程预留的轻钢龙骨隔墙洞口及封堵	√	二次检查

室外工程接口管理表　　　　表 6-39

序号	管理范围	总包方	室外工程分包
1	屋面防水	√	二次检查
2	防水保护层	√	二次检查

序号	管理范围	总包方	室外工程分包
3	灌溉系统、水景	提供给水排水接驳点	√
4	出室外地面／屋面风井、管井外装饰		√
5	园林景观照明灯具、管线／接线盒		√
6	水景及照明灯具、管线／接线盒		√

电梯工程接口管理表

表 6-40

序号	管理范围	总包方	电梯分包
1	底坑导轨、缓冲器需现场浇筑带钢筋水泥平台	√	
2	井道移交后为厅门孔洞预留足够的临时护栏	√	
3	为专业分包工程预留的混凝土洞口及混凝土封堵	√	二次检查
4	为专业分包工程预留的砌块墙洞口及砂浆封堵	√	二次检查
5	电扶梯预埋件	√	配合
6	电梯井底防护网及安全护栏	√	检查

市政管网及配套工程接口管理表

表 6-41

序号	管理范围	总包方	市政配套分包
1	给水	市政水表施工至各业态用水点	市政给水管网施工至项目报装水表处
2	雨、污水	雨、污水井施工至各业态雨、污水处	雨、污水管网施工至最邻近的雨、污水井
3	供电	低压配电柜出线施工至各业态供电系统	施工至低压配电柜进线及低压配电柜
4	天然气	配合	√

洁净工程接口管理表

表 6-42

序号	管理范围	总包方	洁净分包
1	为专业分包工程提供洁净区域砌体墙及抹灰	√	二次检查
2	为专业分包工程完成有防水要求房间的防水施工	√	二次检查
3	为专业分包工程完成地面防辐射地坪浇筑	√	二次检查
4	为专业分包工程完成降板区回填	√	二次检查
5	为专业分包工程完成地坪浇筑及精找平	√	二次检查
6	洁净空调系统施工		√
7	洁净给水排水施工		√
8	电气系统施工		√

医用气体接口管理表　　　　　　　　　　　　　　表 6-43

序号	管理范围	总包方	医用气体分包
1	为专业分包工程完成设备房间设备基础施工	√	二次检查
2	为专业分包工程完成墙体开洞及封堵工作	√	二次检查
3	设备安装	配合	√
4	管道及支架安装	配合	√
5	机房精装修施工	√	

医疗设备房接口管理表　　　　　　　　　　　　　表 6-44

序号	管理范围	总包方	医疗设备厂家
1	为医疗设备厂家完成设备基础浇筑	√	二次检查
2	为医疗设备厂家完成地坪及电缆沟施工	√	二次检查
3	为医疗设备厂家完成设备导轨施工	√	二次检查
4	为医疗设备厂家完成地坪基层施工	√	二次检查
5	为医疗设备厂家完成墙体砌筑施工	√	二次检查
6	为医疗设备厂家完成墙体、地面、顶面防辐射处理	√	二次检查
7	为医疗设备厂家提供电源预留接口（或配电箱）	√	二次检查
8	医疗设备安装及调试	配合	√
9	房间内精装修施工	√	

防辐射门窗接口管理表　　　　　　　　　　　　　表 6-45

序号	管理范围	总包方	防辐射门窗分包
1	墙体砌筑及门窗洞口预留	√	二次检查
2	防辐射门、窗安装		√
3	门、窗洞口收边收口及防辐射处理	√	二次检查

轨道物流系统接口管理表　　　　　　　　　　　　表 6-46

序号	管理范围	总包方	轨道物流厂家
1	为厂家完成墙体预留洞口及封堵	√	二次检查
2	为厂家完成电源交接工作	√	二次检查
3	为厂家完成设备机房内设备基础施工	√	二次检查
4	为厂家完成设备机房内土建及精装修施工	√	二次检查
5	设备安装及调试	配合	√
6	物流轨道及支架施工	配合	√

6.6.3 建造阶段质量管理

医院建筑施工是一个相对特殊的建筑群体，包含了很多复杂的工程，后期面对的使用人群也较为特殊，因此，医院工程施工必须保持高标准、严要求，只有加强全过程的质量管理和控制，才能将施工的各个环节落实到实处，从而更好地发挥医院相应的建筑功能。本节主要针对医院工程施工过程中容易出现的主要问题进行总结说明，常规质量管理要求及措施不赘述。

1. 土建施工质量管理

（1）医院地下室的设备功能房多，部分设备功能房对防水的要求很高，如配电室、通信机房等。因此，在地下室混凝土结构施工以及防水施工过程中，要注重对防水质量的细部控制，尤其是对防水要求高的功能房四周。

（2）地下室外墙后浇带部分后期出现渗漏的情况较多，主要有三个原因：一是后浇带两侧浮渣凿除不到位；二是支模或浇筑过程中，底部掉落垃圾工人未进行清理，导致底部有疏松孔洞；三是如两层或多层地下室，一次浇筑的高度过高，工人振动棒未伸至底部进行振捣，导致底部混凝土不密实。因地下室回填后，底部的水压也是最大的，所以一般根部渗水的情况较多。故后浇带位置封闭施工时，现场应对这些部位重点关注。

（3）雨水收集池等较高的储水设施混凝土结构施工时，一般难以一次浇筑成型，一定要注意水平施工缝的防水处理，且尽量避免在墙上留设施工操作脚手眼，以免后期渗水；必须留设脚手眼时，后期必须做好防水封堵。

（4）砌体隔墙砌筑前，进入房间的机电管线支管要提前完成，或定好位置，留设套管，墙体砌筑时一次性进行封闭，避免后期开凿洞口；后期开凿的洞口，要及时进行封堵，尤其是有洁净或防电离辐射的功能房间。

（5）主体结构及砌体施工阶段，要加强质量验收，控制墙体垂直与水平方向平整度以及墙体厚度，避免后期踢脚线、墙裙、顶棚角线与墙面形成宽窄不一的缝隙，或门套突出墙面高度不一。

（6）现浇门垛需提前考虑墙面装饰面层所需空间，预留出足够的门垛宽度，保证门扇的开启及门把手不对墙面产生磕碰影响。

（7）楼层变形缝处为单边隔墙的，后期地面不好收口，且存在顶面变形缝漏水风险，该类部位建议做成双边隔墙。

（8）下沉地面反梁上的砌体隔墙设计定位偏移，后期将造成需下沉地面因反梁结构，不能安装管道，且反梁上收进位置未考虑贴砖空间。该类部位建议综合砌体隔墙定位调整下沉空间反梁定位，砌体墙平齐反梁下沉一侧。

（9）出屋面洞口高度注意核查图纸，看是否考虑了屋面保温、面层做法等的高度，避免后期门槛或门洞高度不足（洞顶一般为混凝土梁，后期不好整改）。

（10）玻璃幕墙处混凝土现浇翻边高度需根据幕墙横龙骨高度，且考虑预留窗台装饰层高度，来确定现浇翻边高度，以免造成室内窗台与幕墙之间无法收口。

2. 装饰施工质量管理

（1）医院住院部病房卫生间用水量大，后期容易积水，装修阶段需注重防水施工质量，尤其后期面层施工时，注意找好排水坡度，过程严加控制。

（2）根据现场实际尺寸，所有卫生间、清洗间、配餐间、配药间等玻化砖墙地面房间，石材墙面等，按照"居中对称，边板不小于 1/2，天地墙三线对缝"的原则，进行深化排版。

（3）根据房间尺寸，对顶棚进行深化排版并对各专业设备进行综合排布，所有设备终端按照"居板中、成直线、找对称"原则进行合理分布。

（4）楼梯踏步板设置防滑槽；靠梯井一侧石材高出踏步板 5mm 完成挡水功能；并设置滴水线，滴水线可采用双层埃特板加 PVC 滴水线槽组成，施工方便快捷，节省工期；楼梯栏杆高度优于国家标准按 1100mm 高执行，栏杆护栏采用竖向立杆样式，防止攀爬。

（5）所有消防箱、水管井石材或玻化砖隐形门，按照创优标准，准确计算转轴轴距，保证门扇开启角度大于等于 135°。

（6）不锈钢踢脚线考虑医院的特殊性，离地面一端做圆弧处理，避免卫生死角。

（7）卫生间墩台阳角部分为避免玻化砖碰角造成缺口及容易脱落等风险，所有墩台可采用大理石围边，避免锐角及使用时产生的磕碰风险。

（8）现场所有柜体采用工厂定制现场拼装，规避现场油漆作业，保证质量且节省工期。

（9）顶棚铝单板工厂加工时考虑各专业设备开工尺寸，预先在工厂内使用机器开孔，避免人工现场开孔，方便快捷，节省工期及施工成本。

（10）铝单板顶棚采用工厂加工隐形检修口，石膏板顶棚采用成品隐形检修口，施工方便快捷，观感简洁大方，节省工期及施工成本。

3. 机电安装施工质量管理

（1）所有设备基础建议全部采取方形、矩形基础，不采用条形基础，条形基础防水处理难，条形基础内装修做法不好处理、易积水。

（2）设备基础离墙距离不小于 500mm，通常考虑墙面做法，吸声板及操作空间。

（3）设备周边排水问题，地下室设置导流槽、屋面设置泛水圆弧、室内设置导流槽。

（4）安装专业根据要求，在无排水沟的房间内增设地漏，与主管道相连，考虑蒸汽水，单独走管道，蒸汽水不能与普通下水相连。

（5）室内外无压力排水管道施工前需进行标高复核，避免出现内低外高现象。

（6）考虑到空调水系统长期运行存在橡胶老化、管段爆裂、顶棚内安装不方便检修等问题，且医院病房区、手术室等特殊场所及精密医疗设备数量多，医院空调水系统橡胶软接头建议更换为不锈钢软接头。

4. 医疗专项工程施工质量管理

（1）隔离病房送排风设置时，为避免交叉感染，负压病房要求换气次数不小于 10~12

次 /h，要求病房对缓冲间、缓冲间对走廊应保持不小于 5Pa 的负压。

（2）牙科诊室施工前必须与院方确定好牙椅型号，根据牙椅选型进行水、电、通风的预留预埋工作。避免后期二次剔凿破坏成品。一般牙椅安装距离墙面不小于 1.2m，两个牙椅间距不小于 1.8m，镶嵌室要有良好的通风设施。

（3）对于有防辐射要求的房间，其检查室、控制室和机械间应设置排风系统，排风管应采用防腐蚀的风管，并在排风管上设置止回阀。对于穿越墙体的风管及配管，应采用不小于墙体射线防护铅当量的屏蔽措施。对于排放含放射性物质污水，应采用含铅铸铁管。

（4）对于有防辐射要求的房间，若采用防辐射砂浆（如硫酸钡砂浆）时，防辐射砂浆防辐射效果控制指标（密度）应达到设计要求，防辐射砂浆应经过实验室试配并检测合格后方能用于施工。墙体、地面、顶面防辐射砂浆应将整个房间布满，使防辐射层形成六面封闭的空间。

（5）中心供应区的消毒蒸汽管线应选用优质钢衬垫进行封闭，同时保证蒸汽系统管线坡度，避免汽水同流现象。合理设置汽水分离机疏水阀，做好蒸汽管线保温，避免出现结露且汽水分离不好发生撞管现象。

（6）洁净用房内（不含走廊）不宜采用上送上回气流组织，宜采用上送下侧回形式。

（7）手术室墙体 / 供应室清洗机 / 灭菌器所在墙体采用高承重的净化彩钢板，墙体与墙体，墙体与顶棚连接处采用圆弧处理。除手术室墙体采用土建墙刷抗菌涂料（湿区墙体在土建墙的基础上贴瓷砖）。

（8）引入洁净空气体支管管路应安装在带活动盖板的壁槽内，活动盖板应做密封处理。

（9）为便于检查气体管路的种类，在各配管的主要地方要做好色环标志；在管道的分支处，压缩空气机和真空吸引装置等机械配管宜用异色箭头表示气体的流动方向。其中，氧气管为绿色，压缩空气管为红色，真空吸引管为黑色。

（10）配管在气密性实验后，引出口安装前，应用无油、干燥的气体或氮气，以不小于 20m/s 的流速吹扫，去除异物及焊屑。

6.6.4　建造阶段安全管理

异地新建医院工程安全管理基本同常规工程项目施工安全管理，本章节不进行重点叙述。除异地新建医院工程外，改建、扩建医院工程基本都在原有医院场地范围进行施工，医院内建筑工程施工面积不足，周边环境复杂。医院改扩建工程多在医院正常运营下进行，造成施工现场的外展空间不足，危险源与重要设备设施及大量医患人员之间没有安全缓冲空间。施工过程中建筑材料及渣土的堆砌与运输等均有可能对施工场地外围产生安全隐患。另外，医院作为一个特殊场所，车流量大，人员密集且特殊，事故影响力大，因此，施工过程中对医院运营及工地场内外的安全管理就显得尤为重要。

1. 场地外围安全防护

（1）施工过程中，对塔吊覆盖范围内或高层建筑物物体坠落可能坠落半径范围内的场外的医院人行、车行通道，建议搭设定型化防护通道，避免发生意外（图6-40、图6-41）。通道防护棚两侧需安装金属网防护栏杆，避免儿童或其他安全意识较薄弱的行人中途穿出防护范围发生意外。

另外，医院是消防安全重点单位，保证消防通道畅通是保障医院财产、医患人员安全的重要保障措施，因此车行通道如果兼作医院消防通道，定型化防护通道需考虑消防车净宽、净高（不小于4m）及转弯半径要求。

根据《高处作业分级》GB/T 3608—2008附录A，"坠落半径 R 根据坠落高度 h_b 规定如下，当15m＜ h_b ≤30m时， R 为5m；当 h_b ＞30m时， R 为6m"。

（2）临近场外通道位置，高层建筑架体底部采用模板、木方，立网内侧挂钢板网进行硬

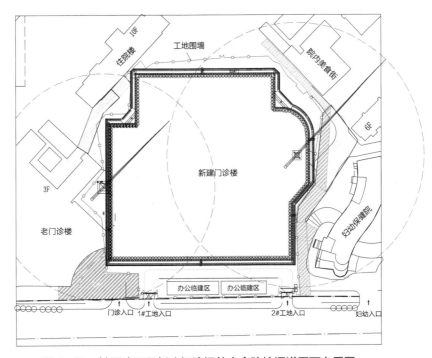

图6-40　某医院项目新建门诊场外安全防护通道平面布置图

图6-41　某医院项目安全通道定型化防护棚

质封闭，防止材料坠落及钢管穿透。住院部等层数较高建筑，每10层可设置一道水平悬挑防护棚，悬挑梁采用工字钢，悬挑宽度6m，相关构件材料与尺寸的选用须满足规范设计计算要求并编制安全专项施工方案（图6-42）。

图6-42　侧面钢板网硬质封闭、水平悬挑防护

（3）医院场内建筑一般基坑离院内道路较近且人流密集，院内区段围墙建议采用轻质PVC围挡或其他轻质围墙，以避免基坑阶段围墙沉降变形或场内车辆碰撞致使围墙倒塌造成医院行人伤亡。

（4）医院工地大门与医院出入口分开设置，并保持一定距离，大门外做好安全标识标牌及交通疏导工作，避免工程车辆出入造成意外事故。大门非车辆出入阶段尽量保持关闭状态，以免保安岗亭疏忽有医患人员误入。工程车辆出入必须慢行。

（5）医院场内开挖前需摸清医院场内地下管线布置情况，与施工存在影响的管线必须提前与医院沟通进行管线迁改或保护，以避免施工过程中挖断管线造成水电、医气、通信等中断，影响医院运营甚至造成重大医疗事故。穿过工程场内的医院管线要做好明显的标识标牌。

（6）场外医疗的配电站、配电柜、供水点严禁私自接入用于施工，以免对医院运营造成影响。

2. 医院工程人员管理

（1）工地大门需做好门禁系统及岗亭管理，避免医务、病患或其他无关人员进出。现场保安白天及夜间需加强巡逻，防止无关人员翻、拆（临时）围墙出入。

（2）做好劳务工人安全交底，避免工人休息时段集中、随意出入医院运营区域及场所，在医院公共区域吸烟、纳凉、午休等，影响医院形象及运营秩序，同时，减少意外事故及矛盾冲突的发生。

（3）与医院后勤保卫部门建立联动机制，信息互通，发生与工程相关异常事件或需借道医院道路时及时沟通协调。

3. 医院工程安全监测

（1）医院场内施工时一般基坑周边紧邻的医院建筑、生活设施较多，基坑施工过程中需做好对基坑周边建筑物的监测工作，尤其是沉降、裂缝及倾斜度的监测。对已存在倾斜、沉降等问题的老旧建筑，提前做好房屋结构安全鉴定，需进行加固的，请业主单位协调进行加固处理或人员疏散。

（2）医院工程基坑边肥槽（尤其是狭窄、车辆通行不便的部位）建议采用 C15 混凝土回填，便利快捷，且回填密实，可减小基坑对周边环境的影响。

（3）医院内工程有降、排水设计的，建议增加相应的回灌系统，可有效维持周边土层水位高度，减小周边建筑物及管线因地下水面下降造成土体沉降而引起的变形，保证医院运营及人员安全（图 6-43、图 6-44）。

（4）医院场地地下通信、水电、燃气、医疗气体等管线众多，基坑降水及施工过程中周边地面沉降容易造成管线断裂、变形等问题，影响医院正常运营，并存在较大安全隐患。故

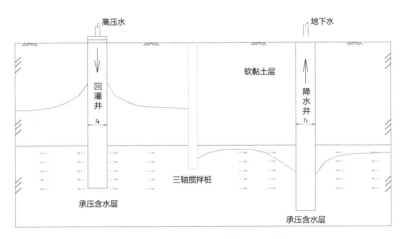

图 6-43 抽、灌降水体系示意图

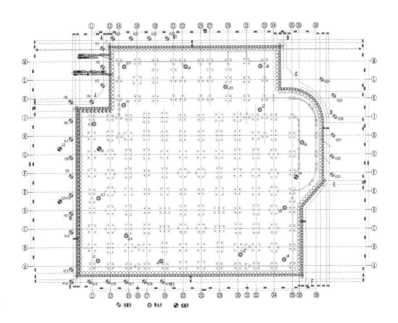

图 6-44 某医院项目降水、回灌井布置平面图

基坑施工前需摸清周边管线布置情况，做好重点监测。

医院原有建筑室外地下管线进楼层部位的连接口，建议调整为柔性连接，避免不均匀沉降造成拉裂。

（5）场内塔吊、电梯等大型设备，除定期进行设备安全检查外，对塔吊、电梯标准节的垂直度及基础沉降也需进行重点监测，避免发生变形、倒塌等意外事故。

4. 消防安全管理

（1）医院人员密集，场内施工过程中要尤其注意消防安全，电线严禁私拉乱接，使用的电线需满足相关规范要求，破损、老化电线需及时进行更换。

（2）气瓶应严格分类存储，并设置标签。氧气瓶周围不得有可燃物品、油渍及其他杂物。

（3）对于装有易燃气体的气瓶，在储存场所的 15m 范围以内，禁止吸烟、从事明火和生成火花的工作，并设置相应的警示标志。

（4）现场电焊或其他带有明火作业的施工，必须按流程和规定进行施工，办理动火证明及过程监督工作。

（5）医院工程需按规定做好临时消防系统，并定期进行检查维护，保证能正常作业。工程主体及临建设施内应配备足够的灭火器等消防设施，并满足《建设工程施工现场消防安全技术规范》GB 50720—2011 的其他要求。

（6）现场油漆、装修材料等易燃物品周边需采用库存或做好安全防护，场内严禁工人吸烟。

6.6.5 建造阶段文明施工及环境管理

现代化医院的特点之一是人性化、环保。医院院内多为医务工作人员、精密治疗仪器、各类特殊人群（妇女、儿童、老人、术后休养人员等），人员及设备工作环境、医疗人群体质情况、治疗及病情休养条件要求等都与常规建筑施工存在较大区别，其对医院工程施工的安全文明施工及环境保护提出了更高的要求，因此在医院场内施工文明施工及环境保护也是管理的重点之一，必须与现代化医院运营的大环境相匹配。

医院工程文明施工及环保管理主要从以下几个方面进行重点控制。

1. 总平面管理

（1）医院医务、病患人员随时可从周边医疗建筑楼层观看到工程场内，因此医院工程场内平面应做到花园式施工，规划布置合理，材料堆码整齐，标志标牌完善等。

（2）医院出入口人流、车流量大，故工地出入口与医院大门需分开设置，避免交叉干扰。大门口需保持清洁，不影响医院整体形象。

（3）医院内围墙进行封闭式管理，工地围墙按公司 CI 及当地政府部门要求进行美化处理，或根据业主要求张贴医疗卫生宣传标语、知识，围墙要定期进行清洗，保证美观整洁。

（4）工地场内污水排放必须合理布局，污水经沉淀后排入市政管道，禁止直排及明排，施工污水及雨水需采取措施避免流向医院院区内，且应避免与医院污水系统连通，以免施工污水量过大超出医院污水系统处理能力，造成堵塞、回流、溢出等问题。

（5）场内生产及生活垃圾须设置垃圾池或垃圾箱集中堆放，并及时清运，以免产生异味或其他问题。

（6）食堂、卫生间等容易产生油烟、异味的临建设施需设置在远离医疗建筑或人员密集区域，且尽量避免设在医院建筑上风口。

2. 扬尘控制

医院工程扬尘控制手段基本同常规工程项目，但在实施过程中，需更严格的检查落实。主要从以下几个方面进行控制：

（1）出土阶段大门口进出场的冲洗及管控。

（2）场内的洒水降尘，可布置固定或移动雾炮、洒水车，定期进行喷雾、洒水降尘，尤其是干燥或大风天气情况下应适当增加洒水次数。

（3）院内区段围墙可在围墙上口沿线安装喷淋系统喷雾降尘，喷口朝工地内侧倾斜，避免影响场外行人（图 6-45）。地上结构起来后，可考虑在裙楼外架部位设置喷淋系统降尘。另外，采用广告围挡形式或在围墙上增加装饰灯箱等措施增加围墙高度也能一定抑制扬尘外溢。

图 6-45　围墙上口喷淋系统、裙楼外架喷淋系统

（4）场地临边裸土区域进行全硬化或采用植草或假草皮覆盖，除抑制扬尘，还能进一步美化现场（图 6-46）。

（5）待塔吊等设备布置后，增加场内整体视频监控系统，实时监测场内各处扬尘情况。现场设立 PM 值监测仪，实时检测现场 PM 数值数据（图 6-47）。

图 6-46　植草覆盖示意、假草皮覆盖示意

图 6-47　现场视频实时监控、现场 PM 数据检测仪

3. 噪声控制

医院部分医疗诊室、病房、病患对声音环境要求较高，根据《民用建筑隔声设计规范》GB 50118—2010，医院主要房间内的噪声级应符合表 6-47 规定。

医院主要房间室内允许噪声级　　　　　表 6-47

序号	房间名称	允许噪声级（A 声级，dB）			
		高要求标准		低限标准	
		昼间	夜间	昼间	夜间
1	病房、医护人员休息室	≤ 40	≤ 35	≤ 45	≤ 40
2	各类重症监护室	≤ 40	≤ 35	≤ 45	≤ 40
3	诊室	≤ 40		≤ 45	
4	手术室、分娩室	≤ 40		≤ 45	
5	洁净手术室	—		≤ 50	
6	人工生殖中心净化区	—		≤ 40	
7	听力测听室	—		≤ 25	
8	化验室、分析实验室	—		≤ 40	
9	入口大厅、候诊区	≤ 50		≤ 55	

因工程的特殊性，医院工程施工过程中难以避免产生大量噪声，一定程度会影响到医院的正常工作、休息，项目在施工过程中应尽量做好噪声控制工作，减小对医院运营及医患人员的影响。

（1）土方工程阶段，挖掘机、推土机、重型运输车等产生噪声的施工机械进场前需进行检查试车，确定润滑情况良好，各紧固件无松动，无异响。车辆在场内运输过程中，禁止鸣笛。对车辆驾驶人员进行交底教育，场内禁止高速行驶及急刹。

（2）打桩设备尽量选用低噪声的静压桩基或旋挖钻机，打桩时不得随意敲打钻杆，旋挖钻机倒土时尽量减少抖动动作。夜间施工注意施工时间段，并适当降低设备转速，尽量减少夜间施工。

（3）混凝土振捣时，采用低噪声振动棒，禁止振到钢筋或模板。

（4）安装（搭设）、拆除模板、脚手架时，必须轻拿轻放，上下、左右有人传递，严禁抛掷，以降低噪声污染。

（5）材料的现场搬运应轻拿轻放，严禁抛掷，减少人为噪声。

（6）现场加工作业尽量在室内进行，严禁用铁锤等敲打的方式进行各种管道或加工件的调直工作。木工加工棚可采用板房搭设操作间，减小噪声影响。

（7）夜间（22:00~6:00）、午休（12:00~14:00）尽量减少大噪声工艺施工，以保证医院医患人员正常休息，该时间段禁止使用破碎炮和风镐等剔凿机械进行剔凿作业。

（8）机械成孔灌注桩施工或大体积混凝土连续浇筑等必须连续作业的施工工艺，按规定流程办理夜间施工许可证，并做好周边的安民告示及宣传，争取医患人员理解。

6.7　调试与验收管理

6.7.1　检测与调试

1. 检测与调试计划

（1）由项目建造总监组织成立项目检测与调试小组，调试负责人由项目总监担任，项目相关部门及各专业分包商参与。

（2）由项目建造部经理负责督促分包商根据合同要求提交《检测与调试进度计划》。

（3）项目技术总监负责审核各个分包商的《检测与调试进度计划》。

（4）由项目计划部负责组织制订《项目检测与调试总进度计划》，由项目建造总监和技术总监负责审核。

（5）项目计划部和建造部负责监控项目检测调试进度，并根据实际情况对检测与调试计划做出调整。

2. 建造阶段检测验收制度

（1）项目建造部经理负责从分包商的材料、设备计划表中，确定需要进行场外检验的主要材料设备。

（2）检测完成后一周内，由项目技术部负责编制、更新检验概要并由建造总监审查。

（3）项目建造经理负责书面确认并放行发往现场的材料或设备，且签发《物资进场验收单》。

3. 检测与调试实施

（1）项目建造总监负责牵头组建由各分包商、监理、业主参加的联调测试工作小组，并明确工作小组的成员及管理职责。

（2）由项目技术总监负责组织各分包商编写《联调测试方案》，方案必须明确相应的准备工作、联调测试计划、联调测试步骤、应急预案等内容。

（3）项目建造部应及时跟进调试工作整体进度，全程参加分包商的调试管理工作，及时填写《调试进度计划及完成情况台账》。

（4）项目建造部针对调试过程中出现的问题及时督促分包商做好《问题日志》的记录，项目建造部对《问题日志》进行汇总，建立《问题日志管控台账》。

（5）项目建造部负责组织相关方在联调测试前对现场进行系统的检查，做好联调准备。

（6）联调测试工作小组成员对联调测试全过程进行旁站，并形成过程资料，如隐蔽记录、闭水实验、压力检测等。

（7）项目建造部负责监督分包商根据系统联调后存在的缺陷，编制联调缺陷清单，并督促分包商按照计划进行缺陷整改。

（8）在项目联调测试满足要求后，由项目建造部组织相关单位办理移交证书及接管证书。

（9）在工程交付运维阶段，项目检测与调试团队应编制涵盖问题日志汇编，施工清单汇编、调试记录汇编、调试结论等关键文件的《调试报告》，作为调试成果和工程一同移交给业主。

4. 检测与调试记录

1）项目建造部经理应监控所有检测与测试工作的数据库，并在调试阶段进行更新，应保留以下记录：

（1）《现场检查与调试的测试记录》；

（2）《检测与调试报告》；

（3）场外、工厂检测与调试工作的检验报告；

（4）带有缺陷清单的经完整签发的《检验测试申请单》；

（5）《问题日志》及《问题日志监管台账》。

2）项目调试小组应审查分包商对解决不符合项问题的建议，并确认是否要通过替换、整改或让步等措施来解决任何不符合项问题。

3）项目建造部经理通过临界值层级和设定整改优先级，对不符合项进行分类，项目建造部应监督所有检测与调试不符合项得到及时处理。

5. 检测项目清单

检测项目见表 6-48。

检测项目清单 表 6-48

（一）	建筑与结构工程	18	建筑能效测评标识
1	建筑地基处理土工密度检验	19	防雷装置检测
2	混凝土试块强度统计、评定	20	室内环境质量检测
3	混凝土抗压强度试件试验	21	洁净室洁净度检测
4	混凝土抗渗试块试验	22	防辐射检测
5	地下室结构实体检验（混凝土强度检测、钢筋保护层、楼板厚度、梁钢筋保护层、板钢筋间距、后置埋件拉拔力检测）	（二）	通风与空调工程
6	主体结构实体检验（混凝土强度检测、钢筋保护层、楼板厚度检测、梁钢筋保护层、板钢筋间距、后置埋件拉拔力检测）	1	通风、空调检测
7	钢结构焊缝超声波探伤法检测	（三）	电梯工程
8	钢柱焊缝超声波探伤法检测	1	电梯检测
9	屋盖主构件超声波探伤法检测	（四）	进场复试
10	紧固件（螺栓）机械性能检测	1	钢材试验
11	紧固轴力检测	2	钢筋接头力学性能检验
12	抗滑移系数检验	3	砖石（砌块）核查要录、试验
13	无损检测	4	防水材料核查要录、检验
14	建筑结构变形监控检测	5	水电材料核查要录及试验
15	主比赛馆屋盖钢结构防腐涂层厚度检验	6	钢结构材料核查要录及试验
16	钢结构面漆、腻子、防火涂料涂层测厚检测	7	节能材料核查要录及复试
17	可再生能源建筑应用工程检查		

6.7.2　验收内容

医院工程验收内容除常规验收项目（例如：地基与基础、主体结构等分部验收，人防、消防、节能、通风检测、水电检测等）外，还包含了一些医疗专项验收、检测，详见表 6-49。

医院工程验收内容一览表　　　　　　　　　　　　　　　　表 6-49

序号	重大验收	单位 / 分部 / 专项验收	验收单位	说明
1	单位工程竣工验收	单位工程验收	业主、监理、设计、总包	竣工备案
2	建筑工程质量验收	地基与基础工程	业主、监理、勘察、设计、总包	分部工程验收
3		主体结构工程	业主、监理、设计、总包	分部工程验收
4		建筑装饰装修工程	业主、监理、设计、总包	分部工程验收
5		屋面工程	业主、监理、设计、总包	分部工程验收
6		建筑给水、排水及采暖工程	业主、监理、设计、总包	分部工程验收
7		通风与空调工程	业主、监理、设计、总包	分部工程验收
8		建筑电气工程	业主、监理、设计、总包	分部工程验收
9		智能建筑工程	业主、监理、设计、总包	分部工程验收
10	建筑工程质量验收	建筑节能工程	业主、质监站、监理、设计、总包	专项工程验收
11		电梯工程	业主、特种设备检验检测机构、监理、设计、总包	专项工程验收
12		幕墙工程	业主、监理、设计、总包	专项工程验收
13		钢结构工程	业主、监理、设计、总包	专项工程验收
14		人防工程	业主、人防办、监理、设计、总包	专项工程验收
15		无障碍设施工程	业主、监理、设计、总包	专项工程验收
16		室外设施工程	业主、监理、设计、总包	专项工程验收
17	建筑工程检测	水、电检测	业主、监理、设计、总包	重要功能检测
18		通风空调检测	业主、监理、设计、总包	重要功能检测
19		室内环境检测	有资质的检测机构	重要功能检测
20		避雷检测（安装）	有资质的检测机构	重要功能检测
21	医疗专项验收	医用气体工程系统验收	业主、监理、设计、总包	重要功能检测
22		放射诊疗许可验收	业主、省疾控中心、监理、设计、总包	重要功能检测
23		中央纯水系统验收	业主、省疾控中心、监理、设计、总包	重要功能检测
24		洁净工程验收	业主、省疾控中心、监理、设计、总包	重要功能检测
25	公安消防验收	公安消防验收	业主、消防局、监理、设计、总包	重要专业验收
26	规划验收	规划验收	业主、规划局、监理、设计、总包	重要专业验收
27	环保验收	环保验收	业主、环保局、监理、设计、总包	重要专业验收
28	城建档案馆	城建档案馆	业主、档案馆、监理、总包	档案移交

6.7.3　各项验收条件及注意事项

1. 防雷检测

检测条件：在主体工程基本完工（门窗、栏杆安装完成并做好防雷接地工作后），所有电器设备安装完成以后（需要电气检测报告与否视情况而定），请气象局的工作人员进行现场验收。

此项检测由总包单位负责，建设单位和监理单位配合。

2. 节能验收

1）申报条件

保温工程主要分为 3 个分项：屋面保温工程、墙体保温工程、门窗保温工程。在施工过程中各分项工程应隐蔽前请节能办相关工作人员到现场进行验收并吸取相关意见，在各分项验收合格后进行总体节能验收。

2）注意事项

屋面保温工程分 3 次验收，在屋面保温材料施工完成没有进行刚性层施工前请节能办工作人员到现场验收；墙体保温工程应在砌体工程施工完成并没有进行抹灰施工时请节能办工作人员到现场进行一次验收，在保温材料施工完成没有进行面层施工时请节能办工作人员到现场进行第二次验收。面层施工完成后进行第三次验收；门窗保温工程应在玻璃安装完成后请节能办工作人员到现场进行验收。其中影响验收时间的主要因素为塑钢门窗玻璃的安装完成时间。各项工程所使用保温材料必须有相关出厂报告、合格证以及复检报告。

此项验收由总包单位、塑钢窗施工单位、保温施工单位三方配合完成。

3. 人防验收

1）申报条件

人防地下室相关设施、设备施工完成后（防爆密闭门、防爆破地漏、人防封堵框、防排烟系统、正压送风系统等）。

2）注意事项

总包单位在进行人防地下室主体结构施工时应请人防办工作人员在底板钢筋绑扎完成后、剪力墙钢筋绑扎完成后、顶板钢筋绑扎完成后、主体工程施工完成后分 4 次到现场进行检查，并完成相关资料以备人防验收使用。

此项验收由人防施工单位主导，总包单位和消防施工单位配合完成。

4. 空气质量检测

1）检测条件

室内墙地面工程施工完成、门窗工程施工完成（达到密闭条件）。

2）注意事项

在检测前附近楼层必须没有对空气质量产生影响的工种进行施工（腻子工程、油漆工程、酸水清洗外墙等）。

此项检测由建设方联系，总包单位配合完成。

5. 水质、水压检测

1）检测条件

现场达到供水条件后。

2）注意事项

水质检测前应进行室内外管道冲洗工作（可通过防水试水完成此项工作），水压检测前应将房间内管道串联在一起。

此项检测由建设方联系，总包单位配合完成。

6. 专业科室洁净环境检测

1）申报条件

在专业科室（手术室、ICU、中心供应室、产房、NICU、静配中心、检验科、病理科等）施工完毕并调试合格后。经省疾控中心请第三方检测机构进行检测。

2）注意事项

各专业科室施工完毕并调试合格后，需封闭相关区域，保证区域内空气质量。

此项检测有专业科室施工单位经省疾控中心请第三方检测机构进行检测。

7. 消防验收

1）申报条件

在消防设施、设备全部安装施工完成并调试合格后。

2）注意事项

所有消防产品必须有信息网打印出"消防产品供货证明"，消防验收还需要总包单位、防火门单位、弱电施工单位和电梯施工单位的配合。

此项验收由消防施工单位主导，防火门施工单位和总包单位配合完成。

8. 通风单项验收备案

1）申报条件

消防验收后将相关资料准备齐后报于质检站。

2）注意事项

玻璃钢管材必须有复检报告。

此项验收由消防施工单位主导，总包单位和其他地下室管线施工单位配合完成。

9. 规划验收

1）申报条件

主体工程和总平工程全部完成，相关配套设施完成。

2）注意事项

总平景观图纸应与规建局认可的总平面图相符。

10．竣工验收

1）申报条件

主体所有分项验收和备案全部完成，规划验收完成后。

2）注意事项

此项验收为项目最终验收，前期所有资料和各项分项验收必须全面完成后方可进行。

11．工程移交

医院工程移交所针对的是院方各科室，竣工验收时须邀请各科室负责人对所负责的科室进行验收，包括施工质量验收和使用功能验收。

验收合格后总包方分别与各科室办理竣工移交手续，所有科室移交完成后与业主办理总体移交手续。

6.8　信息与沟通管理

6.8.1　信息与沟通管理概述

1．沟通的目的

明确项目相关方（包含业主、监理、总承包单位、政府单位）间的需求，规范各方的沟通形式及沟通流程。项目应根据与相关方充分沟通，并编制《项目信息与沟通管理计划》。

2．沟通的形式

沟通的形式包括：函件、会议、报告及其他口头、书面或电子邮件形式（图 6-48）。

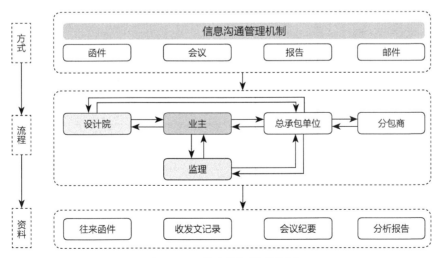

图 6-48　信息沟通管理机制

6.8.2 函件管理

项目函件类型主要包括业主函件、总承包函件、设计函件、分包商函件及其他函件（表6-50~表6-52）。

（1）各方往来应以书面形式为准，双方往来函件统一由双方指定人员收发登记，明确签收的具体时间并建立好收发台账。

（2）业主发函须盖公章或技术章方为有效，对外报审需业主盖章的有效图纸、资料盖业主公章或技术专用章为有效，业主须存档一份盖章资料。

（3）收到函文7个工作日内给出由相关部门及工程副总签字的回复意见；7个工作日内传阅完成并签署意见（对报备函文在7个工作日内传阅完成并签署意见），7个工作日未回复，视为同意。

对业主函件　　　　　　表6-50

函件内容	需业主协调、决策，回复业主发送的函件，及其他与业主相关事宜
拟定人	施工总承包各部门指定专人
审批人	施工总承包部门负责人、项目经理、业主
收发人	总包资料员、业主资料员

对设计单位函件　　　　　　表6-51

函件内容	需设计协调、解决，及其他与设计相关事宜
拟定人	施工总承包各部门指定专人
审批人	总工、现场经理、合约经理、项目经理
收发人	总包资料员

对分包函件　　　　　　表6-52

函件内容	需分包执行、贯彻，及其他与分包商相关事宜
拟定人	施工总承包各部门指定专人
审批人	项目经理
收发人	总包资料员

6.8.3 会议管理

项目会议类型主要分为业主例会、监理例会、周例会、生产例会、计划协调会及其他会议（图6-49、表6-53~表6-58）。

主要管理活动分为会前、会中、会后。

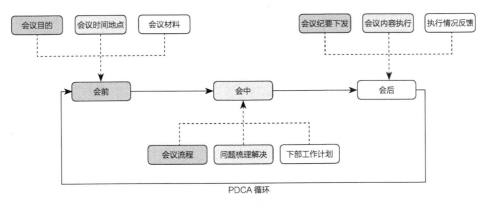

图 6-49　会议管理流程图

业主例会　　　　　　　　　　　　　　　　　　　　　　　表 6-53

会议目的	向业主方汇报项目管理情况；宣传或贯彻业主决策；协调解决业主与施工总承包间的相关问题
会议频次	根据业主要求召开
主持人	业主代表
参会人员	业主、监理、施工总承包项目经理及各部门负责人
会议纪要	由业主指定专人记录，并分发监理、施工总承包
会议议程	1. 施工总承包项目经理汇报项目管理情况； 2. 由业主就汇报内容提出相关问题； 3. 拟定下一步工作计划，落实业主下一步决策

监理例会　　　　　　　　　　　　　　　　　　　　　　　表 6-54

会议目的	协调解决监理在施工过程中发现的问题
会议频次	每周一次
主持人	监理代表
参会人员	监理、项目经理、建造经理、质量总监、安全总监
会议纪要	由监理指定专人记录，并分发给施工总承包项目经理及各部门
会议议程	1. 监理就现场施工问题进行通报； 2. 相关单位就监理问题提出解决措施； 3. 约定下一步工作计划

周例会　　　　　　　　　　　　　　　　　　　　　　　表 6-55

会议目的	审查施工总承包各部门管理工作的计划与进度，讨论解决设计、施工、商务问题，明确需要采取的行动
会议频次	每周一次
主持人	总承包项目经理，特定情况由项目经理指定专人
参会人员	总承包各部门负责人及相关人员
会议纪要	由资料员记录，并分发给各部门
会议议程	1. 施工总承包各部门负责人汇报上周工作情况； 2. 项目经理审查上周会议纪要，审查工程总体进展及各部门执行情况； 3. 各部门提出相关问题，协调解决措施； 4. 约定下一步工作计划

生产例会 表 6-56

会议目的	审查施工总承包各部门管理工作计划与进度，讨论并解决设计、施工、商务问题，明确需要采取的行动
会议频次	每周一次
主持人	生产经理
参会人员	各部门负责人及相关人员、分包单位相关人员
会议纪要	由资料员记录，并分发给各部门、分包单位
会议议程	1. 各分包商汇报上周工作情况； 2. 生产经理审查上周会议纪要，审查工程总体进展及各部门执行情况、分包执行情况； 3. 各分包商提出相关问题，协调解决措施； 4. 约定下一步工作计划

计划协调会 表 6-57

会议目的	审查项目整体进度与规划等事项
会议频次	根据计划管理部需求召开
主持人	计划总监
参会人员	各部门负责人及相关人员、分包单位相关人员
会议纪要	由资料员记录，并分发给各部门、分包单位
会议议程	1. 审查计划落实情况； 2. 审查工程整体进展； 3. 审查合同间接口协调、合同状态及相关方影响； 4. 审查风险记录

设计协调会 表 6-58

会议目的	审查项目整体设计进度与规划等事项
会议频次	根据设计管理部需求召开
主持人	设计总监
参会人员	各部门负责人及相关人员、设计工程师、分包商设计负责人
会议纪要	由资料员记录，并分发给各部门、设计院、分包单位
会议议程	1. 落实业主供图、深化设计进度； 2. 设计问题梳理、协调解决； 3. 制订设计出图计划等下一步工作内容

6.8.4 报告管理

1. 总承包—业主报告

总承包各部门应按照业主要求提交月报，经项目经理审核后，由计划管理部在每月 25 日前发送给业主。月报中应详尽说明施工总承包各部门上月工作情况及下月工作计划，同时包含工程总体进度、工地现场及施工整改照片、实测实量概况数据，以及需要业主协调解决的事项。

总承包各部门应按照业主要求提交周报，经总包项目经理审核后，由计划管理部在每周发送给业主。周报中应详细说明总承包各部门上周工作情况及下周工作计划，同时应包含工程总体进度、工地现场及施工整改照片等（图 6-50）。

图 6-50　总承包—业主报告制度

2. 总承包—企业报告

总承包各部门应公司要求提交月报，经总包项目经理审核后，由建造部在规定时间发送公司，月报中应包含工程总体进度、工地现场及施工整改照片，实测实量数据等，以及需要公司协调解决的问题（图 6-51）。

图 6-51　总承包—企业报告制度

3. 总承包内部报告

总承包各部门应在周例会召开前，将每周周报发送给项目资料员，周报中详细说明施工总承包各部门上周工作情况及下周工作计划，以及需要其他部门协调解决的问题（图 6-52）。

图 6-52　总承包内部报告制度

4. 分包商—总承包报告

分包商应按总承包要求，提交当月工程进度报告，应详尽反映分包商本月的工作，分包工程综合月报是一个系统而全面的工作情况反映资料。月报中应涉及需要关注的问题和解决方案、前瞻性计划、健康及安全、进度、接口界面、分包商资源、分包商的分包及供货、设计资料提交、质量管理、现场管理、环境管理等内容（图6-53）。

图6-53 分包商—总承包报告

6.8.5 文件管理

项目所有报批文件、材料依据、所发函文、图纸资料等合同约定内容均须注明报审、报备属性。

1. 设计文件

专业设计方案需报业主审批的包括：强电、给水排水、智能化、消防、节能。

设计方面需要向业主报备的设计图纸包括建筑、结构、给水排水、暖通、强电、智能化、消防、装饰施工图，其他非报审图纸需进行报备。

2. 报批报建文件

报审文件包括：报规划局与指标校核单位总平方案、全套建筑专业图纸，报消防审核单位建筑图纸，以及各专业图纸，报人防站人防专业图纸，报房管局建筑专业图纸需业主审核。

报备文件包括：其他未报审图纸需要进行报备。

3. 材料设备采购、样板文件

1）工程实体样板实施细则：

项目管理部在工程开工后编制本工程的《实体样板单元实施方案》，经总监和分管工程副总经理审批确定后实施。

样板实施前，项目管理部负责就《工程实体样板单元管理办法》和《实体样板单元实施方案》向本项目监理单位、总包单位和相关专业分包单位进行书面交底。

2）材料样板制作范围：

设计阶段：幕墙（含玻璃、影响外立面效果的材料）、装修（石材、涂料、门窗玻璃、墙地砖，灯具，洁具和门等提供图片样板）、亮化（亮化灯具）、景观（铺装材料，苗木、灯具等提供图片样板）。

施工阶段：防水材料、保温材料、装修（石材、涂料、木饰面、墙纸、门窗玻璃及型材、门（包括门锁等）、墙地砖、踢脚板、栏杆、扶手等）、水电安装（管、槽、线、缆、开关、插座、灯具、箱、表、阀门、板材等主材，消防、监控等末端设备）、其他（LED屏、亮化灯具、室外铺装材料等）。

3）材料样板管理实施细则：

材料设计样板一式两份，由设计单位在工程设计阶段提供，并于方案设计确定前完成样板确认与封样。

施工单位进场后，项目管理部负责就《工程材料样板管理制度》和《材料施工样板实施计划》向监理单位、总包单位和各专业分包单位进行书面交底，并要求各施工单位严格按《材料施工样板实施计划》中规定的做样时间和范围提供材料施工样板。

定标前有设计样板的材料，施工单位应严格遵守投标承诺，按设计样板要求提供材料施工样板。

设置独立的材料样板间，材料样板按专业分类，整齐摆放，业主应安排专人负责组织材料样板的审查、确认、保管及建立台账等工作，材料样板将保存至工程竣工验收交付业主之日止。

4. 进度、验收计划文件

总进度计划、专项计划、纠偏计划（包含纠偏措施）等。

影响使用功能或者使用效果的所有深化、优化及专项设计的方案、变更和施工图，其余均向业主报备即可。

5. 施工组织设计、方案文件

施工组织设计、超过一定规模的危险性较大的分部分项工程施工方案，其余施工方案报监理审批即可。

6. 工程材料文件

工程材料方面：总承包方自行采购的材料、设备除符合国家有关规范标准外，必须符合本协议约定的品牌、品质、产地、规格、型号、质量和技术规范等要求，必须向业主提供厂家批号、出厂合格证、质量检验书等证明资料。

7. 工程资料管理

工程资料是工程建设和工程竣工交付使用的必备条件，也是对工程进行检查、验收、管理、使用、维护的依据。工程资料的形成与工程质量有着密不可分的关系。

在工程资料的组织协调管理工作中，总承包商将严格遵照按照市建委、监督站、城市档案馆的规定以及国标系列工程质量检验评定标准的要求进行。

1）资料管理流程（图6-54）

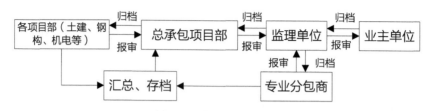

图6-54　资料管理流程

2）工程资料范围（表6-59）

工程资料范围清单　　　　　　　　　　　　表6-59

分工		文件及资料内容（标题）	
由总包单位汇总提交至市城建档案馆	由建设单位按项目立卷	准备阶段资料文件	立项文件、建设用地、征地、拆迁文件
			勘察、测绘、设计文件
			招投标、合同文件、开工审批文件
	由施工单位按分部工程立卷	施工文件 验收记录 施工技术 管理记录 产品质量 证明文件 试验报告 检测报告 施工记录 工程安全和功能检验资料核查及主要功能抽查记录	建筑工程综合管理记录
			地基与基础施工及验收记录
			主体结构工程施工及验收记录
			建筑装饰装修工程施工及验收记录
			建筑屋面工程施工及验收记录
			建筑设备安装工程综合管理记录
			建筑给水、排水及采暖工程施工及验收记录
			建筑电气工程施工及验收记录
			智能建筑工程施工及验收记录
			通风与空调工程施工及验收记录
			电梯工程施工及验收记录
			建筑节能工程施工及验收记录
	由施工单位按单位工程立卷	竣工图 一、综合竣工图	三、专业竣工图 建筑竣工图 结构竣工图 钢结构竣工图 幕墙工程竣工图 精装修工程竣工图 给水排水工程竣工图 电气工程竣工图 消防工程竣工图 智能化工程竣工图 通风工程竣工图 空调工程竣工图 电梯工程竣工图 其他专业竣工图
		二、室外专业竣工图 室外给水工程竣工图 室外排水工程竣工图 室外电力工程竣工图 室外电讯工程竣工图 室外燃气工程竣工图 室外道路工程竣工图 室外绿化工程竣工图 室外其他专业竣工图	
	由建设单位按单位工程立卷	竣工验收文件	